항공화물보안론
(Air Cargo Security)

소대섭 · 김웅이 · 김용인

도서출판 진영사

항공화물보안론

(Air Cargo Security)

소대섭 · 김웅이 · 김용인

2026년 1월 5일 초판 인쇄
2026년 1월 13일 초판 발행

발행인 박 진 영
발행처 도서출판 진영사
인천광역시 부평구 주부토로 236번지 인천테크노밸리 U1 지식산업센터 B동 1507호
전화 : 032)505-4207
팩스 : 032)505-4206
E-mail : 0183734207@hanmail.net
신고번호 : 제2007-000001호

ISBN 978-89-6541-731-6 93350
값 22,000원

목 차

제1장

항공화물의 이해

제2장

항공화물 운송

제3장

항공위험물 운송

제4장

항공화물보안 국내법규

제5장

항공화물보안 국제법규

제6장

항공화물 보안운영 실무

부 록

항공보안지침서
상용화주 항공화물보안기준

제1장

항공화물의 이해

제1장

항공화물의 이해

제1절 항공화물 개념

항공화물은 전 세계 총 화물 수송량의 무게 기준으로는 약 1%에 불과하지만, 가치는 전체의 35%를 차지한다. 이러한 수치만 보면 항공화물은 고부가가치 제품만을 수송하는 듯 보이지만, 실제로는 단순한 가치뿐 아니라 시간 민감성, 보안성, 상품의 특성 등 다양한 요인이 항공운송 여부를 결정한다. 1970년대 들어 대형 광동체 항공기(B747, DC-10)가 등장하면서 본격적인 화물 수송 시대가 열렸다. 이후 1972년 최초의 B747 화물기를 도입해 프랑크푸르트-뉴욕 구간을 운항한 것이 시작으로 연료 효율성과 적재 능력을 개선한 대형화물기의 도입이 이어졌다. 1970년대 초반에는 DHL, FedEx와 같은 익스프레스 서비스 기업이 등장해 door-to-door 운송개념을 확립되었으며, 다양한 전문 항공화물 운송사들이 시장에 진입하면서 항공화물의 다양하게 운송되고 있다.

1. 항공화물 정의

항공화물(air freight 혹은 air cargo)은 우편물과 승객 수하물을 제외한 항공기로 운송되는 모든 화물을 의미한다. 항공운송의 대상으로 항공화물은 순화물(직화물, 환적화물)로 분류된다. 일반적으로 항공화물 통계 집계에서는 수하물을 제외한 순화물과, 우편물을 집계하여 항공화물로 설정한다.

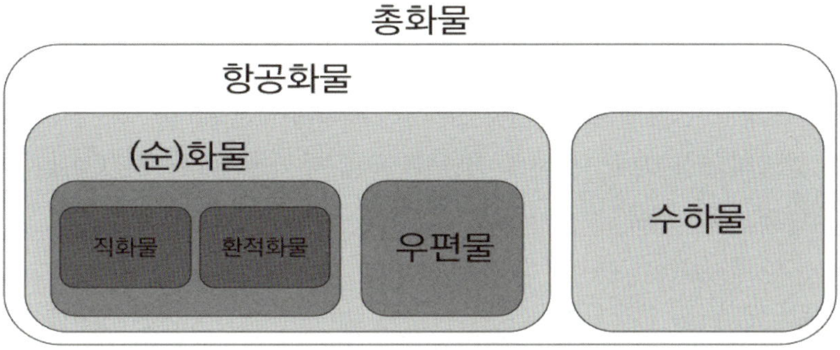

항공화물의 개념

항공화물은 Air cargo 또는 Air Freight로 항공화물의 용어를 동일한 개념으로 사용되고 있다. 항공사의 화물운송에서는 Air cargo를 더 많이 사용하며, Air Freight는 항공운임의 의미로도 사용된다. 광의적 개념[1]에서 항공화물에 포함되는 수하물(Baggage)은 여객의 휴대물품으로 위탁수하물과 휴대물품으로 구분한다. 위탁수하물은 운송인이 여객으로부터 인도받아 직접 보관·운송하는 물건으로 항공기 벨리에 수하물칸을 통해 운송하며, 휴대물품은 항공사가 여객으로부터 인도받지 않는 물건으로 여객이 직접 기내로 가지고 가는 화물이다.

항공보안과 관련하여 '상용화주 항공화물 보안기준(국토교통부고시 제2023-287호)'에서 항공화물의 정의는 '항공기에 탑재되어 운송되는 물품 중 기내식, 승객의 휴대물품 및 위탁수하물을 제외한 모든 화물'로 정의하고 있다.(제2조)

항공화물(Air Cargo)은 3가지 운송 방식과 2가지의 운송 형태로 구분하여 정의된다. 먼저 항공화물을 운송 방식으로 구분하면 다음과 같다.

○ 컨테이너화 화물(Containerized Cargo) : 항공기 내부에 표준화된 항공화물 탑재 용기(Unit Load Device, ULD)를 탑재하는 방식으로 여객기의 화물칸과 화

1) 항공통계의 공항별 집계에서 수하물을 포함하여 항공화물을 집계하고 있음

물기에 탑재 가능 호환성을 지니며, 운송의 효율성 증대와 빠른 탑재/하역이 가능하다.

○ 벌크 화물(Bulk Cargo) : 항공화물 탑재 용기(ULD)로 적재하기 어려운 대량, 대형화물을 그대로 적재하는 비포장 화물을 말하며, 주로 자동차 부품, 휴대전화, 배터리와 같은 화물이 해당한다.

○ 외부 적재식(External Cargo) : 많은 경우는 아니지만, 화물을 비행기 외부에 부착하여 운송하는 형태, 주로 작은 화물이나 의료품과 같은 소화물 운반할 때 사용되는 방식이다.

다음은 항공화물의 운송 형태로 구분하여 일반화물(General Cargo)과 특송화물(Express Cargo)로 분류할 수 있다.

○ 일반화물(General Cargo)

일반화물은 전체 국제 항공화물 운송(교통량 기준)의 약 80% 이상을 차지하며, 화주(Shipper 또는 Consignee) 및 운송주선인(Forwarder)을 중심으로 운송된다. 공항과 공항 간의 운송은 항공사(Carrier)가 책임지며, 그 외 과정에서는 화주나 포워더가 책임진다. 일반화물은 주로 대형화물 및 벌크(Bulk)화물(일반적으로 70kg 이상)을 지칭하며, 항공사들이 화물전용기로 운송하거나 항공기(여객기) 하부 화물탑재 공간인 Belly를 통해 운송한다.

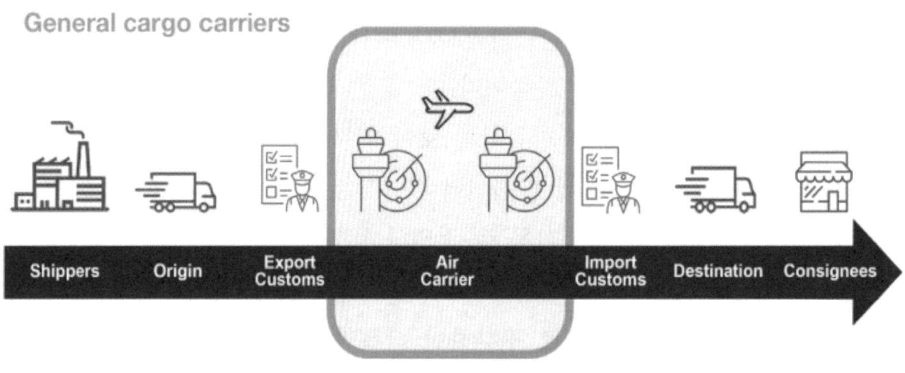

일반 항공화물의 운송체계

○ 특송화물(Express Cargo)

특송화물은 전체 국제 항공화물 운송(교통량 기준)의 약 20% 정도를 차지하며, 집하(Pick-up)와 배송(Delivery)을 포함한 전체 운송과정의 책임은 특송화물 운송업자가 책임진다. 허브 및 지역 내 허브를 주축으로 네트워크를 구축하며, 소형 화물 및 서류 등 소화물이 주요 운송 품목이다. 최근 특송화물은 전자상거래의 급증과 신속한 배송 서비스에 대한 수요는 특송 사업 부문의 시장 성장을 촉진하고 있다. 소비자와 기업은 더 많은 리드타임의 단축을 요구하며, 특송물류업체의 서비스를 선호하는 경향이 점점 더 커지고 있다

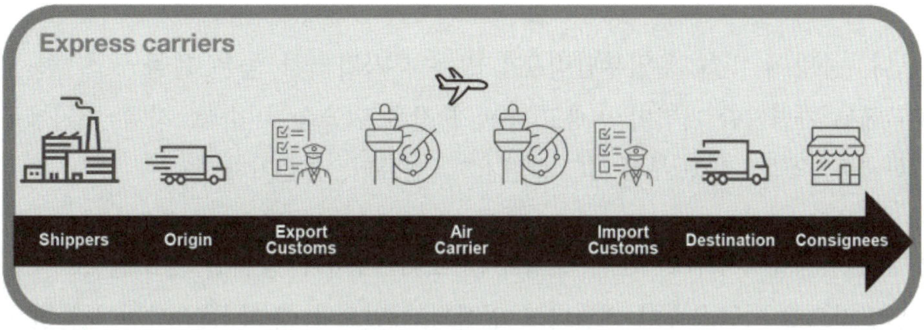

특송항공화물의 운송체계

제2절 항공화물 대상과 분류

1. 항공화물 범위

(1) 항공화물 대상

항공화물의 대상은 일반적으로 항공운송이 적합한 화물로 긴급하게 사용하여야 하는 화물, 장기 수송으로 가치를 상실하는 화물, 운임에 대한 충분한 부담능력이 있고 안전성이 요구되는 화물, 여객이 도착 즉시 필요한 화물, 다른 운송수단으로 운송 불가능한 화물 등으로 다음과 같다.

가. 급송을 요하는 품목

○ 긴급수요가 발생한 것 - 선박, 항공기, 공장 등 기계의 공장부품 대체품, 혈청 등 의학상 급송을 요하는 물품이나 상품견본, 납기지연 상품, 계절 유행상품, 투기상품, 재해지에 대한 긴급구호 물자 등

○ 물품의 성질상 단기간의 운송을 필요로 하는 것 - 생선·식료품, 생동물, 생화, 방사성물질 등

○ 판매시기를 놓치면 상품가치가 없어지는 것 - 뉴스 필름, 신문, 잡지, 정기 간행물 등

○ 여객의 별송품 등 급송을 요하는 것 - 상업용 샘플, 이삿짐, 등

나. 중량에 비해 운임부담력[2])이 있는 부가가치가 높은 화물

○ 무게는 가볍지만 가격이 비싸고 부피가 작은 귀금속, 미술품, 시계, 전자제품, 광학제품, 약품, 각종 부품, IC 관련기기, 컴퓨터, 통신기기 등

다. 항공운송수단이 다른 운송수단 보다 싸거나 동일한 정도인 것

○ 일반적으로 항공운송이 비싸다고 인식되고 있으나, 전체 운송과정에서 발생하는 총비용을 비교할 경우, 짧은 운송시간으로 인해 보관료, 통관 및 보험료 등에서는 오히려 다른 교통수단보다 더 저렴한 경우가 있어 항공을 이용하기도 한다.

라. 물적유통관리나 마케팅 전략의 요청에 의한 것

○ 현지 판매업자에 의한 과잉재고로부터 기인하는 가격하락의 방지 또는 경쟁상품보다 신속하게 공급하여 고객에 대한 서비스체제를 강화하고 자사제품의 시장경쟁력을 높일 목적으로 항공운송을 이용한다. 또한 최근에는 물류관리 측면에서 상품 보관장소의 집중화나 재고투자의 절감에 의한 물류체제 합리화의 요청에 응하기 위하여 항공화물의 대상이 되는 상품의 종류가 확대 되어가고 있다.

(2) 항공화물 특성

항공화물의 대상이 되는 항공화물 특성은 다음과 같다

2) 운임부담력은 운송 서비스를 이용하는 사람(여객 또는 화주)이 운송비용을 지불할 수 있는 능력으로 운송원가와 함께 운임 수준을 결정하는 중요한 요인 중 하나이다.

가. 유행품 등 수요기간이 짧은 물품과 선박, 항공기 등 부품 신속한 조달, 긴급한 의약품·구호물자, 시간이 지나면 가치가 소멸되는 신문 등 긴급한 화물운송 수요를 충족시켜 준다.

나. 고유 성질상 변질 상품(과일 등)의 신속한 수송으로 원격지시장의 확대와 기존시장에 대하여 판매경쟁력을 높일 수 있으며, 급격한 수요변화에 대응하여 판매시기를 잃지 않는다.

다. 최소의 포장과 경량화로 포장 및 운임비가 절감되고, 신속하고 안전한 운송으로 보험료 저렴한 상품에 적정하다. 또한 운송기간이 짧아 그만큼 상품투자자본의 이자절감과 화물취급 회수가 줄어 도난 · 파손 위험 감소, 수요에 적시, 적량을 빈번하게 조달할 수 있어 발착지 등에서 보관시설비 및 보관비 절감 등 기회비용을 절감할 수 있다.

라. 항공화물은 비행 안전을 고려함으로 중량과 용적에 대한 제한이 심하고, 공항시설이 있는 대도시만 운송이 가능하며, 에너지 소비량이 높아 운송원가가 높으므로 고가의 운임이 단점이다.

2. 항공화물 분류

항공화물은 운송목적, 특성, 취급방법에 따라 분류될 수 있으며, 화물의 특성에 따라 운송방식을 정해야 한다. 항공화물을 분류하면 일반화물과 특수화물 두 가지 주요 범주가 있으며, 각각 고유한 특성과 운송 요구사항을 갖는다.

(1) 일반화물

일반 항공화물은 의류, 섬유, 기계, 소비재 등 광범위한 제품이 포함되는데 주로 일상생활에 쓰이는 필수품으로 평상시 입는 옷, 읽는 책, 사용하는 전자제품 등 일반화물(General cargo)의 대부분을 차지한다. 이러한 물품들은 부패하지 않고 운송 위험도가 낮으며 최소한의 취급 주의만 필요하기에 항공화물 운송과정은 특수화물보다 비교적 간소화 되어있다. 일반화물의 경우, 해상운송보다 운송 시간이 짧고 안전성이 높지만, 비용이 더 많이 든다는 단점이 있다.

일반화물은 정량화물(Clean cargo), 액체화물(Liquid cargo), 산적화물(Bulk cargo), 냉동화물(Refrigerated cargo) 등으로 특별한 관리가 필요하지 않는 표준적인 화물에 해당한다.

(2) 특수화물

특수 항공화물은 화물별 고유한 요구 사항과 운송 시 특수 취급이 필요하다. 특히 화물별 민감성과 운송과정에서의 잠재적 위험 때문에 세심한 주의가 필요하다. 특수화물의 주요 하위 범주를 살펴보면 다음과 같다.

○ 위험화물(Dangerous Goods) : 폭발물, 인화성 액체, 독성 또는 방사성 물질과 같은 안전에 위험을 초래할 수 있는 품목들이다. 자체 포장 기준과 라벨링 및 서류 작성 요건을 포함한 엄격한 규정이 적용되는 위험화물은 효율적인 항공 화물 운송을 위해 체계적인 교육과 숙련된 인력이 필요하다.

○ 온도 조절 화물(Temperature-Sensitive cargo) : 유통기한이 짧고 신속하게 운송해야 하므로 저온, 상온 또는 고온 상태를 일정하게 유지하기 위해 항공기의 특수 설비와 온도 관리기술이 요구된다. 이와 같이, 생명을 구하는 의약품부터 신선 농산물은 운송 과정에서 정밀한 온도 조절이 필요하다. 대표적인 화물이 백신, 혈액샘플, 특정 의약품 및 신선식품이 해당한다.

○ 살아있는 생동물(Live Animals and Plants) : 반려 동물 및 조류, 동물원 동물, 가축, 경주마가 이에 해당하며 개별 생동물의 필요에 따라 특별한 관리와 취급이 필요하다. 항공 여행 중에는 환기, 온도 조절, 그리고 동물 복지 규정 준수가 매우 중요하다.

○ 고가 또는 깨지기 쉬운 화물(Valuable cargo) : 예술품, 보석, 귀금속, 그리고 섬세한 악기가 이에 해당하며 대량의 현금과 기타 귀중품(금, 은 또는 기타 귀금속의 대량 운송 등), 높은 가치인 제품과 깨지기 쉬운 특성으로 인해 특별한 주의가 필요하다. 안전한 포장, 온도조절, 그리고 전문적인 취급은 고부가가치 화물이 목적지에 안전하게 도착하는데 필수 요소이다. 이러한 물품은 보안이 강화된 상태로 운송되며, 운송 중에도 실시간 추적을 통해 위치와 상태를 관리한다.

○ 대형 또는 중량초과 화물(Heavy cargo 또는 Project cargo) : 특수 프로젝트 화물로 대형장비, 중장비, 산업용 기계 등 크고 무거운 화물들에 해당하며, 맞춤형 포장과 운송이 필요하다. 이러한 품목은 일반 여객기에 실을 수 없을 만큼 크거나 무거운 특성이 있어 특수 취급이 필요하며, 화물전용기로 운송해야 한다.

○ 특급 배송 화물(Express cargo) : 시간에 민감한 문서와 소형 소포는 특급 배송을 위해 특수 택배 서비스를 이용한다. 전담 네트워크와 신속한 배송 프로세스를 통해 배송의 우선순위를 정하고, 마감일 내에 목적지에 도착하도록 보장한다.

○ 면제 화물 : 면제 화물의 경우, 상업 용도의 화물과 다르게 규정과 조건을 면제 또는 일부 간소화된다. 특정 종류의 군용 화물과 외교 우편물은 국제법의 보호를 받아 다른 상업 화물과 달리 일부 규정과 조건이 면제된다.

○ 이식용 인체 조직/장기 및 유해 : 인체와 관련된 민감한 물품을 운송할 때는 최대한의 존중, 윤리적 고려, 그리고 엄격한 규정 준수가 필요하다.

운송하는 상품의 구체적인 유형에 따라 항공화물에 적용되는 비용, 운송시간 및 규정이 결정된다. 국제항공운송협회(International Air Transport Association, IATA)는 위험물 규정(Dangerous Goods Regulations, DGR), 부패하기 쉬운 화물 규정(Perishable Cargo Regulations, PCR), 생체 동물 규정(Live Animals Regulations, LAR) 등을 포함하여 항공화물 운송에 대한 일관된 기준을 수립하기 위한 지침을 마련했다.

IATA 특수화물 운송 규정

제3절 항공화물 현황

항공화물은 화주로부터 대리점 및 간접 항공운송인(예, 포워더 등)을 통해 항공사로 연결되어 운송되는 다단계 주체가 연결된 복합 운송시스템으로 구성되어 지속적으로 발전하고 있다. 그러나, 9·11테러와 유행병 확산(SARS, 코로나 등)으로 항공여객운송은 급격하게 낮아지게 되었으나, 오히려 항공화물은 해당 시기에 급격히 증가하는 상황이 되기도 하였다. 이와 같이 항공화물은 테러, 감염병 및 첨단산업의 발전 등 항공수요에 영향을 주는 요소에 따라 화물운송 수요가 변하고 있으나, 산업의 발전과 전자상거래의 급증으로 인해 항공화물의 운송규모는 지속적으로 증가하고 있다

1. 글로벌 항공운송 현황

항공화물운송은 외부 영향에도 꾸준하게 증가하였으며, 최근 코로나로 항공운송은 급격히 감소하였으나, 국가 간 이동 제약으로 인해 오히려 항공화물은 증가했다. 항공화물 운송량을 나타내는 단위인 CTK(Cargo-Tonne-Kilometers)[3] 기준 2024년은 전년보다 11.3% 증가하며, 최고치를 기록했다.

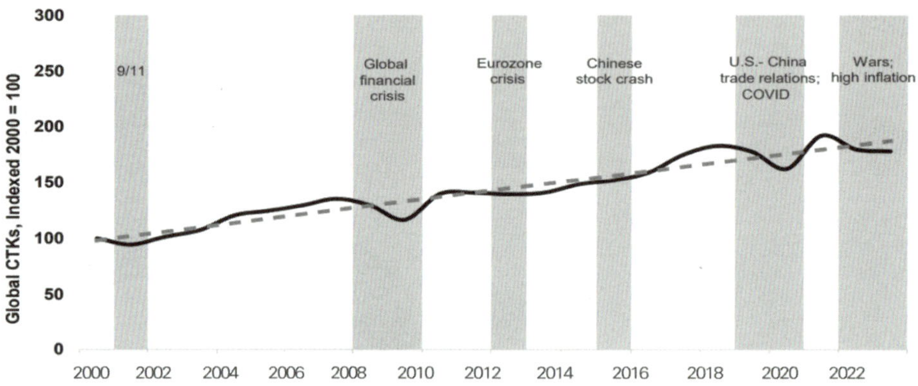

자료원 : The World Air Cargo Forecast(WACF), Boeing, 2024

세계 항공화물 시장의 성장

전 세계 화물운송 능력은 지속적으로 증가하고 있으며 지난 20년 동안 연평균 2.6%씩 증가하였다. 국제항공운송협회(IATA)에 따르면 2023년 기준 세계 항공화물 수송량은 약 580억 Ton-Km로 나타났다.

(1) 국제 항공화물 시장 규모

항공화물시장의 정확한 규모는 다양한 통계자료와 집계 방식에 따라 명확하게 제시하기 어렵지만, 최근 항공화물의 증가는 전자상거래의 성장을 통해 이루어지고 있으며,

---

3) CTK는 수송된 화물의 톤수에 비행거리를 곱한 값으로, 항공화물의 수송량을 나타내는 단위로 1톤의 유상 탑재 화물을 1킬로미터 운송한 것을 의미

최근 무역 갈등의 증가에도 항공화물의 성장은 지속하고 있다. 특히 전자상거래(e-commerce) 시장의 확대와 신선품과 같이 부패하기 쉬운 상품(Perishable goods)에 대한 수요가 증가가 시장의 성장을 이끌고 있다. 2025년 글로벌 항공화물 시장 규모는 1,862억 USD로 추정되며, 코로나 이후 2022년 2,041억 USD에서 2023년 1,853억 달러로 감소 되었으나, 다시 증가하고 있다.(Air Cargo Market Report, 2025)[4] IATA(국제항공운송협회) 통계 기반 보고서(회원사 운송 기준)에서는 2025년 항공화물 부문 매출은 약 1,420억 USD로 예측하였다.[5]

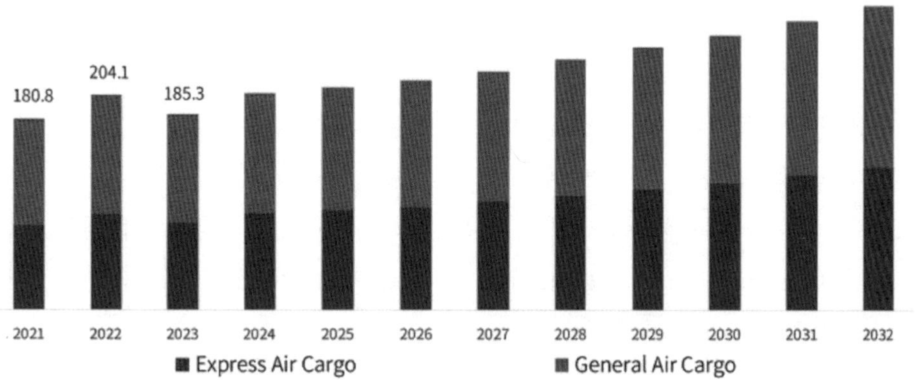

자료 : www.gminsigths.com

항공화물 시장의 규모

(2) 부문별 항공화물 운송 현황

항공화물은 전자, 자동차, 소매 등 다양한 산업 물품에 대하여 운송 서비스를 제공하고 있다. 전자상거래와 소형패키지 중심으로 소비재가 가장 높은 비중(약 30%)을 차지하고 있으며, 그다음이 Automotive 고부가 중량 화물로 정기 부품공급으로 항공화물을 이용한다. 의약품 및 Healthcare 관련 화물은 콜드체인 요구로 가장 빠르게 성장중이며, 전체 화물의 8%를 차지하고 있으며, 신선 제품과 식품 수요로 식품 및 음료는 전체 12%를 차지하고 있다.

4) 항공화물은 Air cargo, Express, Mail 등을 포함하거나, 항공사 운송만 집계하거나 등에 따라 일부 차이 발생함. gminsigths.com 보고서에서는 항공화물 중 일반화물과 특송화물에 대한 전망치임.
5) Air Cargo Market Analysis, IATA, 2025. 4

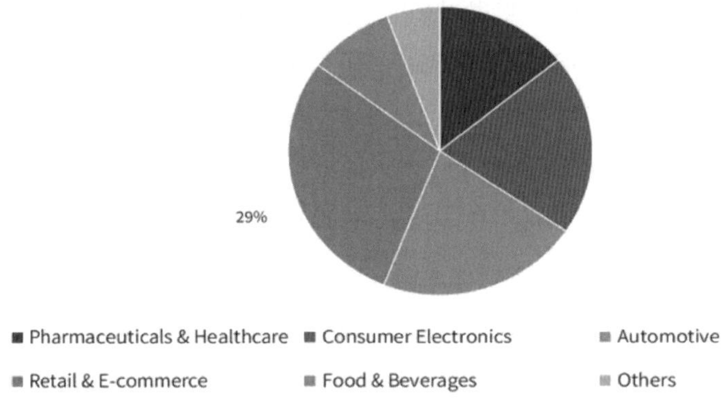

자료 : www.gminsigths.com

품목별 항공화물 시장 비중

항공화물은 화물전용기(Freighter)와 여객기를 이용하여 운송을 하고 있으며, 화물전용기가 국제항공화물 시장에 주요한 운송 공급자이다. 국제화물운송에서 광동체(Widebody) 여객기는 하부 화물탑재 공간(Lower Deck)을 이용하여 화물을 운송하지만, 교통량(Cargo Tonne -Kilometers, CTKs) 기준으로 50% 이상[6]을 차지하는 것은 화물전용기가 담당하고 있다.

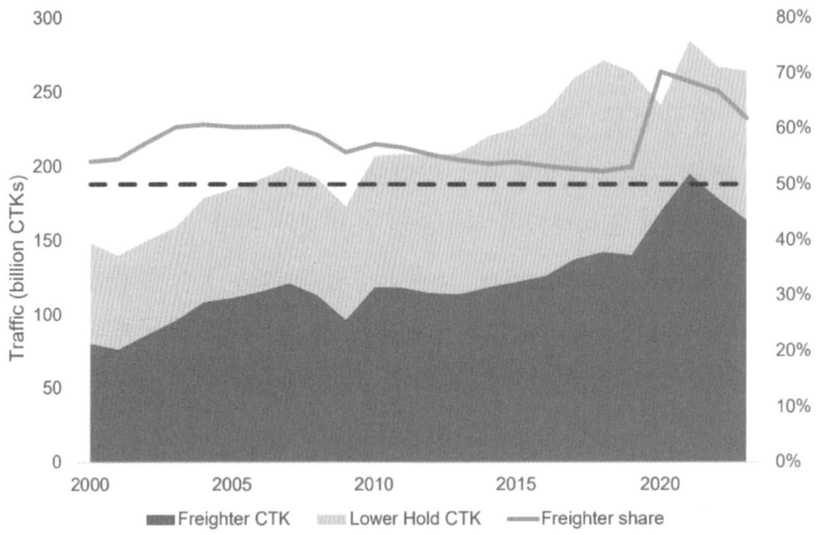

자료원 : The World Air Cargo Forecast(WACF), Boeing, 2024

항공화물 운송형태별 운송현황

6) 코로나 시기에 여객기 감소로 60~70%의 비중이었으나, 화물전용기가 대체로 50% 이상임.

보잉사의 예측보고서(WACF)에 따르면, 항공사들의 항공화물 매출에서는 2023년 기준 1,440조 달러로 특송사(Express, 예, DHL, FedEx 등)가 48%, 화물, 여객 모두 취급하는 항공사(예, 대한항공)가 32%, 화물전용기 항공사 10%, 여객만 운송(Belly 운송)하는 항공사가 10%를 차지하고 있다.

(3) 지역별 항공화물 시장 현황

항공화물의 비중이 가장 큰 곳은 아시아·태평양 시장이며, 북미 시장이 2번째로 큰 시장이다. 최근 지역별 항공화물 시장은 글로벌 항공화물 시장 회복으로 아프리카와 중동을 제외한 대부분 지역에서 증가했다. 국제선만 기준으로 보면 아태시장이 9.6% 성장한 시장이며, 노선별로 유럽과 북미, 유럽과 아시아 노선 운송 수요 증가가 높았다.

지역별 항공화물 시장 현황

구분	시장 비중	전년 대비 증가율(2025년 3월 기준)			
		CTK	ACTK	CLF(%-pt)	CLF(level)
전체 시장	100.0%	4.4%	4.3%		47.5%
Africa	2.0%	-13.4%	10.8%	-10.4%	37.1%
Asia Pacific	34.2%	9.3%	7.6%	0.8%	48.6%
Europe	21.5%	4.4%	2.8%	0.9%	59.6%
Latin America	2.9%	5.6%	5.2%	0.1%	39.5%
Middle East	13.6%	-3.3%	0.9%	-2.0%	47.6%
North America	25.8%	3.7%	2.6%	0.5%	40.7%
국제선 시장	87.3%	5.5%	6.1%	-0.3%	53.7%
Africa	2.0%	-13.4%	10.5%	-10.5%	38.1%
Asia Pacific	30.6%	9.6%	11.3%	-0.8%	55.2%
Europe	21.0%	4.5%	2.0%	1.5%	62.1%
Latin America	2.5%	5.8%	4.7%	0.5%	45.0%
Middle East	13.6%	-3.2%	0.8%	-2.0%	48.0%

구분	시장 비중	전년 대비 증가율(2025년 3월 기준)			
		CTK	ACTK	CLF(%-pt)	CLF(level)
North America	17.5%	9.5%	6.1%	1.5%	51.0%

주 1. CTK : Cargo-Tonne-Kilometers
2. ACTK : Available Cargo Tonne-Kilometers
3. CFL : Cargo Load Factor(화물적재율 = 수요 ÷ 공급)
자료 : Air Cargo Monthly Analysis, IATA, 2025. 3

2. 우리나라 항공운송 현황

(1) 항공화물운송의 현황

우리나라 항공시장은 2024년 23억 달러 규모이며, 연평균 4% 정도의 성장을 지속하고 있다. 코로나 시기에도 불구하고 해외여행의 지속적인 수요 증가에 따라 대부분 '19년의 수준으로 회복했다.

화물은 국제여행 수요 회복에 따른 수하물 증가와 함께 미국·유럽 전자상거래 활성화, 글로벌 해상운송 차질로 인한 항공화물 물동량 증가, IT 제품 수요확대 등으로 코로나 이후 성장세를 지속하고 있다.

항공화물운송 실적 추이(2013~2024년)

단위 : 명, 톤, %

	국제선		국내선		항공화물(국내+국제)
	여객수(명)	증감율(%)	여객수(명)	증감율(%)	
2013	51,289,971	6.9%	45,350,146	3.6%	2,696,487
2014	57,126,971	11.4%	50,013,022	10.3%	2,802,241
2015	61,831,586	8.2%	56,814,455	13.6%	2,814,061
2016	73,495,106	18.9%	62,789,944	10.5%	2,944,306
2017	77,505,956	5.5%	65,825,150	4.8%	3,147,270
2018	86,463,569	11.6%	64,053,848	-2.7%	3,152,706
2019	90,900,322	5.1%	66,773,122	4.2%	2,914,447
2020	14,315,695	-84.3%	50,711,368	-24.1%	2,914,093

	국제선		국내선		항공화물 (국내+국제)
	여객수(명)	증감율(%)	여객수(명)	증감율(%)	
2021	3,235,646	-77.4%	66,767,480	31.7%	3,412,355
2022	19,608,374	506.0%	73,231,508	9.7%	3,045,355
2023	68,622,153	250.0%	64,965,886	-11.3%	2,832,647
2024	89,308,868	30.1%	62,822,250	-3.3%	3,026,126

주 : 국제선 항공화물은 순화물과 우편물

자료원 : 항공통계, 한국항공협회

우리나라 항공화물은 코로나19 시기 정점인 340만톤(2021년) 이후 감소하였으나, 3년 만에 다시 회복하고 있다. 이러한 변화는 러·우 전쟁과 미·중 갈등 등으로 인해 항공화물 시장의 공급은 감소하고, 해운 공급망의 차질로 인해 항공화물 수요가 증가하는 구조적 변화가 있었으나, IT 품목(반도체, 디스플레이 등) 수출 호조 및 중국발 전자상거래 물동량 증가의 영향으로 전년(2023년) 다시 증가한 주요 요인이 되고 있다.

2024년의 화물시장의 성수기 속에서 공급 측면에서 불확실한 상황에서 중동의 불안전한 정세와 전쟁의 지속으로 항공화물 시장의 공급에 차질이 있으며, 운임상승에 영향을 주고 있는데 특히 무역전쟁[7]으로 인해 증가세가 지속되는데 한계가 있을 수 있다.

(2) 항공화물의 증가 요소 및 지속성

전체 항공화물(국내, 국제선 위탁 수하물 포함)[8]은 2024년 460만 톤(수하물 포함)을 처리하였으며, 항공 여행의 증가에 따라 지속적으로 증가하고 있다. 특히 국제선의 항공화물은 420만 톤(24년)을 처리하여 전년 대비 12%가 증가하였다.

항공화물은 중량기준으로 우리나라 수출입 물량 중 0.2%로 매우 적은 편이나[9], 금액 기준으로는 30%를 차지(2022년 기준, 국가물류통합정보센터)한다.

7) 2025년 2월 본격적으로 시작된 전 세계적인 무역전쟁으로 미국의 도널드 트럼프 2기 행정부가 출범한 직후부터 중국, 캐나다, 멕시코를 위주로 추가적인 관세를 부과하자 이에 중국, 캐나다, 멕시코 등의 국가들이 관세와 WTO 제소 등으로 대결하면서 촉발

8) 항공통계 작성시 항공화물은 수하물, 순화물, 우편물을 모두 포함하여 집계하고 있으나, 수출입 항공화물을 집계시 수하물을 제외하고 항공화물로 보아야 함.

9) 수출입 물량기준 해운 97%, 항공 0.14%, 기타 2.86%를 차지

항공화물운송 실적 추이(2013~2024년)

단위 : 백만 달러, 천 톤

구분			2005년	2010년	2015년	2020년	2022년
수출입	전체 화물	금액	545,657	891,596	963,256	980,131	1,414,955
		중량	516,657	659,062	760,892	737,962	752,874
	항공 화물	금액	161,631	214,792	254,708	331,024	426,388
		중량	996	1,196	1,155	1,117	1,225
항공화물 비율(%)		금액	29.6	24.1	26.4	33.8	30.1%
		중량	0.19	0.18	0.2	0.2	0.2%

'24년 국제 물동량은 290만 톤('23년 270만 톤)으로 10년간 14% 증가, 다만 '21년, 22년의 코로나 특수 기저효과로 최근 일시적 감소 추세다. 24년도 기준 국제선 화물 중 직화물(直貨物) 물량 177만 톤(60%), 환적화물(Trangit cargo)[10) 물량 118만 톤(40%)으로 구성된다.

우리나라 항공화물은 직화물과 환적화물로 구분되며, 인천공항을 통해 많은 환적화물(약 40%의 비중)이 처리되고 있으며, 주요 환적화물 목적지는 '23년 기준, '북미, 유럽, 중국'과 '중국, 동북아, 동남아'를 연결하는 주요 축이 우리나라 환적 물량의 55% 소화하고 있다. 전제 화물(위탁수하물 포함)에서 화물(순화물+우편물)이 차지하는 비중은 약 70%이며, 2010년 80%에 비해 감소하였으며, 이는 과거에 비해 순화물의 양도 증가했지만, 수하물의 크기도 과거에 비해 줄어든 것을 볼 수 있다.

우리나라 국제선 항공화물 운송현황

단위 : 톤, %

연도	전체 화물[1)]			국제선 화물		
	화물2)	순화물+우편물	비율	화물2)	순화물+우편물	비율
2004	3,386,999	2,848,765	84.1%	2,569,204	2,174,775	85%
2005	3,361,523	2,785,637	82.9%	2,616,822	2,181,652	83%
2006	3,563,986	2,938,068	82.4%	2,853,551	2,374,239	83%
2007	3,771,076	3,073,649	81.5%	3,138,334	2,592,585	83%

10) 환적화물은 최종 목적지가 아닌 제3국에 위치한 공항을 경유하여 다른 항공기로 옮겨 싣는 항공화물을 의미함.

연도	전체 화물[1]			국제선 화물		
	화물2)	순화물+우편물	비율	화물2)	순화물+우편물	비율
2008	3,505,885	2,800,986	79.9%	2,997,407	2,456,523	82%
2009	3,409,826	2,705,019	79.3%	2,872,471	2,346,576	82%
2010	3,850,643	3,045,133	79.1%	3,326,925	2,721,670	82%
2011	3,800,371	2,939,926	77.4%	3,238,105	2,589,968	80%
2012	3,739,334	2,812,345	75.2%	3,208,781	2,507,663	78%
2013	3,751,633	2,775,971	74.0%	3,246,261	2,508,939	77%
2014	3,976,981	2,896,135	72.8%	3,410,743	2,601,658	76%
2015	4,094,333	2,932,123	71.6%	3,518,772	2,648,721	75%
2016	4,366,743	3,065,445	70.2%	3,780,970	2,788,356	74%
2017	4,611,766	3,252,227	70.5%	4,031,516	2,987,551	74%
2018	4,715,193	3,257,879	69.1%	4,168,808	3,016,725	72%
2019	4,533,446	3,023,458	66.7%	4,015,987	2,820,802	70%
2020	3,434,563	2,978,446	86.7%	3,070,993	2,832,523	92%
2021	3,829,418	3,468,661	90.6%	3,420,247	3,329,375	97%
2022	3,779,147	3,084,036	81.6%	3,320,437	2,948,906	89%
2023	4,166,355	2,870,497	68.9%	3,741,482	2,755,507	74%
2024	4,599,107	3,067,774	66.7%	4,191,505	2,969,050	71%

주 1. 전체화물은 국내선+국제선 화물
2. 화물에는 화물, 우편물, 위탁수하물 포함

자료원 : 항공통계, 한국공항공사

(3) 수출입 국제 항공화물의 운송현황

항공화물 중 순화물은 대부분 수출입 통관을 통한 국제적 운송화물로 직화물과 환적화물이 있으며, 환적화물의 경우 경유하는 공항에서 다른 운항편으로 운송되는 화물이다.

인천공항은 우리나라 항공화물의 90% 이상을 차지하고 있으며, 대부분 수출입 국제선 화물을 인천공항에서 처리하고 있으며, 인천공항은 동북아의 허브공항으로서 환적화물을 많이 처리하고 있으며 약 40% 이상의 환적화물을 처리하고 있다.

인천공항 순화물 물동량

구분	순화물 물동량 (톤)	직화물		환적화물	
		물동량(톤)	비중(%)	물동량(톤)	비중(%)
2013	2,394,572	1,338,334	55.9	1,056,238	44.1
2014	2,474,152	1,434,776	58.0	1,039,376	42.0
2015	2,489,539	1,456,537	58.5	1,033,002	41.5
2016	2,602,555	1,529,995	58.8	1,072,560	41.2
2017	2,825,956	1,695,007	60.0	1,130,949	40.0
2018	2,857,845	1,696,068	59.3	1,161,777	40.7
2019	2,664,005	1,606,645	60.3	1,057,360	39.7
2020	2,759,467	1,608,641	58.3	1,150,826	41.7
2021	3,273,004	1,989,785	60.8	1,283,219	39.2
2022	2,907,420	1,788,273	61.5	1,119,147	38.5
2023	2,706,943	1,573,611	58.1	1,133,332	41.9
2024	2,906,072	1,727,792	59.5	1,178,280	40.5
증감률	1.62%	1.88%		1.26%	

주 1. 순화물 = 직화물 + 환적화물(우편물 제외)
2. 증감율 : 연편균 증감율(2014~2024)
자료원 : 인천국제공항공사 홈페이지

환적률은 계속 40%대를 유지하고 있어 동북아의 항공화물 허브공항으로 입지를 굳히고 있다. 환적화물은 중국을 통한 물품이 인천공항을 거쳐 미국과 유럽으로 운송되는 루트이며, 점차 다양한 환적 루트가 구축되고 있다.

최근 한·중·미 간 환적화물 수요 증가하고 있으며, 이는 인천공항의 지리적 이점과 정책적 유인 전략 활용하여 중국발 전자상거래 물동량 유입한 요인이다. 화물은 2023년 기준 반도체, 무선통신기기, 평판디스플레이, 컴퓨터, 의약품 순으로 상위 5개 품목이 운송되었으며, 지역별로는 미주가 24%로 가장 많은 비중을 차지하며, 유럽이 19%, 중국 18%, 동남아 16% 순이다. 그러나 최근 국제 무역 갈등으로 인해 국제선 항공화물의 영향이 나타나기 시작하였으며, 이는 중국의 환적화물에 영향을 주는 것으로 나타났다.

항공화물의 품목별 운송은 수출화물의 경우 전자전기제품이 21년 기준 26%로 가장 많으며, 그 다음으로 기계류 23%, 화학공업 제품이 20%, 섬유류 10% 순이다. 세부품목 중에는 메모리반도체, 프로세서와 콘트롤러, 전산기록매체, OLED 등의 물동량이 많았다. 수입 항공화물 품목 중에는 농림수산물이 25%로 비중이 가장 높았으며, 전자전기제품이 22%, 기계류 18%, 화학공업제품이 13%를 차지하였다

항공화물 품목별 물동량

단위 : 톤

구분	수출				수입			
	2020년		2021년		2020년		2021년	
	물동량	비중	물동량	비중	물동량	비중	물동량	비중
전자전기제품	144,988	25.6	171,145	25.9	137,193	24.9	157,338	22.4
기계류	130,810	23.1	150,101	22.7	97,322	17.7	125,310	17.8
화학공업제품	87,207	15.4	134,582	20.3	69,796	12.7	94,515	13.4
광산물	1,006	0.2	1,212	0.2	13,668	2.5	5,875	0.8
생활용품	24,442	4.3	27,269	4.1	32,468	5.9	39,339	5.6
섬유류	71,328	12.6	65,889	10.0	36,884	6.7	42,829	6.1
플라스틱고무 및 가죽제품	47,815	8.4	49,726	7.5	19,946	3.6	24,810	3.5
철강금속제품	36,014	6.4	38,315	5.8	23,131	4.2	32,362	4.6
잡제품	3,199	0.6	4,480	0.7	5,767	1.0	5,966	0.8
농림수산물	19,667	3.5	18,856	2.9	114,437	20.8	174,496	24.8
합계	566,475	100	661,576	100	550,612	100	702,839	100

주 : 항공 수출입화물 기준, 환적화물 제외, MTI코드(수출입 분류체계) 1단위 기준
자료 : 한국무역협회

제2장

항공화물 운송

제2장

항공화물 운송

제1절 항공화물 운송개요

1. 화물운송의 개요

항공화물 운송은 항공기를 이용하여 화물을 운송하는 형태이며, 이는 항공운송의 정의를 통해 설명할 수 있다. 항공운송은「타인의 수요에 응하여 항공기를 사용하여 유상으로 여객 또는 화물을 운송」으로 정의할 수 있다. 다만, 항공화물운송을 별도로 개념을 정의하고 있지 않으나, 항공운송에 물류의 개념을 포괄하여 설명할 수 있다. 물류의 정의는「재화가 공급자로부터 조달 · 생산되어 수요자에게 전달되거나 소비자로부터 회수되어 폐기될 때까지 이루어지는 운송 · 보관 · 하역(荷役) 등과 이에 부가되어 가치를 창출하는 가공 · 조립 · 분류 · 수리 · 포장 · 상표부착 · 판매 · 정보통신 등.[1]」로 정의된다. 그러므로 항공화물운송을 '항공물류'로 포괄하여 정의하면, 항공기를 이용하여 공항간 화물을 운송하는 것을 포함하여 공급자로부터 최종 수요자에게 전달될 때까지 이

1) 물류정책기본법 제2조, 용어의 정의

루어지는 운송, 보관, 하역, 포장 및 정보통신 등의 제반활동이라 할 수 있다.

항공화물은 영어로 'Air cargo'라고 부르고 있으며, 항공기로 운송되는 화물을 지칭한다. 'Air freight'[2]라는 용어도 동일하게 사용하고 있으며, 우편물, 여객 수하물 등을 제외한 항공화물을 일컫는 용어이다.[3]

항공화물 운송에는 다양한 참여자가 있으며, 항공사(Carrier), 화물운송사(육상운송 및 택배사 등), 화물운송주선사(Forwarder 또는 Consolidator), 통관인, 화주 등 다양한 이해관계자로 구성된다. 이들은 화주로부터 출발한 화물이 수하인에게 도착할 때까지 항공화물 운송과정에서 화주를 대리하여 업무 처리하거나 직·간접적으로 운송과정에 참여한다. 항공물류의 과정을 보면, 항공사, 공항, 포워더(복합운송업자로도 지칭) 사이에서의 화물운송이 이루어지는 흐름으로 아래의 그림과 같다.

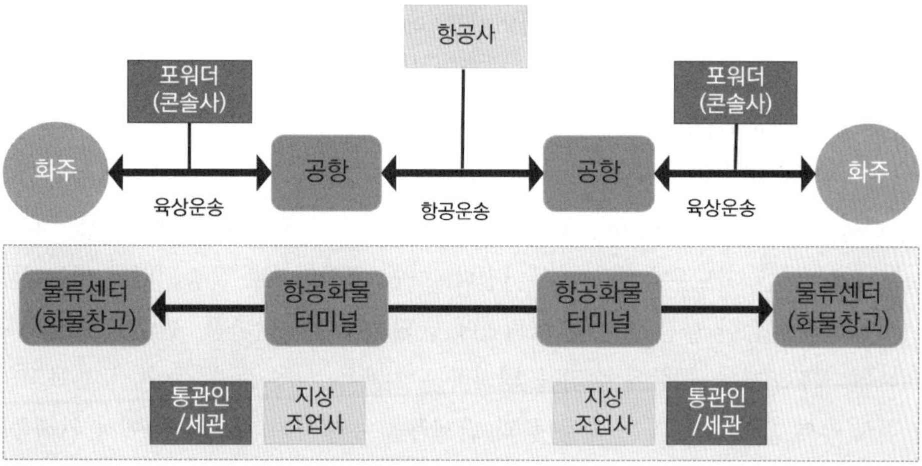

항공화물 운송의 구성

포워더들이 화주들로부터 화물을 집하(集荷)하여 공항으로 운송한 후 항공사들이 공항간 운송을 하고 공항에서 다시 화물 수취인(화주)까지 이동하는 전반적인 운송흐름의 형태이다. 이러한 흐름상에서 포워더(콘솔사)와 공항, 항공사들은 밀접한 관계를 가지고 있으나, 그 운송단계는 개별적으로 이루어지는 것을 알 수 있다. 이러한 측면에서 본다면 항공화물운송의 전체 과정은 복합운송의 형태이다. 복합운송(Multi Modal Transportation)이라 함은 「타인의 수요에 응하여 자기의 명의와 계산으로 타인의 선

2) Air cargo는 항공화물 자체(물품)를 의미하고 Air Freight는 운송하는 서비스 또는 운송료를 칭하는 경우가 많음.

3) Manual on the regulation of International Air Transport, ICAO Doc 9626

박, 항공기, 철도차량 또는 자동차 등 2가지 이상의 운송수단을 이용하여 화물을 운송」 하는 것으로 항공화물운송에서는 포워더(콘솔사)들이 담당하는 것이다.

항공사는 항공기를 이용하여 운송서비스를 제공하고, 공항까지의 운송에서는 포워더가 서비스를 제공하며, 공항에서는 화물의 집하, 포장, 상하역서비스가 제공되는 것이다.

2. 항공화물 운송특성

항공화물은 항공기에 의하여 운송되는 물품으로서 우편물과 여객이 휴대하는 수하물(Passenger's baggage)을 제외한 모든 물품을 말한다. 따라서 여객이 휴대하지 아니하는 비동반 수하물(Unaccompanied baggage)도 항공화물에 속한다. 이러한 항공화물운송의 특성을 이해하는 데는 여객 운송과의 차이점과 해상 화물운송과의 차이점을 비교하고 항공화물운송의 특징이 무엇인가를 파악함으로써 쉽게 이해될 것이다.

(1) 항공화물운송의 특성

가. 일방운송(One-way traffic)의 특성

항공화물운송은 편도운송(one-way)으로 여객과 달리 돌아오는 항공기를 이용하지 않으므로 대부분은 편도운송으로 이루어진다. 다만 예외적으로 운송되었던 화물이 되돌아오는 경우는 운송한 물품을 운송 의뢰인에게 되돌려주는 반환품, 판매한 물품의 수리를 위하여 제작회사나 공장에 수리를 의뢰하는 기계류, 미술품과 같이 전시 목적의 물품을 전시 후에 다시 가져가는 경우 등과 반제품을 수출하여 다른 나라에서 완제품으로 만든 후에 그 물품의 판매를 하기 위하여 원래의 제작회사로 되돌아오는 경우가 있다.

나. 동일 물품의 많은 수량 및 반복 운송 특성

화물운송은 1회성 여행으로 끝나는 여객 운송과는 달리, 고정된 구매자가 있는 경우, 동일한 물품이 1회 운송으로 끝나지 않고 지속적인 거래관계의 유지에 따라 동일한 물품을 반복적으로 운송하게 되는 특성이 있을 뿐만 아니라 어떠한 물품에 대한 구매자가 많을 때 동일한 물품의 많은 수량을 대규모로 운송하는 특성이 있다.

다. 지상조업(Ground handling)의 필요성

화물은 스스로 움직일 수 없어 화물운송은 여객 운송과 달리 화물을 항공기에 탑재하거나 항공기에 탑재된 화물을 내리기 위한 Loading, Unloading, Build-up, Break-down 등의 지상조업이 필요하며, 이와 같은 지상조업을 위하여 Cargo Loader, Cargo Conveyer Car, Transporter, Dolly 등의 지상조업 장비가 필요하다.

라. 요소별 운송 특성

여객은 항공권에 명시된 구간에 따라 여행을 하지만 화물운송은 출발지에서 목적지까지 어떠한 경로로 수송되든 관계가 없으며, 우회경로를 통하여 수송되었다고 해서 화주가 운송비를 추가부담 하는 일은 없다. 또한, 화물의 경우 화주가 야간운송을 선호하는 경향이 강하며 오후 늦게 화물을 집화하여 야간에 항공운송을 하고 목적지에서 다음날 새벽에 배송하는 것이 가장 이상적인 화물의 운송형태이다. 그리고, 특정의 화물, 예를 들면 식품, 화훼류, 농산물, 특정의 의류 등은 계절에 따라 변동이 심하지만, 일반화물은 대부분이 여객에 비해 계절적인 변화가 없다.

항공화물운송과 해상화물운송의 비교

구분	항공운송	해상운송	비고
신속성	단기(미주, 유럽 2일)	장기(미주 12~15일, 유럽 4~5주)	
적기 도착성	높다	낮다	
안전성	높다	낮다 충격에 의한 파손 우려 장기 수송에 따른 도난, 변질, 부식 우려	※보험요율 -항공:0.09% -해양:0.4%
운임(경제성)	운임이 높음 포장비 저렴 보험요율 낮음 운임외부대비용 낮음	운임이 낮음 포장비 높음 보험요율 높음 부피화물 요금 높음 장기운송에 따른 기타 변동비의 추가 발생	1 CBM (1m × 1m × 1m) 부피화물인 경우 - 항공 : 167KG - 해상 : 1 TON
이용편리성	높다	낮다	
적재용이성	제한적	비제한적	
수요예측	출하전까지 예측 불확실	예측가능	

항공화물운송은 화물의 도착예정시간을 준수하고 양질의 대 고객서비스를 위해서는 통상적으로 목적지까지 제일 빠른 경로를 택하여 수송하는 것이 보통이다. 또한 항공화물운송은 여객 운송이 주로 낮에 이루어지는 것과 달리 주로 야간에 운송되는 특성이 있다. 예컨대 주간에 탁송(Consignment)된 화물이라도 공항의 슬롯(Slot)이나 공항 운영의 효율성을 높이기 위하여 특별한 경우를 제외하고 화물기는 야간에 운항토록 하는 것이 일반적인 형태이다.

(2) 항공화물운송의 장점과 단점

항공화물운송이 다른 운송수단에 비해 갖는 장점은 다음과 같다.

가. 항공화물운송 장점

- 물류상의 장점

○ 긴급화물, 소형화물의 운송에 적합

○ 수요기간이 짧은 물품의 운송에 적합

○ 운송시간의 단축으로 비용절감 및 화물의 손해 발생기회의 감소

○ 포장비의 절감과 통관의 간이화

- 비용상의 장점

○ 포장의 경량화에 따른 운임절감과 육상운송에 비해 저렴한 보험료

○ 운송 중인 상품에 대한 투자자본의 비용절감

○ 속성으로 인한 보관비 절감

○ 하역처리 빈도가 적어 도난, 파손위험의 발생율 저감

○ 비상시 손해의 최소화

○ 보관장소 및 기간이 짧아 재고품 창고시설의 투자자본, 임차료, 관리비용의 절감

- 서비스상의 장점

○ 고객서비스 향상에 의한 매출 증대

○ 갑작스런 수요에 대처 가능

○ 변질성 상품의 시장확대 가능

○ 판매기간이 짧은 상품도 시장경쟁력 보유가능

○ 재고품의 진부화, 변질화 등에 의한 손실률 감소

○ 운송중인 상품의 위치파악 용이

나. 항공화물운송 단점

항공화물운송은 높은 비용부담, 지연 및 취소 가능성, 추가적인 세금 및 할증료 발생, 최종 배송 문제가 있으며, 아래와 같은 부문에서 운송의 단점으로 인해 이용에 제약이 되기도 한다.

○ 높은 비용 : 항공운송은 연료 소비가 크고 비행 비용이 높아, 해상 운송에 비해 운임이 매우 비싸다.

○ 기상 조건의 영향 : 항공화물은 날씨에 매우 민감하여, 강풍, 폭우, 안개 등 악천후 시 항공편 지연 또는 결항 될 수 있다.

○ 운송 제한 : 항공화물은 화물의 종류, 중량, 부피 등에 대한 엄격한 제한이 있어 모든 화물을 운송할 수 없다.

○ 라스트 마일(Last Mile) 문제 : 공항에서 최종 목적지까지의 운송(라스트 마일) 과정에서 어려움이 있을 수 있으며, 이로 인해 운송 시간이 더 소요될 수 있다.

○ 운송량 변동 : 고부가가치 화물에 집중되는 경향이 있고, 해상운송의 불안정성이 높을 경우, 항공화물 운임이 급등하는 등 운송량이 불안정하게 변동하는 사이클을 가진다.

이 밖에도 항공화물운송은 해상운송에서 쓰이는 컨테이너 규격과 달라 타 운송수단과 연계하는 복합운송이 불가능하고, 탑재공간이 비교적 작아 적재할 때 많은 양의 화물을 탑재할 수 없는 것이 큰 단점이다.

이와 같이 항공화물은 타 운송수단에 비해 여러 가지 장점과 단점을 가지고 있다. 항공운송은 속도와 안정성이 큰 장점이지만, 비용이 비싸고 운송량이 제한적이다. 해상운송은 대량 운송에 경제적이지만, 느리고 상대적으로 안전성이 떨어진다. 육상운송은 유연하고 저렴하며, 문전 배송이 가능하다는 장점이 있다. 운송수단의 선택은 화물의 특성에 따라 결정하는 것이며, 화물에 특성에 맞추어 항공화물운송을 이용하게 된다.

제2절 항공화물 운송체계

항공화물 운송체계는 화주(화물 소유자)의 물품이 출발지에서 목적지까지 항공기를 통해 안전하고 신속하게 운송되도록 연결하는 복합적인 시스템이다. 이 체계에는 다양한 주체들이 참여하며, 여러 단계의 절차를 거쳐 진행된다.

1. 항공화물의 운송과정

공항과 항공사를 중심으로 항공화물의 운송흐름을 보면 아래와 같이 판매자(화주)에서 구매자까지 이르는 단계에서 화물운송 의뢰에서부터 국제운송을 통해 해외로 운송되기까지의 절차를 보여주고 있다. 항공화물들이 운송을 의뢰한 화주로부터 소비자인 화물 인수자에게 운송되는 과정에서 통상적으로 포워더(화물운송주선업자)를 통하여 운송하게 되는데, 이는 대기업이나 대량 화물의 운송을 의뢰하는 화주라 할지라도 항공화물 취급 업무에는 전문적인 지식과 경험이 필요하기 때문이다. 포워더를 통해 화물은 공항으로 운송(국내운송)되며, 공항에서 항공사(또는 지상조업사)에 인계되어 항공기에 탑재 후 목적지 공항으로 운송(국제운송)된다. 이후 항공화물의 도착정보를 받은 목적지 공항의 포워더는 공항창고(항공화물터미널)로부터 출고된 화물을 국내운송을 통해 판매자에게 전달한다.

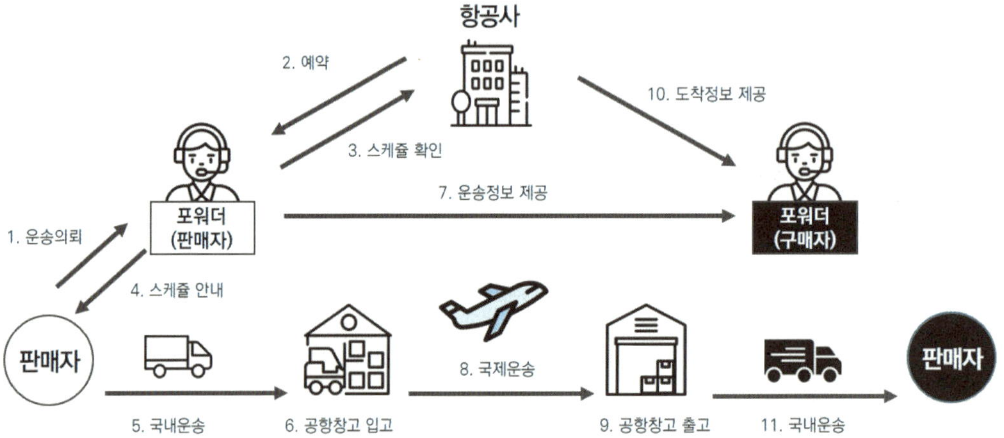

항공화물운송 흐름

(1) 항공화물 수출과정

수출 항공화물의 운송은 화주가 직접 하는 경우도 있지만 예약에서부터 기적(旣積, 탑재를 의미)에 이르기까지 포워더가 업무를 대행하는 경우가 대부분이다. 수출 항공화물의 운송은 대체로 다음과 같은 절차로 진행된다.

가. 수출상품의 생산이 완료되면 포워더는 운송 계획을 수립하고 해당 항공사에 예약(booking)을 한다. 예약 시에는 항공운송장(air waybill)번호, 출발지/도착지, 포장개수, 각 포장상자의 중량, 부피, 상품명 등과 함께 지정 항공편에 예약을 의뢰한다.

나. 수출서류를 준비하고 상품을 포장하여 수출통관 준비를 한다. 포장이 완료된 화물을 보세지역에 반입하고 상업송장, 포장명세서 등 서류와 함께 수출신고서에 첨부하여 관할 세관에 제출한 후 수출신고필증을 교부받는다.

다. 항공사 또는 그 대리점에서 항공운송장을 발급받고 화물의 내용에 따라 적절한 라벨(label)을 붙인다. 이때 위험물, 생동물 취급에 관한 제반규정은 ICAO 및 IATA가 제정한 규정에 따라야 한다.

라. 탑재가 결정된 화물은 적하목록에 기재하고 작성된 적하목록의 세관제출용을 세관에 제출하여 화물의 반출허가를 받는다. 운송인은 적하목록의 화물반출 체크용을 가지고 화물장치장에서 탑재할 화물을 픽업하여 행선지별로 컨테이너, 팔레트 등에 적재한다. 탑재 책임자는 항공기의 운항에 필요한 자료와 수하물, 기타 화물량에 따라 탑재계획을 작성하여 탑재하여 출발한다.

즉, 항공화물의 수출 프로세스는 반입 및 보안 검색 → 검수 및 장치(지정 장치장 보관) → 반출 및 Build up (항공기 탑재 전 준비과정) → 항공기로 운반 및 탑재 → 항공기 출항까지 총 5가지의 절차로 수출 프로세스가 진행된다.

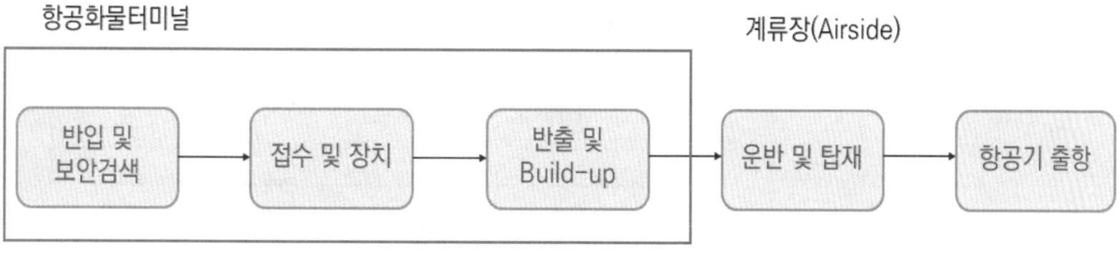

항공화물의 수출 프로세스

(2) 항공화물 수입과정

항공기가 도착하면 기내 검역이 행해지고 하기지시서(Unloading Instruction)에 따라 하기 작업이 행해진다. 하기(하역)된 화물은 분류장에 운반되어 서류와 함께 점검하고 분류한다. 도착화물은 항공사가 보관하지 않고 탑재명세서에 의거, 화물의 대조 확인 및 파손유무를 점검한 후 항공화물터미널(보세창고)에 보관되며 관련 서류는 항공사가 보관한다.

만일 화물이 공항에서 통관되지 않고, 내륙의 세관지정 장치장으로 운송되는 화물의 경우는 세관의 감독하에 보세운송면허를 득한 업자에 의해 운반된다. 예를 들어, 목적지가 부산인 화물의 경우 항공운송장에 목적지를 부산으로 표기하게 되면 통과화물로 취급되어 항공사에 의해 항공기 혹은 보세운송 트럭에 의해 목적지인 부산까지 운송한다.

창고배정 작업이 완료되면 항공운송장(Airway Bill)은 통관지역에 따라 화물터미널에 있는 항공사 지점이나 영업소로 보내지며 수화인에게 전화 등을 통해 도착통지를 한다.

수입통관 업무는 수하인(화물 수취자) 또는 수하인으로부터 지정받은 통관업자가 행하며, 항공사로부터 항공운송장을 인수받은 수하인 또는 통관업자는 수입신고서를 세관에 제출하고 수입허가를 득하여 통관, 인수하면 모든 절차가 끝나게 된다.

해당 화물 수화인이 항공화물운송장을 인계할 때 본인인 경우에는 주민등록증을 확인하며, 대리인인 경우에는 주민등록증 외에 위임장을 제출해야 한다.

즉, 항공화물의 수입 프로세스는 항공기의 입항 및 하기 → 운반 및 반입→ Breakdown(적재된 화물을 작은 단위로 구분)작업 → 창고(화물터미널)입고 → 출고 및 상차(고객 배송)의 과정을 통해 처리된다.

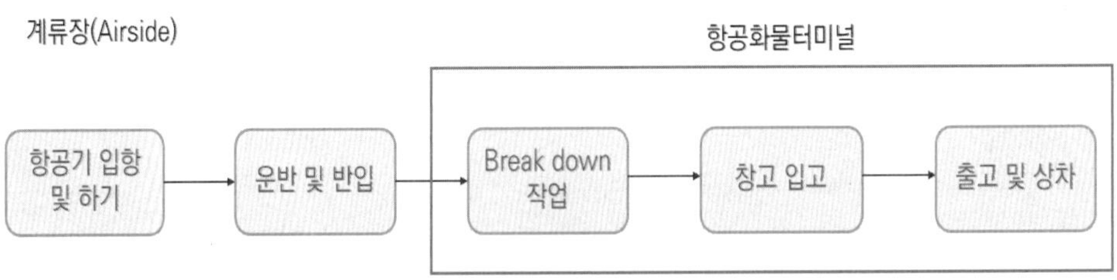

항공화물의 수입 프로세스

2. 항공화물운송 구성요소

(1) 화주

화주(貨主)[4]는 운송될 재화나 물품의 주인, 즉 화물을 소유하고 운송을 위탁하는 개인이나 기업을 말합니다. 항공화물운송 서비스의 수요자로서, 물건의 생산자나 판매자가 화주에 해당하며, 포워더(항공운송주선인)와의 계약을 통해 운송 비용과 위험을 부담하는 주체입니다. 특히 국제 물류나 무역에서는 상품을 선적하는 사람이나 기업을 의미하는 송화인(Shipper)을 화주라고 칭한다.

(2) 항공운송 주선인

운송주선인(Freight forwarder)은 화물운송을 주선하고 영업을 하는 자를 의미하며, 화주와 실제 운송인(선사, 항공사, 육상운송사 등)을 연결하는 중개 역할을 한다. 운송주선인은 화물의 운송 관련 제반 업무를 대행하여, 화주는 시간과 비용을 절감하고 최적의 운송 시스템을 이용할 수 있다.

항공화물에서 항공운송주선업자는 포워더(또는 콘솔사)가 될 수 있으며, 항공사와 계약을 맺은 대리점도 화주와 항공사(운송인)를 연계해 주는 항공운송주선인이 될 수 있다.

가. 포워더(혼재업자)

포워더는 화주를 대신하여 수출입 화물운송을 주선하고 대행하는 물류 전문업체로, 화물 인수부터 배송까지 필요한 포장, 선적, 통관, 보험, 보관, 최종 인도 등 복잡한 국제 물류 전반의 업무를 대행한다. 포워더는 자체 운송수단을 보유하지 않고 항공사나 해운사와 같은 실제 운송업체(항공사)와 협력하여 최적의 운송 경로와 서비스를 설계하고, 국제 무역업체들이 물류에 집중할 수 있도록 돕는 중개자 역할을 수행한다. 포워더의 역할과 업무 범위는 다음과 같다.

○ 화물운송 대행 : 화주로부터 화물을 인수받아 목적지까지 안전하고 신속하게 운송을 수행하고 관리한다.

○ 운송 네트워크 설계 : 해상, 항공, 육상운송을 조합하여 화물의 특성과 비용, 신속성을 고려한 최적의 운송 루트를 설계한다.

---

4) '화주'는 화물의 임자라는 뜻으로, 운송할 물건의 주인을 의미하는 반면, '하주(荷主)'는 다른 곳으로 옮겨갈 화물의 주인을 뜻하는 용어로, 일본에서 건너온 말이다. 개념상으로는 '화주'가 '하주'보다 더 넓은 의미를 가지며, 최근 물류 업계에서는 '하주'보다 '화주'라는 용어를 더 많이 사용하고 있다.

○ 서류 작업 및 통관 대행 : 수출입에 필요한 각종 서류작업과 통관 절차를 대행하여 화주들의 업무를 대행한다.

○ 다양한 물류 서비스 : 화물 포장, 보험 가입, 창고 보관, 국내외 배송 등 운송과 관련된 다양한 서비스를 제공한다.

콘솔사(Consolidator)는 혼재작업(Consolidation)을 수행하는 포워더를 일컫는 말이다. 항공화물은 대부분 혼재화물이므로 포워더들이 화물을 화주로부터 수집하여 혼재하여 운송한다. 그러나 항공화물이 소량이 경우 포워더들로부터 화물을 수집하여 혼재하는 경우 대형 포워더들이 혼재사업자가 되어 다른 포워더들의 화물을 같이 혼적하게 되는데 이때, 이러한 포워더를 콘솔사(혼재사업자)라고 한다.

나. 운송대리점

운송대리점은 항공사 또는 항공사 총대리점[5]과의 계약을 통해, 계약항공사를 대신하여 항공사의 운송약관과 요금표에 의해 화물을 판매하면서, 이에 정해진 수수료를 항공사로부터 취득한다. 이들 항공화물 대리점은 통상 항공운송 대리점만 운영하는 것이 아니라, 수출입에 관련된 제반업무는 물론 통관, 창고보관 업무도 대신 수행하는 등 항공화물이 원활히 운송되도록 화주와 항공사의 대리인으로서 역할을 한다. IATA에서는 항공화물 대리점은 다음과 같은 기본서비스를 제공해야 한다고 제시하고 있다.

운송대리점의 역할과 업무는 경제적인 운송수단에 관한 정보제공, 포장에 관한 상담, 통관 수속 및 상대국 무역규정, 신용장의 지시사항 준수, 적절한 항공사 선정, 운송계약 및 운송 보험업무 처리, Claim처리, 보관 및 배송에 관한 상담, 항공사 관련 서류작성, 화물의 이동에 대한 관리 등이다. 운송대리점은 특정항공사와 계약을 맺고 해당 항공사의 화물운송만을 수행하는 곳으로, 포워더가 여러 항공사와 운송인을 대상으로 하여 운송업무를 수행하는 것과 차이가 있다.

---

5) 항공사총대리점은 특정 국가나 지역에서 항공사를 대신하여 여객 및 화물 스페이스를 판매하고 항공권과 화물운송장을 발급하며, 항공사 서비스 관련 업무를 수행하는 업체이다. 이는 GSA(General Sales Agent)라고도 불리며, 항공사가 직접 지사를 두기 어려운 지역에서 중개인 역할을 하여 해당 시장의 영업을 대행한다.

항공화물대리점과 포워더(혼재업자)의 비교

구분	대리점	포워더(혼재업자)
효율 (Tariff)	자체 요율(요금표)가 없으며, 항공사 Tariff를 사용	자체 요율(요금표)가 있으며, 자체 Tariff를 사용
운송 약관	자체 약관 없으며, 항공사 약관에 준함	자체 약관 있음
이익	IATA 5%가 수수료	화물 중계 수수료 및 대행료 (항공운임 중량체감에 따른 비용과 항공사 지불운임의 차이로 혼재에 의한 운임절감의 차익)
운송 서류	항공사 운송장(Air way Bill, AWB) 사용	자체 AWB 사용(항공사용 Master AWB에 고객단위 자체 AWB 사용)

(3) 항공사

항공화물운송사로 항공사가 있으며, 항공기를 이용해 화물을 운송하는 사업자로, 대한항공, 루프트한자, 아틀라스, FedEx, DHL 등 자체 항공기를 보유하고 국제운송을 수행한다.

항공화물을 운송하는 항공사는 여객운송과 항공화물운송을 겸하는 항공사들이 있으며, 화물만 전문으로 운송하는 화물 전문항공사와 항공화물 운송 전체를 책임지고 운송하는 특송사로 나뉠 수 있다.

가. 일반 항공사 : 일반적으로 항공사들은 여객기 하부에 화물을 싣고 운송하는 경우가 대부분이며, 일부 항공사는 별도의 화물전용기를 같이 운영하고 있다. 대표적인 항공사는 대한항공, 싱가폴에어라인, 루프트한자 등이 있다.

나. 화물 항공사 : 전용화물기만 보유하고 항공화물만을 운송하는 항공사들이 있으며, 대표적으로 아틀라스항공(Atlas Air), 폴라에어카고(Polar Air Cargo), 카고룩스항공(Cargolux) 등이 있다.

다. 특송사 : DHL, FedEx(페덱스), UPS, EMS 등과 같이 소량의 긴급한 물품을 신속하게 문 앞까지 배송하는 서비스를 제공하는 화물운송서비스를 통합운송하는 국제적인 물류회사들을 의미한다. 이들은 항공운송과 내륙 운송을 결합한 시스템으로, 픽업부터 통관, 최종 배송까지 일괄적으로 처리한다.

(4) 지상조업사

지상조업(Ground Handling)은 항공기의 원활한 운항을 위해 실시하는 비행 전·후의 항공기에 대한 제반 업무로, 공항과 비행장에서 항공기가 이륙하기 전과 착륙한 후에 항공기에 대해 이루어지는 지상 차원의 업무를 의미한다. 이는 기내 청소부터 수하물 처리, 승객의 탑승과 하기, 항공기 견인, 급유, 제빙 등 다양한 작업이 포함된다.

항공화물의 경우 지상조업사들은 항공화물 터미널에서 항공기에 화물을 탑재할 수 있도록 화물을 Build-up하거나, 항공기에서 화물을 하기하여 항공화물터미널에서 각 목적지별(화주별)로 Break-down하는 업무를 수행한다. 일부 지상조업사들은 항공화물터미널을 직접 운영관리하기도 한다.

(5) 세관/통관인

항공화물 세관 또는 통관인은 국제 운송되는 항공화물이 세관의 심사를 거쳐 국내에 반입되는 과정을 대행하는 사람을 의미한다. 일반적으로 관세사가 통관인 역할을 하며, 개인통관고유부호가 있는 화주는 직접 통관을 진행할 수도 있다. 통관 절차에는 품목분류, 요건확인, 수입신고, 세금 납부, 화물 반출 등의 단계가 포함되며, 물품의 도착 전에도 신고가 가능합니다.

항공화물은 수입자가 관세사에게 통관업무를 위탁하여 대행하게 하는 경우가 많다. 관세사는 관련 법규 및 절차에 대한 전문 지식을 바탕으로 수입신고, 서류 제출, 관세 납부 등을 대행한다.

3. 화물기 종류 및 특성

항공화물은 화물만을 운송하는 화물전용기와 여객과 화물을 함께 운송할 수 있도록 제작된 화물혼용(콤비) 항공기 및 여객운송용 항공기의 화물칸을 이용하여 화물을 운송하는 방법이 있다. 항공화물은 출발지에서 도착지까지 동일한 항공기로 직접 수송하는 기종점 운송을 하는 경우와 중간에 다른 항공기로 화물을 환적하여 운송하는 경우가 있으며 화물기 종류 및 특성은 다음과 같다.

(1) 화물전용기

화물전용기는 화물의 용적과 중량을 고려하여 화물수송량이 많은 노선에 투입되기 때문에 주요 항공화물시장이 있는 노선에 운항되고 있으며, 화물전용기로 사용되는 항공기는 대형 항공기인 보잉747F, 에어버스330F급 항공기가 보통이며, 화물전용기의 화물적재량은 기종에 따라 80~100톤 정도이다. 화물기는 상부의 주요 화물 운송공간인 Main Deck와 하부 공간인 Lower Deck을 통해 화물을 운송한다.

화물전용기(747기종)

화물전용기 보잉747F 화물칸 내부

(2) 화물혼용기(콤비)

화물혼용 항공기는 그림과 같이 항공기의 일부는 여객탑승용으로 일부는 화물탑재용으로 사용하는 항공기로서 화물 운송량이 비교적 많은 항공노선에 운항되고 있으며, 화물혼용기로 사용되는 항공기는 대형항공기로서 보잉747급 항공기가 보통이며 화물혼용기의 화물적재량은 30~40톤 정도이다.

B747 콤비기종 내부구조 및 로딩작업중인 항공화물

(3) 여객기 화물운송

여객기에 의한 화물운송은 일반적인 여객기의 수하물 운송을 위한 화물칸에 화물을 같이 운송하는 것으로서 항공화물수송량이 화물전용기나 화물혼용 항공기를 투입할 만큼 많지 않은 항공노선에서 운송하는 형태이다. 항공기의 규모와 관계없이 운항되는 여객기의 하부(Lower deck)의 여유 있는 공간을 이용하는 형태로서 항공기의 크기에 따라 다르겠지만 화물적재량은 보통 10톤 정도로 Belly cargo라고 불리운다.

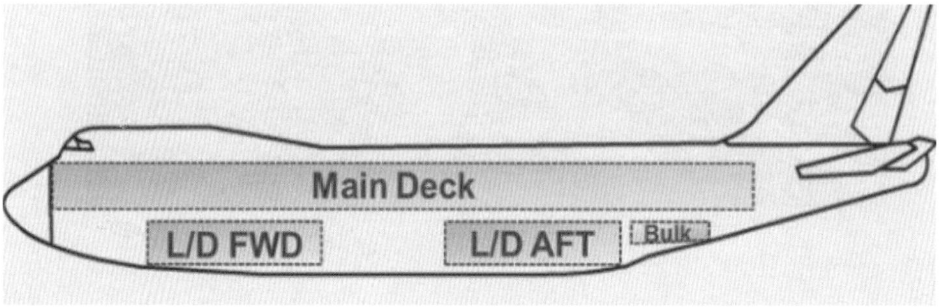

화물 탑재 공간

여객기에 화물 탑재

(4) 항공화물탑재용기(ULD)

항공화물탑재용기는 ULD(Unit Load Device)로 항공수송 및 하역 등에서 효율성을 높이기 위해 고안된 용기이다. 이는 항공화물 또는 수하물을 탑재, 적재하는 용기로 컨테이너나 팔레트 등을 일컫는 말이다. 항공화물운송은 벌크화물운송이나 화물을 낱개로 운송하기에는 적합하지 않기 때문에 항공운송을 위해서는 화물을 Unit Load 화하는 작업이 반드시 필요하다. 화물의 Unit Load화는 화물을 항공기에 탑재하거나 하기하는 하역시간을 단축하여 항공기의 가동율을 높일 수 있는 이점과 항공기 화물칸의 공간이용을 극대화할 수 있는 이점이 있으며, 또한 화물의 도난이나 손상을 방지할 수 있는 효과도 있다. 항공화물의 Unit Load화는 컨테이너, 팔레트로 대표되며, ULD를 처리하기 위해 다양한 적재 장비(예, 트랜스포터)들이 필요하며, 특수한 화물 운송을 위해 다양한 형태의 ULD(예, 말전용컨테이너 Horse Stall)등이 사용된다. 일반적으로 항공화물터미널에서 화물을 항공기에 탑재하기 위해 만드는 작업을 하는데 Unit Load화를 수행하는 것이 보통이다.

가. 항공기용 파렛트(Pallet)

항공기에 사용되는 파렛트는 바닥이 평평한 판으로 항공기 기내 크기 규격에 맞추어진 기구이다. 이러한 항공화물용 파렛트는 가볍지만 튼튼한 알루미늄으로 만들어진 평평한 금속 플랫폼으로 화물을 쌓고 고정하는데 사용된다. 화물은 그물이나 메쉬를 사용하여 파렛트에 고정한 후 항공기 형상에 맞추어 화물의 형태를 조정하는 적재작업을 Build-up이라 한다.

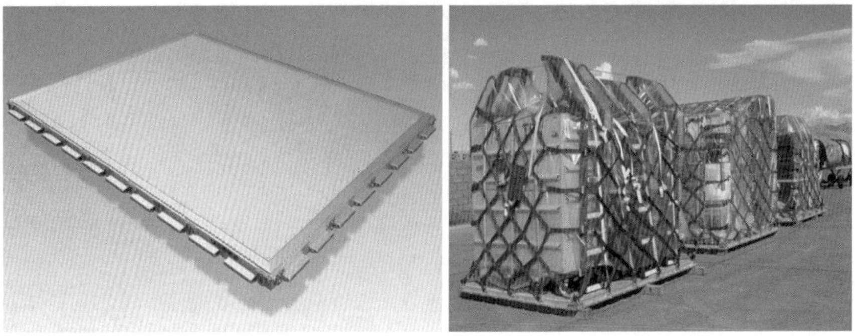

항공기용 파렛트와 Buil-up된 파렛트

나. 항공기용 컨테이너(Container)

항공화물용 컨테이너는 항공기 기내에 탑재가 가능한 형태로 제작되어 있으며, 무거운 화물을 견뎌야 하고, 최대한 가벼워야 하므로 알루미늄을 사용하고 있다. 더 가볍게 하기 위해 다른 제질(예, 폴리카보네이트 등)을 사용하기도 한다. 항공기 화물칸에 공간을 최대한 활용하도록 설계되었으며, 이는 일부 컨테이너 모서리가 잘리거나 둥근형태로 제작된다. 항공용 컨테이너는 기본적으로 IATA에서 설계, 제작, 취급, 정비에 대한 표준과 규정을 제시하고 있으며, 일반컨테이너, 냉동/냉장 컨테이너, 특수컨테이너 등으로 구분된다.

Air Car Transporter　Envirotainer e1 and e2 Containers

Temperature-Controlled Container　Horse Stall (HMJ)

항공기용 컨테이너 종류

제3절 항공화물처리시설

1. 항공화물터미널 개요

(1) 항공화물터미널(Air cargo terminal) 기능과 역할

항공화물 터미널은 항공화물의 수입, 수출, 보관, 분류, 통관 및 항공기 탑재 및 하기 작업을 일괄적으로 처리할 수 있는 물류시설이다. 이러한 항공화물터미널은 화물의 안전과 효율적인 처리를 위해 자동화된 장비와 특수 창고(냉동/냉장, 귀중품 등)를 갖추고 있으며, 항공운송의 안전확보와 화물의 보세 관련하여 보안구역으로 출입이 관리되는 지역이다. 항공화물터미널의 기능은 다음과 같다.

○ 보관 및 분류 : 도착한 화물을 보관하고, 같은 항공편으로 운송될 화물들을 권역별로 분류

○ 통관 및 검사 : 국내외 규제에 따라 화물을 통관하고; 필요시 검사를 진행

○ 취급 및 하역 : 지상 장비(지게차, 로더 등)를 이용해 화물을 항공컨테이너에서 꺼내거나, 싣는 작업을 수행하며, 파렛트에 항공기 탑재공간에 맞추어 적재하거나 분해(Break-down)하는 작업 수행

○ 물류 통합 서비스 : 항공사뿐만 아니라 화물운송업체, 물류기업 등이 화물터미널을 통해 다양한 물류 서비스를 제공하고 유치

(2) 운영과 관리

항공화물터미널은 운영 주체가 누구인가에 따라 분류할 수 있는데 항공사가 직접 운영하는 방식, 지상조업사가 운영하는 방식, 공항공사가 직접 운영하는 방식, 전문 운영기업(또는 컨소시엄)을 구성한 운영방식으로 구분할 수 있다.

화물터미널 별 운영주체 및 조업항공사 현황(인천국제공항의 예)

<table>
<tr><th>화물터미널</th><th>운영주체</th><th>조업항공사</th></tr>
<tr><td>대한항공 제1터미널</td><td>대한항공</td><td>• 대한항공</td></tr>
<tr><td>대한항공 제2터미널</td><td>한국공항</td><td>• 대한항공과 조업계약 한 외항사(수출)</td></tr>
<tr><td rowspan="2">에어제타
터미널</td><td>에어제타</td><td>• 에어제타</td></tr>
<tr><td>Swissport</td><td>• Swissport와 조업사와 계약한 외항사</td></tr>
<tr><td rowspan="4">외항사터미널</td><td>한국공항</td><td>• 대한항공과 조업계약 한 외항사(수입)</td></tr>
<tr><td>아시아나
에어포트</td><td>• 아시아나항공과 조업계약 한 외항사(수출입)</td></tr>
<tr><td>UPS</td><td>• UPS(통합운송사)</td></tr>
<tr><td>FedEx</td><td>• FedEx(통합운송사)</td></tr>
<tr><td>AACT</td><td>AACT</td><td>• AACT와 조업계약 한 외항사(수출입)</td></tr>
<tr><td>DHL</td><td>DHL</td><td>• DHL(통합운송)</td></tr>
<tr><td>합계</td><td></td><td>총 88개 항공사</td></tr>
</table>

항공화물 터미널을 운영하는 데에 있어 필요한 세 가지 주요 기능 영역으로 구분되며, 다음과 같다. 에어사이드는 항공기(또는 화물기)가 기동하는 공간이며, 항공화물터미널을 중심으로 랜드사이드와 구분된다. 항공화물터미널은 대부분 출입이 통제되는 보안구역으로 분류된다.

항공화물터미널에서는 항공화물의 수요 대응이 가능하도록 Airside와 Landside에 다음과 같은 시설들을 갖추고 있어야 한다.

- 항공기 주기장 및 계류장/항공기 및 지상지원장비(GSE) 정비 시설
- 항공화물 물류센터(또는 공동창고)/냉장 · 냉동 화물전용 물류센터
- 공항 화물청사 내 트럭 도크 및 주차, 대기 구역
- 세관 및 통관 시설과 지정 장치장
- 대리점 및 포워더 사무실 등

항공화물터미널 지역 구분

(3) 항공화물터미널 화물처리 프로세스

항공화물은 항공화물을 수출입 하기 위한 화물집하 장소로 화물의 목적에 따라 발송 준비, 분류, 인도, 환적, 통관, 보세운송 등의 업무를 수행한다. 항공화물터미널에서는 수출, 수입, 환적(통과)화물들이 아래와 같은 단계로 처리된다.

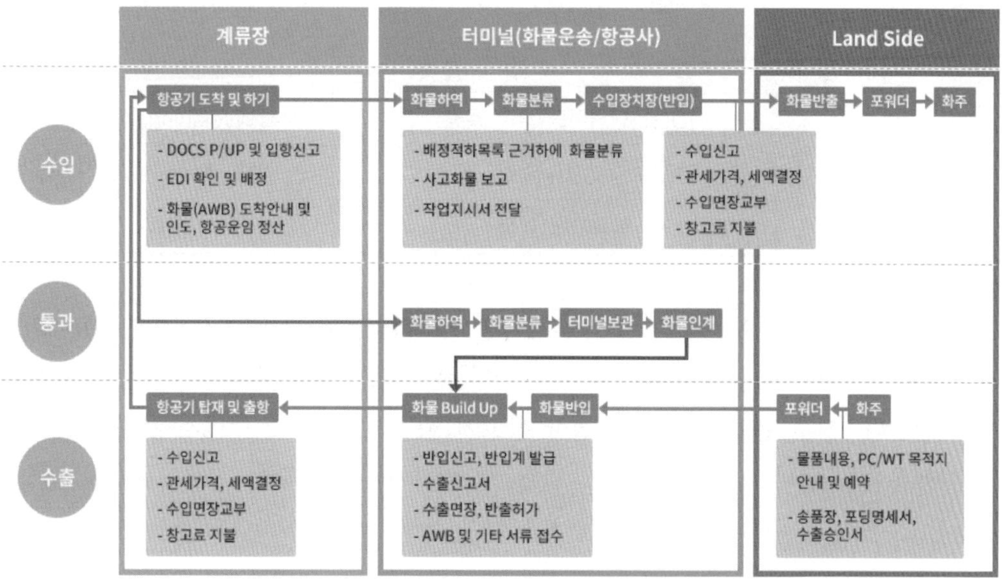

자료원 : https://www.jmkexpress.com/new3/sub3/3_1.php

항공화물터미널에서의 항공화물 처리과정

수입화물의 경우 화물기로부터 화물이 하역되어 화물터미널로 반입되면, 수입통관를 거쳐 화주에게도 인도된다. 환적(통과)화물의 경우 하역된 화물은 항공화물터미널에서 분류되어 일시적인 보관 후 다시 항공기에 실려 운송된다. 수출화물의 경우 화주 및 포워더로부터 항공화물터미널로 반입되어 항공기에 싣기 가능하도록 컨테이너와 파렛트에 적재 후 항공기에 탑재되어 운송된다.

수출 항공화물의 경우 화물터미널에서는 다음과 같은 과정으로 처리된다. 공항으로 운송된 화물은 터미널에 반입 후 중량 및 용적 확인한다. 수출통관 관련하여 세관업무 이후, 화물 이상 유무 확인하기 위해 화물검사를 수행한다. 화물터미널 내에서 목적지별로 항공탑재용기 또는 파렛트에 적재한 후, 화물 무게, 균형 고려하여 항공기 내 탑재한다.

항공화물터미널 수출운송 프로세스

구분	화물 프로세스	화물위치
화물도착	Truck Dock에 화물 도착 및 하역	Truck Dock
반입	반입 단위별 화물 무게 측정	Weighing scale
검사	X-ray를 이용한 화물보안 검색	X-ray 검색대
저장	화물보관	Rack 또는 보관장소
적재	파렛트 Build-up(또는 컨테이너 적입)	Work station
계량	ULD 단위화물 무게 측정	Weighing scale
운반	터미널에서 계류장으로 운송	탑재 장비(Loader 등)
항공기 탑재	항공기에 기적	항공기

수입 항공화물의 경우는 항공기가 도착하면, 검역실시 후 하역을 진행한다. 항공화물터미널로 입고하여 화물을 분류하고, 수입금지 품목 또는 안보에 위해가 되는 품목여부를 확인한다. 이후 통관을 위해 적절한 창고에 배정하며, 공항 밖에서 통관을 시행할 시 보세운송을 한다. 이후 수입신고 관련 세관업무가 완료되면, 항공화물터미널(또는 지정창고 등)에서 수하인에게 화물을 인도한다.

2. 항공화물 처리시설의 보안

공항에서 항공화물터미널 보안통제기준은 '항공보안법' 제16조에 따라 공항 화물터미널에 대한 보안통제기준을 마련하여 화물보안을 확보함을 목적으로 국토교통부 항공보안과 지침을 준수하도록 하고 있다. 즉, 항공화물터미널에는 허가된 인원과 물품만 출입을 통제하고, X-레이 검색대 및 폭발물 흔적 탐지기 등으로 위험물을 탐지하여 항공 안전을 확보하기 위함이다. 법령에서는 화물터미널운영자는 화물터미널 내의 보호구역에 대한 출입통제 및 보안검색을 위하여 다음 사항의 이행을 규정하고 있다.

- 화물터미널 보호구역 내에 인가되지 않은 사람 및 차량에 대한 출입통제
- 화물터미널 내 보호구역에 들어가는 사람 및 물품에 대한 보안검색 수행(단, 계류장 출입구에서는 출입통제시스템에 의한 출입통제로 보안검색을 생략 가능)

항공화물 시설에 대한 보안 사항 또한 항공화물 터미널을 운영하는 데에 있어 필수 조건이다. 화물 보안 요건에는 보다 강화된 화물 검사가 포함되며, 화주 또는 포워더의 출발지, 개별화물 시설, 또는 인증된 중앙 화물 검사 프로그램(Certified Cargo Screening Program, CCSP)이 시설에서 시행된다.

현재 화물기 운송 전 화물 검색을 의무화하는 규정은 없으나, 공항 내 검색을 의무화하는 규정 시행 방안을 지속적으로 모색하고 있다. 이와 같이 항공화물에 대한 보안강화로 인해 CCSP의 확대는 인증된 시설(Certified Cargo Screening Facility, CCSF)에서 검사받은 화물은 추가 스크리닝이 필요 없어 공급망을 통해 더 빠르게 이동할 수 있도록 하고 있어, 상용화주터미널과 같이 시설이 요구되고 있다.

제4절 항공화물운송에서의 보안

1. 항공운송과정의 보안

항공화물의 보안은 국제 항공운송에서 가장 중요한 관리 영역 중 하나로, 테러와 불법물품 반입을 방지하고 항공기의 안전한 운항을 보장하기 위해 다층적인 방식으로 운영된다.

항공화물 보안체계는 국제민간항공기구(ICAO)가 정한 '국제민간항공협약 부속서

17(Annex 17: Security)'에 기반하며, 국제항공운송협회(IATA)의 항공화물 보안 매뉴얼 및 각국의 법률·규정에 따라 구체적으로 운영된다.

항공화물 보안은 사전 예방적 관리를 핵심으로 하며, 화물이 항공기에 탑재되기 전에 안전성이 확인된 상태(Secure Supply Chain)로 유지되도록 하는 것을 목표로 한다. 이는 출발지에서 목적지까지 전 과정에서 연속적인 보안 절차를 요구하고, 단발적인 검색이 아닌 End-to-End(공급망 전체 프로세스) 보안관리가 필수적이다.

(1) 항공화물운송 보안체계

항공화물운송시 보안은 항공화물 전체과정 내에 여러 주체와 행위를 통해 이루어지며, 위험물 반입 방지, 물리적 보안 검색 및 보안이 확보된 공급망을 통해 항공화물의 안전을 확보하는 체계이다. 이는 항공화물의 흐름에서 항공안전을 위한 보안이 확보되기 위한 것이며, 기본적으로는 공항구역 내 항공화물처리 시설에서의 보안과 더불어 공항 외 지역(내륙의 관세지역 및 보세운송 등)에서의 보안도 포함해야 한다.

○ 화주·포워더 관리

항공사와 운송업체는 신뢰할 수 있는 화주(Known Shipper) 제도를 운영하며, 등록되지 않은 화주의 화물은 강화된 보안 검색을 거쳐야 한다. 이를 통해 불특정 다수의 의심 화물이 그대로 항공기에 적재되는 것을 차단한다.

○ 보안검색·검사 절차

항공화물터미널로 반입된 화물에 대한 다중 검색 절차로 위험물, 무기, 폭발물 반입을 아래와 같은 적정한 검색절차를 통해 반입을 방지한다.

- X-ray 검색 장비를 활용한 기본 검사
- 고위험 화물에 대해서는 폭발물흔적탐지장비(ETD), 폭발물탐지기(EDS) 등을 통한 추가 검사(필요시 수기 개봉검사 및 탐지견 투입)

○ 보안 구역 관리

공항 내 화물터미널은 보안 구역으로 지정되어 출입통제가 이루어지며, 보안검색을 통과하지 않은 화물은 구역 내에서 격리 관리된다. 또한, 보안이 확보된 상태에서만 항공기에 적재된다.

○ 공급망 보안(Supply Chain Security)

공항 외부에서 이미 보안이 보장된 화물(예: 인증받은 물류센터 출발 화물)은 보안 봉인 상태를 유지하며, 공항에 도착했을 때 별도의 절차를 거쳐 신속히 적재할 수 있다. 이는 보안성과 물류 효율성을 동시에 확보하는 방법이다.

(2) 항공화물 보안검색 방법

항공화물의 보안검색방법과 관련하여 여객기 탑재화물은 100% X-ray 검색을 실시하고, 화물기 탑재화물은 개봉검색, X-Ray 검색, 폭발물 탐지 및 폭발물 흔적탐지, 탐지견, 압력실 등 5가지 검색방법 중 택일하여 시행하고 있다. 화물기 탑재화물도 X-Ray 검색을 원칙으로 하되, 화물 특성상 X-Ray 검색이 곤란한 경우 폭발물 흔적 탐지기 등으로 보안검색을 시행하고 있다. X-Ray 검색은 화물을 투과하여 유기물(주황색), 무기물(파란색), 혼합물(초록색) 등을 색깔로 구분하여 보여주며, 이를 통해 화물의 위험성을 판단하고 검역 및 보안절차를 수행한다.

항공화물용 X-Ray 검색장비

○ 여객기 탑재 항공화물 보안검색

여객기 탑재 항공화물 보안은 X-ray 장비, 폭발물 탐지·흔적 탐지 장비 등을 활용한 보안 검색, 육안 수색, 폭발물 탐지견 운영을 통해 이루어지며, 항공안전 및 보안에 관한 법률과 국제 항공기구(ICAO) 규정에 따라 강제된다. 화물운송 서류 검증과 미신고 위험물 발생 예방, 화물의 포장 및 보관 상태 확인 등도 포함되며, 이는 항공기 운항

안전성을 높이는 데 목적이 있다.

- X-레이 장비 검색 : 여객기에 탑재되는 화물의 위험물을 탐지하기 위해 사용
- 폭발물 탐지 및 흔적 탐지 장비 : X-ray 외에 폭발물 탐지 및 흔적 탐지 장비로도 보안 검색을 진행
- 육안 수색 : 화물을 개봉하여 육안으로 수색하며 위험물을 찾아냄
- 폭발물탐지견 : 폭발물탐지견을 활용하여 화물을 수색

○ 화물기 탑재 항공화물 보안검색

화물기에 탑재되는 항공화물은 화물운송 서류 검증을 강화하여 위험물 발생 가능성을 줄이며, 미신고 위험물의 검색을 통해 항공기 운항의 안전성을 높인다. 이는 화물 포장 및 보관 상태를 확인하고, 잘못된 화물이 탑재되지 않도록 꼼꼼하게 살피는 과정도 포함된다. 화물기 탑재 항공화물 보안은 화물에 대한 100% 사전 보안 검색, 위험물 및 미신고 위험물 예방, 운송 과정에서의 보안 통제 강화로 이루어진다. 특히, 상용화주 제도를 통해 지정된 화주가 화물 보안 프로그램을 운영하고, 항공사는 운송 서류 검증 및 검색을 통해 항공 안전을 확보하며, 국토교통부 항공화물보안기준에 따라 보안 검색이 수행된다. 이러한 화물 보안의 주요 내용은 다음과 같다.

- 100% 사전 보안검색 : 탑재 전 100% 사전 검사를 통해 위험물 발생을 예방하고 항공기 운항의 안전성을 향상
- 화물 운송 서류 검증 : 화물운송 서류를 검증하여 미신고 위험물이 발생하는 것을 방지
- 위험물 근절 : 미신고 위험물 근절을 통해 항공기의 안전한 운항을 도모
- 상용화주 지정 및 프로그램 운영 : 국토교통부는 상용화주를 지정하여 화물 보안 프로그램을 운영하게 하며, 항공사는 이를 준수
- 보안 검색 절차 : 화물 보안 검색은 ULD(화물 단위 포장) 적재 전, 터미널 내 작업 공간에서 계측, 보안 검색 등 과정
- 보안통제 기준 : 항공화물보안기준에 따라 취급 시설, 포장, 운송, 보관 등 전 과정에 대한 보안 통제 방법이 설정
- 특별 보안검색 : 일반적인 검색 방법으로 적용이 어려운 경우, 통상적인 절차와 다른 별도의 특별 보안검색이 실시

2. 항공화물운송 보안관련 체계

(1) 상용화주체계

1) 상용화주 개념

ICAO는 항공화물 규모의 증가하고, 복잡한 항공화물 운송단계로 인해 항공화물 전략 검색의 어려움이 있어, 체계적인 보안통제 시스템의 구축이 필요했다. 이러한 문제를 해결하기 위해 공항 이외의 지역에서 보안통제를 할 수 있는 '상용화주제도'를 설정하고 활성화하고 있다.

'상용화주'는 항공보안법에 의거하여, 국토교통부에서 인증한 대리자(대리점)로서 인증받은 자체적 보안시스템 운영으로 화물 보안을 확보하는 경우 상용화주로 지정되며, 항공운송 사업자에 의한 보안검색이 면제된다[6]. 우리나라는 2004년 8월 화주 또는 포워더가 항공화물 및 우편물에 대해 직접 보안검색을 시행할 수 있는 상용화주 제도를 도입하고 있다. 국토교통부 고시로 제정된 '상용화주 항공화물 보안기준(제2021-1273호)'는 '항공보안법'에 따라 상용화주가 준수해야 할 항공화물의 보안통제절차 등에 관한 사항을 정하고 있다. 동 고시에서는 '항공화물의 보안통제 책임(제4조)'를 통해 항공기에 탑재하기 위해 운송되는 항공화물에 대한 보안통제의 책임은 항공화물을 항공운송사업자가 접수하기 전까지는 상용화주에게 있으며, 접수 후에는 항공운송사업자에게 있다.

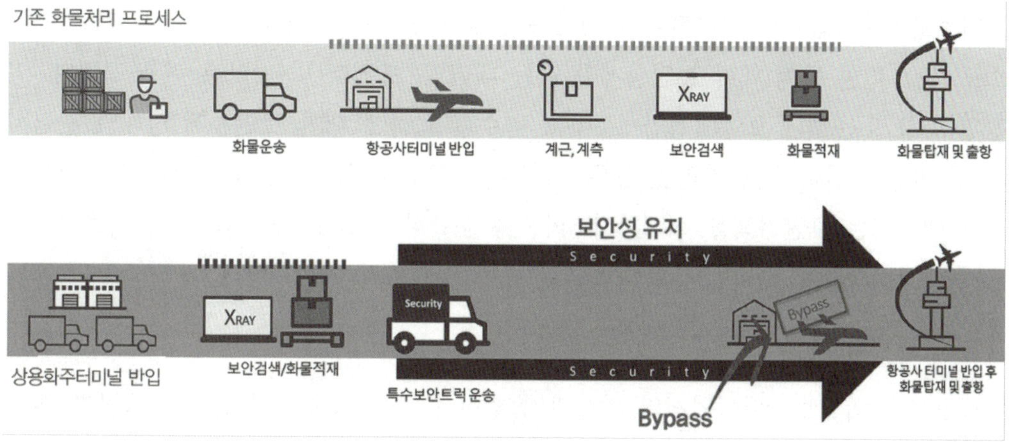

상용화주 운송체계 개념

6) ICAO Annex 17 규정 4.6(Measures relating to cargo, mail and other goods)에서 권고

상용화주는 보안통제를 완료하고 취급하는 화물이 상용화물이며, 이러한 상용화물은 공항에서 보안검색을 생략하게 된다. 상용화주가 아닌 자가 운송 의뢰한 항공화물은 비상용화물로 처리하며, 검색 또는 검사의 적절한 보안통제를 완료한 후 항공기에 탑재해야 한다.

상용화주는 정부로부터 지정받은 상용화주(Known Consignor) 또는 화물보안대행업체(Regulated Agent)이며, 지정을 받기 위해서는 다음과 같은 기준을 충족해야 한다.

- 보안시설, 검색장비 등 보안통제를 수행할 수 있는 보안성 유지
- 고용전 사전 신원조회 등을 통해 신뢰할 수 있는 직원의 고용
- 상용화주로부터 화물의 보안통제 요건을 이행하기 위한 화물보안프로그램의 수립
- 화물 내용물과 포장 등에 대해 보안 목적에 의한 검사의 수락 증명
- 탁송화물의 접수, 보관 및 보안 통제가 가능한 시설과 차량 구비

2) 화물취급별 역할 및 업무

○ 상용화주(Known Consignor)

정부로부터 인가를 받고 대리점 또는 항공사와 협약을 체결한 자로 화물을 최초로 포장하거나 보관하며, 화물에 대한 보안검사 또는 보안검색 등의 보안통제를 실시하고, 상용화물 운송 시 화물명세서, 화물보안신고서 및 화주신고서를 작성한다.

○ 화물보안대행업체(Regulated Agent)

화물보안대행업체은 정부로부터 인가를 받고 항공사와 협약을 체결하여 화물, 특급소포 및 우편물 등에 대한 보안통제를 하는 대리인, 포워더 및 기타 관련 조직이다. 인정된 화주 또는 화물보안대행업체로부터 접수한 화물에 대한 보안통제 상태와 관련서류 및 화물의 일치여부, 지정된 상용화주로부터 운송된 화물인지를 확인하고 비상용화물에 대해서는 보안검색을 실시한다. 화물을 운송하기 전에 화물명세서와 화물보안신고서를 작성하고 소속직원으로 하여금 운송하도록 조치하여야 한다.

○ 항공사

항공사는 화물보안대행업체의 역할과 동일하나, 적하목록을 확인하고 항공기 탑재전까지 상용화물을 보호관리 해야 하며, 화물 접수 시 운송자의 신원과 화물명세서 및 화물보안신고서를 확인한다. 필요한 경우에는 상용화물에 대한 보안검색을 실시할 수도 있다.

상용화주 지정현황(2025년 현재)

상 호	지 정 일	주 소
서울항공㈜	2022.6.17	인천광역시 중구 공항동로 296번길 98-11
㈜우정항공	2024.2.6	인천광역시 중구 자유무역로 164
스위스포트코리아㈜	2024.9.6	인천광역시 중구 자유무역로 135 한국도심공항 인천물류2센터 3층
(주)엘엑스판토스	2025.1.3	인천광역시 중구 공항동로 296번길 98-30, LX판토스 인천센터(1센터)

3) 상용화주터미널

상용화주는 국가로부터 자체 보안검색 능력을 인정받은 자를 의미하므로 상용화주의 화물은 공항 화물터미널에서 보안 검색 없이도 공항 내 화물기나 여객기로 직접 이송할 수 있다. 이러한 제도 하에 상용화주터미널은 항공화물의 입고부터 항공기에 선적되는 일련의 과정을 단축할 수 있어 신속한 화물처리를 기대할 수 있다는 장점이 있다. 상용화주터미널을 이용하면 계측과 보안 검색, 재포장, BUP(Bulk Utilization Program, 항공운송을 위한 화물 포장·적재작업)까지 한 곳에서 일괄적으로 처리할 수 있어 항공사 터미널에서 시행되는 작업을 생략할 수 있다. 그 중에서도 X-ray검색장비 등 첨단장비를 활용해 항공사 터미널과 동일한 수준의 보안검색이 가능하다는 점이 핵심이다. 따라서 상용화주터미널에서 작업이 완료된 화물은 항공사 터미널의 보안 검색을 거치지 않고 바로 반입할 수 있다.

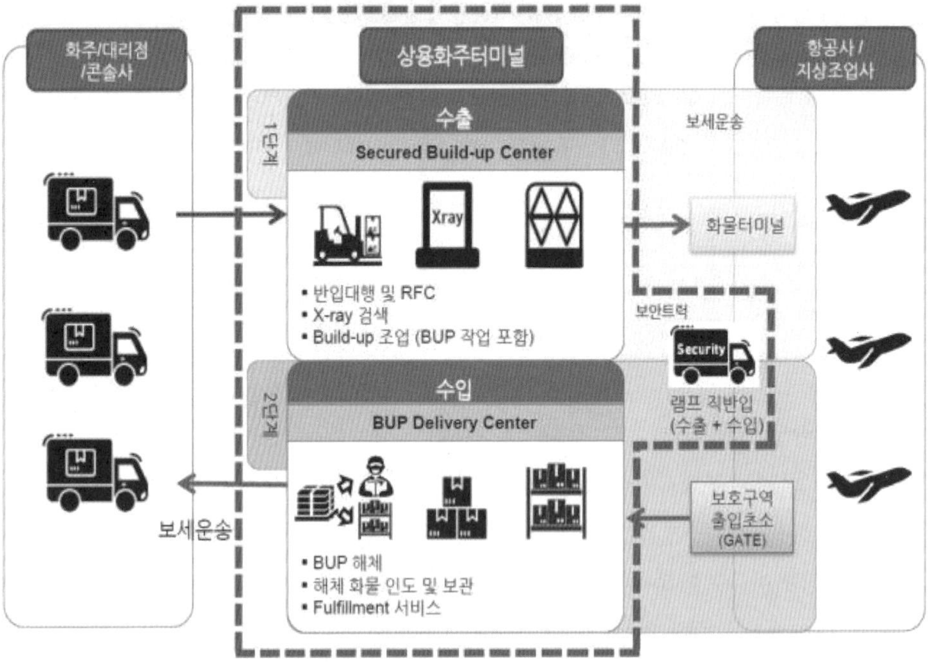

상용화주터미널의 기능과 역할

(2) AEO 제도

1) AEO의 배경

2011년 미국 9·11 테러 이후 미국은 무역 안전을 위한 새로운 물류 보안제도와 규정을 시행했다. 그러나 초창기에는 공급망 보안만이 중요하게 여겨져 물류 리드 타임(Lead Time) 지연이 발생했고, 수출입 공급망에 있어 동 제도는 비관세장벽으로 작용했다. 세계관세기구(World Customs Organization, WCO)는 생산자로부터 최종 소비자까지의 공급망 흐름에서 안전(Security)에 관해 지속해서 논의하며, 미국 물류 보안제도의 문제점을 보완하여, 2005년 6월 '무역 안전과 원활화에 관한 국제규범'을 수립했다. 이를 통해 각국의 세관 당국은 안전기준을 충족한 기업에 특정한 지위를 부여하고 이러한 공인업체와 비공인 업체의 차별적인 위험관리를 시행했다.

ICAO와 WCO는 저위험화물의 운송을 촉진하는 동시에 고위험화물에 추가 보안조치를 적용할 수 있도록 위험기반 접근법을 도입하여 보안확보와 통관 촉진의 서로 다른 수준의 운영 유연성을 제공하는 보안조치를 촉진하였다. 특히, 정책 및 규제체계를 조정하여 보안과 세관 사이의 화물보안의 중복을 방지하고 시너지 효과 달성을 위해 규정이행 감독활동에 대한 상호인정을 강화하였다.

2) AEO의 개념

AEO(Authorized Economic Operator)란 수출입 안전관리 우수 공인업체를 칭하며 수출입업체, 운송인, 창고업자, 관세사 등 무역과 관련된 업체들 중 관세당국이 법규준수, 내부통제시스템, 재무건전성, 안전관리의 공인 기준에 따라 적정성 여부를 심사하여 공인한 우수업체를 뜻한다.

AEO 제도는 국가의 세관당국에 의해 WCO의 공급망 보안기준을 준수하는 것으로 인정된 화물의 국제 이동에 관련된 참가자로 특히 제조업체, 수입업체, 수출업체, 화물운송업체, 공항, 항구, 터미널 운영자가 포함된다. AEO 제도는 세관에 의한 화물처리 속도를 높여 시간과 비용을 절약하여 신속하게 화물을 통관할 수 있도록 허용한다는 점에서 무역 간소화 조치의 중요한 구성 요소다. 중요한 점은 AEO가 전 세계적으로 국가간 상호인정을 보장하기 위해 SAFE Framework를 기반으로 운영된다는 것이다. 또한, AEO 프로그램은 한 국가의 인증된 화주가 다른 국가의 신속한 세관 처리 혜택을 받을 수 있는 상호인정을 목표로 한다. 따라서, 화물운송에 참여한 기업이 이 자격을 취득하면 최소한의 정보를 세관에 제공할 경우 전 세계에서 간소화되고 빠른 통관절차의 혜택을 보장받을 수 있게 된다.

3) AEO의 운영과 혜택

AEO의 기본적 운영체계는 상호인정(Mutual Recognition Arrangement)으로 한 국가에서 인증을 받은 공급망 주체가 다른 국가의 표준과 절차에 의해 인증을 받기 위한 노력을 중복해야 하는 것을 방지하기 위한 목적으로 운영되며 서로의 보안표준을 인정하여 보안절차를 단순화한다.

AEO 프로그램의 상호인정 네트워크를 구축하여 둘 이상의 국가가 그들 사이에 운송되는 모든 화물에 위협이 없도록 하여 서로의 보안체제에 의존할 수 있도록 한다. 이를 위해, 각국은 자체 화물검사 및 검색 제도를 수립하고 WCO가 일반적으로 인정하는 수준에서 이를 관리하여야 하며 여기에는 보안평가(USAP, Universal Security Audit Program)가 포함되어야 한다. AEO의 상호인정으로 두 세관 당국은 다른 국가에서 인증된 AEO 승인을 인정하고 보안 및 안전 관련 통제 감소, 통관 우선 처리 등의 상호인정 혜택을 제공한다.

(3) 보세운송제도

1) 보세운송 개념

'보세제도'[7]란 외국물품의 세금을 납부하지 않은 상태에서 장치, 제조·가공, 건설, 판매, 전시할 수 있도록 허용한 관세법상의 제도를 말한다. 이 제도를 통하여 중계무역과 가공무역 등 수출진흥에 기여하고 수입물품에 대해서는 보다 안전하고 효율적으로 화물을 관리할 수 있을 뿐 아니라 화주가 본인의 화물을 손쉽고 원활하게 통관할 수 있도록 하고 있다.

'보세운송'이란 외국으로부터 수입하는 화물을 입항지에서 통관하지 아니하고 세관장에게 신고하거나 승인을 얻어 외국물품상태 그대로 다른 보세구역으로 운송하는 것을 말한다. 이러한 보세운송은 수입화물에 대한 관세가 유보된 상태에서 운송되는 것이므로 운송에 제약이 따른다. 예를 들면, 서울에 공장을 가진 화주가 부산항에 도착된 화물을 통관하는 데에는 두 가지 방법이 있다. 부산에서 통관을 한 후 내국화물상태로 서울로 운송하는 경우와 보세운송신고 또는 승인신청을 하여 부산에서 서울로 보세운송을 한 후 통관을 하는 것이다.

보세운송 신고인 및 승인 신청인은 화주, 관세사, 보세운송업자가 해당된다. 원칙적으로 보세운송을 하고자 하는 자는 관세청장이 정하는 바에 의하여 세관장에게 보세운송의 신고를 하여야 한다. 물품의 감시 등을 위하여 필요하다고 인정되는 다음의 경우에는 세관장의 승인을 얻어야 한다. 다만, 다음의 물품 중 관세청장이 보세운송 승인대상으로 하지 아니하여도 화물관리 및 불법 수출입의 방지에 지장이 없다고 판단하여 정하는 물품에 대해서는 신고만으로 보세운송을 할 수 있다.

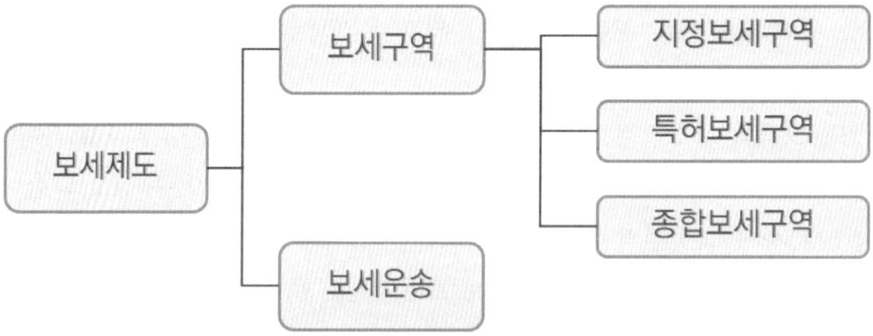

보세제도 체계

7) 보류관세(保留關稅)의 준말로, 수출입 과정에서 관세의 부과를 유보 또는 보류하는 것으로 특정 구역이나 운송 상태에 적용된다.

2) 보세구역

효율적인 화물관리와 관세행정의 필요성에 의하여 세관장이 지정하거나 특허한 장소로서 수출입 및 반송 등 통관을 하고자 하는 외국물품을 장치하거나, 수입하고자 하는 외국물품에 대한 보수작업 및 해체 · 절단 등의 작업, 외국물품 또는 외국물품과 내국물품을 원재료로 한 제조 · 가공 · 기타 유사한 작업, 외국물품의 전시, 외국물품을 사용하는 건설, 외국물품의 판매, 수출입 물품의 검사 등을 하는 곳으로 화물관리를 설영인(設營人, 설치와 운영인)이나 관리인에게 위임하여 자율적으로 운영할 수 있도록 자율관리 보세구역제도를 두어 관세청장이 정하는 절차를 생략하도록 하는 등 여러 가지 형태의 보세구역제도가 운영되고 있다.

가. 지정보세구역

국가 또는 지방자치단체 등의 공공시설이나, 일정구역을 세관장이 보세구역으로 지정한 지역을 말하며 여기에는 지정장치장과 세관검사장 2가지가 있다.

○ 지정 장치장 : 통관을 하고자 하는 물품을 일시 장치하기 위한 장소로서 세관 구내창고, 공·항만에 있는 공항 내 창고 등을 말하며 이곳에서는 물품의 장치와 검사를 할 수 있다.

○ 세관 검사장 : 통관하고자 하는 물품을 반입하여 세관의 검사만을 받도록 한 장소로서 통상적으로 세관구내에 위치하고 있다.

나. 특허보세구역

○ 보세장치장 : 가장 일반적인 보세구역으로서 통관하고자 하는 물품을 비교적 장기간인 최장 1년까지 장치를 하기 위한 장소

○ 보세창고 : 통관의 목적보다는 물품의 장치를 목적으로 하고 있으며 장치기간도 2년으로 장기간이며 반입되는 물품도 정부 비축용 물품 등 통관에 장기간이 소요되는 물품의 보관

○ 보세공장 : 가공무역의 진흥이나 관세행정 목적을 위하여 설치된 장소로서 보세상태에서 제조·가공 등의 작업을 하여 생성된 제품 등을 국내에 반입함이 없이 외국으로 수출하거나 국내에서 사용할 목적으로 국내에 수입할 수 있도록 특허된 구역

○ 기타 보세건설장, 보세전시장, 보세판매장이 있음.

다. 종합보세구역

○ 종합보세구역은 동일 장소에서 기존 특허보세구역의 모든 기능(장치, 보관, 제조, 가공, 전시, 판매)을 복합적으로 수행할 수 있으며, 종합보세구역은 지정보세구역이나 특허보세구역과는 달리 관세청장이 지정한다.

3) 보세화물의 장치

외국물품은 일반적으로 보세구역이 아닌 장소에는 장치할 수 없으며, 보세구역에 장치하도록 한 이유는 일정 장소에 화물이 장치되어야 안전한 화물관리와 화주가 신속하고 손쉽게 물품을 통관해 갈 수 있을 뿐 아니라 세관의 감시 · 단속을 용이하게 할 수 있기 때문이다.

화물의 성질상 보세구역에 반입할 수 없거나 보세구역에 반입할 실익이 없는 경우에는 보세구역이 아닌 장소에도 장치할 수 있도록 하고 있다.

보세구역이 아닌 장소에 장치할 수 있는 물품에는 수출신고가 수리된 물품, 거대 중량 등 보세구역에 장치하기가 부적합한 물품, 화재 등으로 부득이 임시로 장치해야 할 물품, 검역대상물품, 압수물품, 우편물품 등이 해당된다.

제3장

항공위험물 운송

제3장

항공위험물 운송

제1절 항공위험물 정의 및 규정체계

1. 항공위험물의 개요

(1) 항공위험물의 정의

일반적으로 위험물(Dangerous Goods)이란 운송 시 건강, 안전, 재산 및 환경에 부당한 위해를 끼칠 수 있는 모든 물질 및 제품을 말한다. 또한, 위험물에는 이전에 위험물을 담았던 세척되지 않은 빈포장용기(소형용기, 중형산적용기, 대형용기, 산적(散積, Bulk)컨테이너, 이동식 탱크 또는 탱크 차량)도 포함된다.

항공위험물이란 항공여행 시 소지여부에 따라 위험물로 분류될 수 있는 물품으로 인식하고 있으나, 항공화물에서 위험물은 수출입 항공화물운송에서 별도의 취급이 필요한 물품이다. 이러한 위험을 초래하는 상품들은 우리가 자주 사용하는 많은 상품 중의 일부로 항공기에 위험을 초래할 수 있는 것들이다. 예를 들면 리튬배터리와 드라이아이스, 에어로졸 휘핑크림은 항공화물에서 위험한 화물로 취급되는데, 일반인이 보기에 무해해 보이나 항공운송 과정에서 진동, 정전기, 온도 및 압력 변화로 인한 제품의 파손,

누출 혹은 유독가스 발생과 화재 발생으로 이어질 수 있다.

항공화물로서 위험물과 항공보안법에서 보안검색의 대상이 되는 위해물품은 차이가 있다. 항공안전법에 기초한 위험물은 '폭발성이나 연소성이 높은 물건 등 국토교통부령(항공위험물운송기술기준)으로 정하는 위험물이며, 항공보안법의 위해물품은 무기, 도검류, 폭발물, 독극물 또는 연소성이 높은 물건 등 국토교통부장관이 정하여 고시(항공기 내 반입금지 위해 물품)하는 위해물품'으로 구분할 수 있다.

항공위험물에 대한 정의는 ICAO Annex 18 'The Safe Transport of Dangerous Goods by Air'에서 다음과 같이 정의하고 있다. ICAO 규정에서는 "위험물(Dangerous Goods)이란 항공 운송 시 안전에 위협을 줄 수 있는 물품 또는 물질로서, ICAO 기술규정에 따라 위험물로 분류된 것"으로 정의하고 있다.

IATA DGR(Dangerous Goods Regulation)에서는 "Dangerous Goods means articles or substances which are capable of posing a risk to health, safety, property or the environment and which are shown in the list of dangerous goods in these Regulations or which are classified according to these Regulations."(항공 위험물은 인체 건강, 안전, 재산 또는 환경에 위해를 가할 수 있는 물품이나 물질로서, 본 규정에 따라 위험물로 분류되거나 위험물 목록에 포함된 것)으로 정의하고 있다.

이와 같이 항공위험물은 항공운송 중 발생하는 기압 및 온도의 변화, 그리고 운항 중의 진동과 공간의 제한에 따라 항공기, 인명, 인접화물 등에 피해를 줄 우려가 있는 화물로서 IATA 발행 DGR에 수송 여부 및 제한사항이 규정되어 있다. 그러므로 DGR 규정에 의거 포장, MARKING, LABELLING 등을 실시하고 항공사 위탁 시 일반화물과 구분되어 취급할 수 있도록 화주 신고서를 작성하여 제출하도록 되어 있다.

(2) 항공위험물의 규정체계

UN의 경제사회이사회(ECOSOC)는 1953년에 시행한 조사를 통해서 위험물 운송을 통제하는 국제규칙과 용어들이 각 운송수단별 뿐만 아니라 지역별 국가별로 매우 상이하다는 인식을 하게 되었다.

따라서 UN 경제사회이사회는 선박, 항공, 도로, 철도 등 모든 운송수단에 적용될 수 있는 표준화된 기준과 규제를 만들기 위해 지속적인 노력을 기울였으며 1956년에 위험물 운송에 관한 '유엔권고'를 제정하였으며 2년에 1회 심의를 거쳐 기본 체제를 구축하고 있다.

유엔권고는 이름 그대로 권고 규정으로서 법적 성격상 구속력이 없지만 유엔권고를 바탕으로 제정된 국제규칙을 통해서 구속력을 발휘하게 된다.

해상운송은 해상에서 안전, 보안과 선박으로부터의 해양오염 방지를 책임지는 국제해사기구(IMO)에서 국제해상위험물규칙(IMDG Code)을 제정하였고, 항공운송의 경우 국제민간항공기구(ICAO)에서 위험물항공운송기술지침(TI)을 제정했다. 철도운송은 국제철도연맹(OTIF)의 국제위험물철도운송규칙(RID)을, 도로운송은 유럽경제위원회(UNECE)의 국제위험물도로운송규칙(ADR)과 국제위험물내수로운송규칙(ADN)을 따르며 국제기준을 발전시키고 있다.

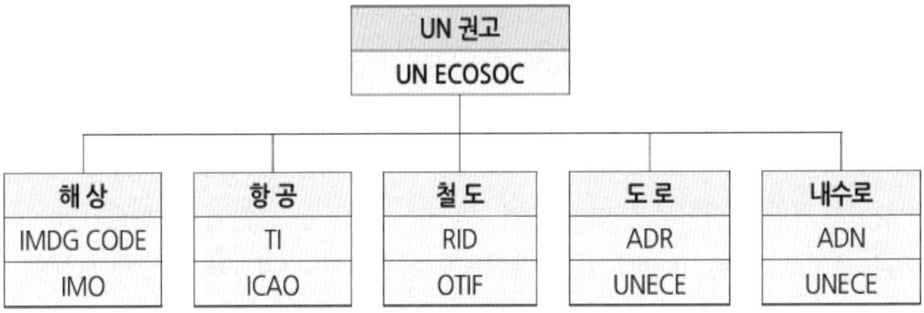

운송분야별 위험물 운송국제기구

항공 위험물의 국제 규정 체계는 UN SCOETDG(model regulation)과 ICAO/TI (Technical Instruction) Doc 9284, IAEA의 SSR(Safety Standards Regulations)과 IATA의 DGR까지 총 4개의 국제 규정이 있다.

항공위험물 국제규정 체계

이중 국제항공화물 운송에서 특수화물 운송 규정인 IATA DGR과 같이 지켜야 할 법적 국제규칙으로 ICAO ANNEX 18, ICAO DOC 9284이 있으며, 실무적으로 항공 위험물 분류 및 취급에서는 특수화물 운송 규정인 IATA DGR의 내용을 적용하고 있다.

항공위험물 규정체계는 국제민간항공기구(ICAO)의 부속서 18과 기술지침서(Doc 9284)를 기반으로 하며, 각국은 이를 바탕으로 국내 규정을 마련합니다. 주요 내용은 위험물의 9가지 분류(폭발성 물질, 가스류, 인화성 액체 등)에 따라 안전한 운송을 위한 포장, 라벨링, 운송 서류, 절차 등을 규정하고 있으며, 한국에서는 국토교통부의 「항공위험물운송기술기준」을 따른다.

2. 항공위험물규정의 내용

IATA 항공위험물 규정

국제민간항공기구(ICAO)의 부속서(Annex) 18 위험물 항공안전운송(The Safe Transport of Dangerous Goods by Air)과 기술지침서(Doc 9284, The Safe Transport of Dangerous Goods by Air)가 항공위험물 운송에 대한 국제적인 표준을 제공한다. 그리고 국제항공운송협회(IATA)는 ICAO 기준을 바탕으로 실질적인 위험물 규정(Dangerous Goods Regulations)을 발간하여 항공사 및 관계자들이 따라야 할 세부 지침을 제공한다.

ICAO Annex 18은 위험물질의 항공안전 운송을 위한 국제표준 및 권고이며, 항공기와 탑승객 보호를 위해 위험물의 분류, 포장, 취급 및 표시에 대한 일반적인 틀을 제공한다.

ICAO Doc 9284는 기술지침서로 위험물에 대한 분류와 포장, 취급에 대한 상세한 내용을 담고 있으며, 교육 및 훈련, 안전한 포장과 비행안전 및 규정을 보장하는 운송서류 작성을 담고 있다.

IATA DGR은 항공사와 조업사에서 항공위험물 운송 시 적용하는 실무적이 규정으로 총 10개의 Section과 8개의 Appendix로 구성되어 있으며, Section 별 내용은 다음과 같다.

○ IATA DGR Section 1, 적용(Applicability): 정의(Definition), 규정의 근거, 규정의 적용, 화주의 책임, 운송인의 책임, 교육훈련 규정, 리튬 배터리 Section II 운송을 위한 적절한 지침, 위험물 보안, 사고 준사고 보고

○ IATA DGR Section 2, 제한사항(Limitation): 예외 조항 및 추가 규정 등 제시. 위험물 운송 절차 중 제외되거나 강화된 규정

○ IATA DGR Section 3, 분류(Classification): 위험물에 대한 포장 및 운송 방법에 대한 결정 기준

○ IATA DGR Section 4, 식별(Identification): 위험물에 대한 분류와 위험의 기준, 항공 위험물에 대한 분류 및 취급 기준 내용

○ IATA DGR Section 5, 포장(Packing): 위험물 운송포장 지침

○ IATA DGR Section 6, 포장(Packaging specification and performance test): 위험물 용기의 내역 및 용기 표기의 의미

○ IATA DGR Section 7, 포장(Marking and labeling): 위험물 운송 표시의 내용 적용방법

○ IATA DGR Section 8, 서류작업((Documentation): 위험물 운송 시 서류 내용 및 작성 방법

○ IATA DGR Section 9, 취급(Handling): 위험물 접수 후 인도 시 까지 항공사 조치사항

○ IATA DGR Section 10, 방사능 물질(Radioactive Material): 방사능 물질에 한정하여 항공운송 처리 절차

이와 같이 DGR에서는 항공화물로 운송할 수 있는 화물에 대하여 분류하고 포장, 표기 및 취급에 대한 전반적인 체계를 제시하고 있어, 항공화물을 취급하기 위한 기본적인 체계이다.

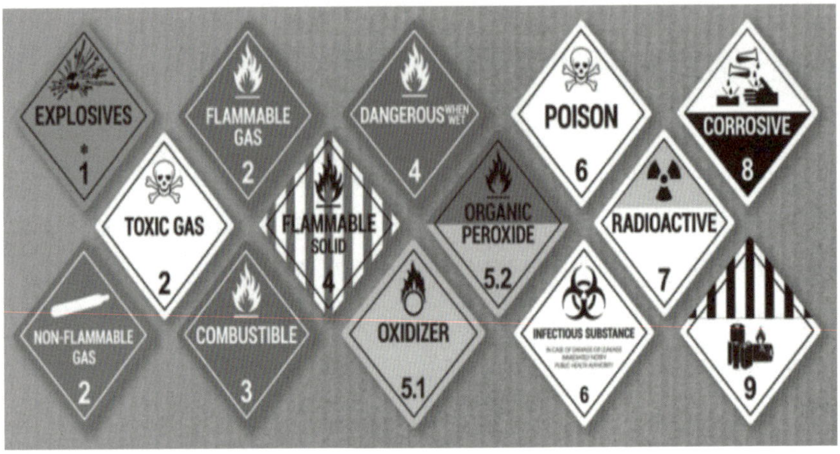

항공위험물의 종류

제2절 항공위험물의 분류 및 식별

1. 항공위험물의 분류

항공 위험물은 폭발성 물질(Class 1), 가스류(Class 2), 인화성 액체류(Class 3), 가연성 고체류(Class 4), 산화성 물질 및 유기과산화물(Class 5), 독성물질 및 감염성 물질(Class 6), 방사성 물질(Class 7), 부식성 물질(Class 8), 기타 위험물(Class 9) 등 총 9개의 클래스로 분류된다.

항공위험물 분류

Class	Division	설명
Class 1. 화약류 (Explosives)	Division 1.1	대폭발 위험성이 있는 물질
	Division 1.2	발화 위험성은 있으나 대폭발 위험성은 없는 물질 및 제품
	Division 1.3	화재 위험성이 있으며 또한 약간의 폭발 위험성
	Division 1.4	중대한 위험성이 없는 물질 및 제품
	Division 1.5	대폭발 위험성이 있는 매우 둔감한 물질

Class	Division	설명
	Division 1.6	대폭발 위험성이 없는 매우 둔감한 물질
Class 2. 가스류 (Gases)	Division 2.1	인화성 가스 (Flammable Gas)
	Division 2.2	비인화성 가스, 비독성 가스
	Division 2.3	독성 가스 (Toxic Gas)
Class 3. 인화성 액체류(Flammable Liquids)		
Class 4. 인화성 고체류 (Flammable Solids)	Division 4.1	가연성 고체 (Flammable Solids)
	Division 4.2	자연발화성 물질
	Division 4.3	물 반응성 물질
Class 5. 산화성물질 및 유기과산화물 (Oxidizing Substances and Organic peroxides)	Division 5.1	산화성 물질 (Oxidizing Substances)
	Division 5.2	유기과산화물 (Organic peroxides)
Class 6. 독성 및 전염성 물질 (Toxic and Infectious Substances)	Division 6.1	독성 물질 (Toxic)
	Division 6.2	전염성 물질 (Infectious Substances)
Class 7. 방사성 물질 (Radioactive Materials)		
Class 8. 부식성물질 (Corrosives)		
Class 9. 기타 위험물질 (Miscellaneous Dangerous Substances)		

각 클래스는 물질의 위험성에 따라 세부적인 규정을 따르며, 위험한 물질은 포장등급(Packing Group) Ⅰ(대위험), Ⅱ(중위험), Ⅲ(소위험)으로 나뉜다. 이는 위험의 정도로 포장등급(PG)은 항공화물의 위험도를 의미한다. 포장의 목적상, 위험물은 해당 위험물이 가지는 위험도에 따라 다음 3가지 포장등급 중 하나로 할당된다.

- 1. 포장등급(Packing Group) Ⅰ : 대 위험성이 있는 물질
- 2. 포장등급(Packing Group) Ⅱ : 중 위험성이 있는 물질
- 3. 포장등급(Packing Group) Ⅲ : 소 위험성이 있는 물질.

(1) Class 1. 폭발물

폭발 물질, TNT, 다이너마이트 등 위험성에 따라 6개 Division, class로 구분되며,

저장과 적재 목적으로 13개의 Compatibility(혼합 적재)를 제시한다.

Division	내용
1.1	대 폭발(Mass Explosion) 위험성이 있는 물질 또는 제품(운송 금지)
1.2	발사(Projection) 위험성은 있으나 대폭발 위험성이 없는 물질 및 제품(운송금지)
1.3	화재(fire) 위험성이 있으며, 또한 약간의 폭발(blast) 위험성 또는 약간의 발사 위험성 혹은 그 양쪽 모두가 있으나, 대 폭발 위험성은 없는 물질 및 제품(일부 화물기로만 운송)
1.4	중대한 위험성이 없는 물질 및 제품 → 폭발 시 영향은 소규모인 물질들로, 폭발로 인해 위험성이 위험물 용기 내에서 소멸되는 물질들(*항공화물로 운송이 허용되는 대부분의 물질, 여객기도 가능)
1.5	대 폭발 위험성이 있는 매우 둔감한 물질(운송금지)
1.6	대 폭발 위험성이 없는 극도로 둔감한 물질(운송금지)

(2) Class 2. 가스류

상온기체, 압축하고자 하는 물질의 임계온도 이하 액화 상태의 물질로 부탄가스, 라이터, 스프레이형 모기약, LPG, 헤어스프레이가 해당되며, 임계온도[1]는 -50°C이다. 가스는 대부분 전용 용기나 Aerosol 형태로 운송된다. 위험성 순위는 Div 2.3 〉 2.1 〉 2.2 순으로 나타낸다.

(3) Class 3. 인화성 액체

인화점이 밀폐된 상태의 시험에서 60°C이거나, 개방계 시험 65°이하가 인화점(Flash point, F/P)인 물질로 Class 3에서의 위험 수준으로 분류된다. 인화점이 존재하는 액체 또는 액체 혼합물로 페인트, 본드, 프린팅 잉크, 향수, 가솔린이 해당된다.

분류의 예로 70°C 이상 인화점일 때, DGR로 분류하지 않으며, AWB 품목에 Not Restricted 표기한다. 예를 들어, 아래와 같이 Packing Group 구분할 때, F/P 1차 적용과 IBP(Initial Boiling Point)[2] 2차 결정 단계를 거친다.

1) 어떤 물질의 기체가 적절한 압력을 가해도 액체로 변할 수 있는 가장 높은 온도
2) IBP(Initial Boiling Point)는 초기 끓는점으로 액체 혼합물이 가열될 때 처음으로 끓기 시작하는 온도, 즉 증기압이 대기압과 같아지는 최저 온도를 말한다.

발화점(Flash Point) 구분 및 적용의 예

Packing Group	Flash Point (closed-cup)	Initial Boiling Point
I	—	≤ 35°C
II	< 23°C	> 35°C
III	≥ 23°C but ≤ 60°C	

(4) Class 4. 가연성 고체

○ Division 4.1

가연성 고체로 정상적인 운송조건에서 쉽게 연소하거나 마찰에 의해 발화하거나 발화를 돕는 고체 물질로 금속분말이냐 아니냐로 분류된다.

- 금속분말 이외 가연성 고체 : 특정 점화시간(예, 45초 기준)으로 불꽃이 Wet Zone 통과 시 꺼지는 여부로 위험도를 분류
- 금속분말 가연성 고체 : 관찰반응 시간(예, 5분~10분) 이내 불이 번지는지 여부로 위험도를 분류

자기반응성 물질은 열적으로 불안정하여 산소의 공급이 자체적인 반응으로 강렬하게 발열, 분해하기 쉬운 액체 혹은 고체물질 또는 혼합물이다. 감도를 줄인 고체 폭발물은 폭발성이 발현되지 않게 충분하게 희석시켜 만든 감도를 줄인 고체 폭발물이다.

○ Division 4.2

발화성 물질은 소량으로도 공기와 접촉하여 5분 이내에 발화할 수 있는 물질이나 혼합물 또는 용액으로 Packing group Ⅰ로 분류된다.

자기발열성 물질은 추가적인 에너지의 공급이 없어도 공기와 접촉하여 자체적으로 발열하기 쉬운 물질로 발화에는 많은 양(킬로그램)과 긴 시간(몇 시간 또는 며칠)이 필요하며 Packing group Ⅲ으로 분류된다.

○ Division 4.3

시험이 어느 단계에서도 자연발화가 일어나는 물질로 시간당 시료 물질 1킬로그램에서 발생한 인화성 가스가 1리터를 초과하는 발생 비율을 나타내 보이는 물질(발생된 가스량을 기준으로 PG 결정)이다. 예를 들어 리튬(lithium), zinc powder(페인트 원료) 등이다.

Division	내용
4.1	가연성 고체 → 마찰에 의해 화재 발생
4.2	통상적인 운송 조건에서 자연적으로 발열하거나, 공기와 접촉하여 열을 축적한 결과 발화할 수 있는 물질 → 공기와 접촉 화재 발생
4.3	물과 접촉할 경우, 물과의 상호작용에 의하여 자연발화성이 되거나 인화성 가스를 위험한 수준의 양으로 발생하는 물질 → 물과 접촉 시 가연성 가스 방출

(5) Class 5. 산화물질 및 유기과산화물

○ Division 5.1 Oxidizing substances

물질 자체가 연소하지 않으나, 다른 물질이 연소될 수 있도록 하는 산소를 발생시키는 물질이다.

○ Division 5.2 Organic peroxides

산소 발생하고 가연성 물질 생성, 온도에 매우 불안정한 물질로 쉽게 발열, 분해되는 물질로 운송이 허용되는 물질 목록은 DGR에서 제시하고 있다.

(6) Class 6. 독성 및 감염물질

○ Division 6.1은 독성물질로 삼키거나, 흡입하거나, 피부에 접촉 시 인체에 위해하거나 사망을 유발시킬 수 있는 물질이며 독성치로 구분한다.

○ Division 6.2 전염성 물질은 병원체를 가지고 있거나, 가지고 있을 것이라 판단되는 물질로 Infectious substances(감염성 물질), Biological products(생물학적 제품), Cultures(배양균), Patient specimens(환자 표본), Medical or clinical wastes(의료용 폐기물), Genetically modified micro - organisms and organism(유전자 변형 미생물/생물)로 분류한다.

○ 전염성 물질 분류는 Category A 인체 또는 동물에 치명적인 질병 유발과 Category B 의료 진단용으로 운송 표본으로 분류한다.

(7) Class 7. 방사능물질

방사성 물질은 이온화 방사선을 방출하는 물질이다. Class 7등급에는 하위 구분이 없지만, 라벨과 플래카드는 물질의 방사능과 계산된 이동 지수에 따라 달라진다. 방사성 광석, 농축 우라늄, 라듐과 세슘과 같은 동위원소, 그리고 방사성 핵종이 포함된 의료 장비 등이 그 예이다.

(8) Class 8. 부식성 물질

화학작용에 의해 접촉 시, 생체 세포에 심각한 피해를 주거나, 누출 시 운송수단 및 다른 물품에 피해를 주거나 파괴시키는 물질로 대표 품목에는 습식배터리와 수은이 있으며 Packing Group은 접촉한 노출시간과 연이은 관찰 시간으로 설정한다.

습식배터리의 운송 예로 대표 품목은 자동차용 배터리로 항공운송 비율은 높지 않으나 IATA DGR에 기술되어 있고, UN2794, UN2795와 같은 UN번호도 부여받아 알고 있을 필요는 있다.

(9) Class 9. 기타 위험물

대분류 체계에서 다루지 못한 위험물질로 Aviation Regulated Solid or Liquid (누출 시 운항승무원의 업무 방해), Magnetized Material(자성물질, B747F의 E position 후방 탑재), Elevated Temperature Substances (운송 시 고온이 유지되어야 하는 물질(조건부 운송 금지품목))과 Environmentally Hazardous Substances(환경적으로 유해한 물질), GMMOs or Genetically Modified Organisms(GMO, 유전자 변형 생물체), Lithium Batteries, 기타 물질로 나뉜다.

제3절 항공위험물 포장 및 표기

1. 항공위험물의 포장

위험물 포장에 있어 일반 항공화물포장과 다른 점은 UN Packaging(UN 용기)을 사용한다는 것이다. IATA DGR상 규정되는 위험물은 일반적으로 용기검사가 완료된 UN Packaging에 넣어 선적을 진행해야 한다. 이는 모든 UN Packaging은 누구나 알아볼 수 있도록 UN Mark가 표시되어 있어야 하는 것이다. IATA DGR에서는 아래와 같이 포장의 표시에 대하여 규격화하고 표기방식을 제시하고 있다.

위험화물 포장 표기

○ 표기의 기본구조 : 형태/포장등급/최대중량/내용물구분/제조년도/제조국가/제조자코드-형태코드

- 포장 종류 (예: 4G: 섬유판 상자)
- 포장등급: X(가장 엄격, PG Ⅰ용)
- Y(PG Ⅱ용) / Z(PG Ⅲ용)
- 최대중량 : 포장이 견딜 수 있는 최대 질량 (kg)
- 내용물구분 : S(고체 또는 내용기 포함) / L(액체용)
- 제조년도 : 포장 생산 연도
- 제조국가 : 국가코드 (예: USA, KR, CN)
- 제조자코드 : 인증 받은 제조자 또는 시험기관 번호

항공 위험화물의 종류별로 이러한 표기 방법을 이용하여 포장에 적용해야 하며, 포장 적용은 DGR의 규정에 따르고 있다. 다만, 포장은 화주가 직접 하는데 한계가 있으므로 대부분 위험물 포장업체를 통해 항공운송 이전에 국제규격에 맞추어 위험물의 포장과 표기를 하고 있다.

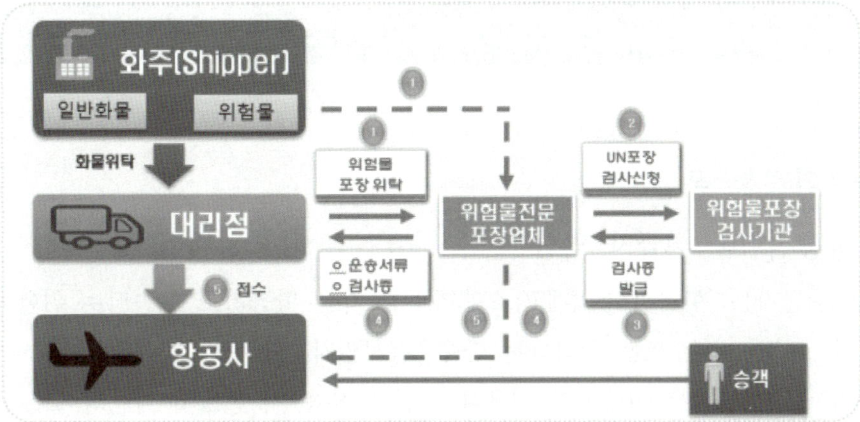

위험물의 포장과 처리과정

2. 항공위험물의 표기

항공으로 운송되는 위험물이 담긴 포장물에는 기본적으로 다음과 같은 표기가 필요하다.

① 적정운송명칭(Proper Shipping Name) : 위험물의 내용물을 정확히 나타내는 명칭

② UN번호 또는 ID 번호 : 위험물을 식별하는 고유 번호로, 각 위험물마다 지정

③ 송하인과 수하인의 정확한 주소와 이름 : 화주정보와 목적지를 정확히 표기

④ UN Marking : 유엔에서 지정한 포장 기준을 준수했음을 나타내는 표기

⑤ 기타 특정 품목에 요구하는 특정 기재사항 : 특정 위험물에 따라 추가적인 정보나 표시가 요구

위험물 표기에 있어 화주는 Package에 부착된 불필요한 Marking 제거, UN 용기 사용 시 UN Specification marking이 있는지 확인, 알맞은 위치에 정확한 내역을 기입되었는지 확인해야 할 책임이 있다. UN Specification marking은 용기의 형태/재질/위험성/허용중량 등 내역 파악, 포장용기 제조업자 제작 시 적용, 문제발생시 최종책임은 화주에 있다. 또한 UN 용기가 아닌 소량의 위험물 포장(Limited quantity packaging)[3] 사용 시 LTD.QTY 또는 limited quantity 문구 Marking을 표기한다.

3) '소량 위험물 포장'은 운송 중 심각한 사고가 발생할 가능성이 적은 소량의 위험물을 운송할 때, 일반적인 위험물 운송 규정의 일부를 면제받을 수 있도록 고안된 포장 규정 체계

제4절 항공위험물 운송 및 처리

1. 항공위험물 운송

(1) 항공위험물 취급자 역할

위험물취급자는 '항공안전법(제70조제3항)'에 따른 항공기로 운송되는 위험물을 포장 · 적재 · 저장 · 운송 또는 처리하는 항공운송사업자, 화주 및 대리점 등을 말한다.

항공위험물 취급자는 항공기를 이용한 위험물 운송 시 반드시 다음과 같은 업무를 수행해야 한다. 이는 ① 규정에 따른 위험물 분류 및 식별, ② 안전한 포장, 마킹, 라벨링, ③ 필요 서류 작성, ④ 적재, 저장, 처리, ⑤ 위급상황 대비 등 항공 안전을 위한 모든 절차를 안전 규정에 따라 수행한다. 이 역할은 IATA 위험물 규정(DGR) 등 국제 기준과 국내법에 따라 이루어지며, 인명과 재산 보호를 위한 중요한 업무이다. 즉, 항공위험물을 다루는 취급자는 다음의 사항을 반드시 준수해야만 한다.

- 위험물 포장, 적재, 저장, 운송, 처리 취급자
- 항공위험물 운송 시 승객 / 화물 안전확보 우선
- 항공상 위험방지/인명안전(항공위험물 운송기술기준의 위험물 취급절차/방법준수)
- 공항 보안검색요원은 항공위험물의 위험성 본질 이해
- 항공기 운항안전 보장(위험 발생 시 조치할 위험물 안전취급/비상절차 숙지)

(2) 항공위험물의 취급절차

항공 위험물 취급 절차는 국제민간항공기구(ICAO) 부속서 18 및 IATA 위험물 규정(DGR)에 따라 진행되며, 위험물 분류, 포장 및 마킹 · 라벨링, 서류 작성, 항공사 접수 및 운송 순으로 진행됩니다. 화주는 DGR에 따라 위험물을 정확하게 분류, 포장, 마킹, 라벨링 해야 하며, 항공사는 접수 시 해당 규정 준수 여부를 점검한 후, 위험물 취급 기준에 따라 보관, 탑재, 운송을 진행해야 한다. 항공위험물은 아래와 같은 절차에 따라 항공화물터미널(또는 항공화물창고 등)로 반입해야 한다.

- 화주로부터 위험물 문의, 화주는 MSDS[4](물질 안 전 성분 분석표)를 준비
- 위험물 확인 여부
- 위험물 확정시 포장 및 Marking, Labelling
- 화주신고서 작성
- 항공사 반입

항공화물이 반입되어 처리되어질 때 이를 처리하는 항공사 또는 지상조업사 등에서는 위험물에 대한 접수를 통해 화주가 제시한 포장물과 서류가 DGR 규정을 모두 준수했는지 확인한다. 위험물을 다루는 담당자는 접수 담당 직원은 DGR 규정을 정확히 확인할 수 있는 지식과 교육을 갖추어야 한다. 그리고 DGR 규정에 명시된 기준에 따라 접수, 보관, 탑재, 운송이 진행되며, 위험물 운송 주체는 안전기준을 충족해야 한다.

(3) 항공위험물 운송

항공위험물은 운송전에 MSDS 판별을 통해 위험물임을 인지해야 하며, 위험물을 운송할 수 있는지 DGR 규정을 검토하여 가능할 경우 위험물로 운송해야 한다. 위험물을 항공운송으로 결정하였다면, 화주의 위험물 신고서(Shipper's Declaration for Dangerous Goods, DGD)를 제출하며, 화물의 위험물 내용이 무엇인지를 정확히 고지하여 해당 위험물을 운송 과정 중 취급하는 모든 관련되는 사람들은 안전한 취급을 할 수 있는 정보를 얻을 수 있는 내용이기에 정확히 작성해야 한다. 그리고 위험물에 대한 포장과 표기를 수행하며, 공항에 반입하여 운송사에 위험물 접수하고, 탑재 준비를 수행한다. 이때, IATA DGR의 규정에 따라 화물이 포장되고 처리되었는지 검토하고, 문제가 없다면, 항공기 탑재와 운송을 수행한다.

---

4) MSDS(Material Safety Data Sheet) 또는 물질안전보건자료는 화학 제품의 안전 정보를 담은 중요한 문서이다. 이는 화학 물질의 '사용 설명서'라고 볼 수 있다. 화학 물질을 다루는 사람들의 안전 보장이 주요 목적이다.

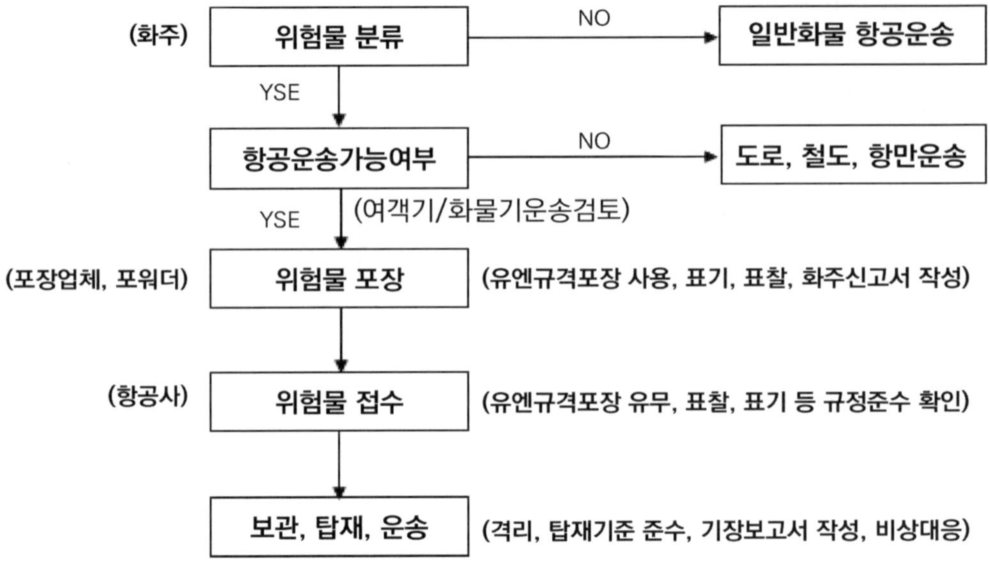
(화주)
위험물 분류
NO
일반화물 항공운송
YSE
항공운송가능여부
NO
도로, 철도, 항만운송
YSE
(여객기/화물기운송검토)
(포장업체, 포워더)
위험물 포장
(유엔규격포장 사용, 표기, 표찰, 화주신고서 작성)
(항공사)
위험물 접수
(유엔규격포장 유무, 표찰, 표기 등 규정준수 확인)
보관, 탑재, 운송
(격리, 탑재기준 준수, 기장보고서 작성, 비상대응)

제4장

항공화물보안 국내법규

제4장

항공화물보안 국내법규

제1절 항공보안법에서 정한 화물관련 법규

1. 화물보안 용어정의

1) 항공보안검색요원 : 승객, 휴대물품, 위탁수하물, 항공화물 또는 보호구역에 출입하려고 하는 사람 등에 대하여 보안검색을 하는 사람

2) 장비운영자 : 항공보안법 제15조부터 제17조까지 및 제17조의2에 따라 보안검색을 실시하기 위하여 항공보안장비를 설치 · 운영하는 공항운영자, 항공운송사업자, 화물터미널운영자, 상용화주 및 그 밖에 국토교통부령으로 정하는 자

2. 국가의 책무

항공보안법 제4조에 따라 국토교통부장관은 민간항공의 보안에 관한 계획 수립, 관계 행정기관 간 업무 협조체제 유지, 공항운영자 · 항공운송사업자 · 항공기취급업체 · 항공기정비업체 · 공항상주업체 및 항공여객 · 화물터미널운영자 등의 자체 보안계획에 대한 승인 및 실행점검, 항공보안 교육훈련계획의 개발 등의 업무를 수행하도록 규정하

고 있다.

3. 협조의무

항공보안법 제5조에 따라 공항운영자, 항공운송사업자, 항공기취급업체, 항공기정비업체, 공항상주업체, 항공여객·화물터미널운영자, 공항이용자, 그 밖에 국토교통부령으로 정하는 자는 항공보안을 위한 국가의 시책에 협조하여야 한다.

4. 항공보안기본계획 수립

항공보안법 제9조에 따라 국토교통부장관은 항공보안에 관한 기본계획을 5년마다 수립하고, 그 내용을 공항운영자, 항공운송사업자, 항공기취급업체, 항공기정비업체, 공항상주업체, 항공여객·화물터미널운영자, 그 밖에 국토교통부령으로 정하는 자에게 통보하여야 하며, 기본계획에는 항공보안에 관한 종합적·장기적인 추진방향 등 대통령령으로 정하는 사항이 포함되어야 한다.

국토교통부장관은 항공보안기본계획에 따라 항공보안 업무를 수행하기 위하여 매년 항공보안에 관한 시행계획을 수립·시행하여야 하며, 기본계획을 수립하거나 변경하고자 하는 때에는 관계 행정기관과 미리 협의하여야 한다.

같은 법 시행령 제5조에 따라 항공보안에 관한 기본계획에는 다음 각 호의 내용이 포함되어야 하며, 기본계획을 수립하거나 변경하는 경우에는 보안협의회의 협의를 거쳐야 하고 기본계획을 수립하거나 변경한 경우에는 그 내용을 공항운영자 등에게 통보하여야 한다.

1. 국내외 항공보안 환경의 변화 및 전망
2. 국내 항공보안 현황 및 경쟁력 강화에 관한 사항
3. 국가 항공보안정책의 목표, 추진방향 및 단계별 추진계획
4. 항공보안 전문인력의 양성 및 항공보안 기술의 개발에 관한 사항
5. 그 밖에 항공보안 발전을 위하여 필요한 사항

5. 국가항공보안계획 수립

항공보안법 제10조에 따라 국토교통부장관은 항공보안 업무를 수행하기 위하여 국가항공보안계획을 수립·시행하여야 하며, 공항운영자 등은 국가항공보안계획에 따라 자체 보안계획을 수립하거나 수립된 자체 보안계획을 변경하려는 경우에는 국토교통부

장관의 승인을 받아야 한다.

같은법 시행규칙 제3조의2에서 국가항공보안계획에는 다음 각 호의 내용이 포함되어야 하며, 국가항공보안계획을 수립하는 경우에는 법 제7조제1항에 따른 항공보안협의회의 협의를 거쳐야 한다.

1. 법 제9조제1항에 따른 공항운영자등의 항공보안에 대한 임무
2. 법 제27조제1항에 따른 항공보안장비의 관리
3. 법 제28조제2항에 따른 교육훈련
4. 법 제31조제1항에 따른 국가항공보안 우발계획
5. 법 제33조제1항에 따른 점검업무 등
6. 항공보안에 관한 국제협력
7. 그 밖에 항공보안에 관하여 필요한 사항

같은법 시행규칙 제3조의3에서 국토교통부장관 또는 지방항공청장은 법 제10조제2항에 따라 자체 보안계획을 승인하려 할 때에는 다음 각 호의 사항을 검토하여야 한다.

1. 국가항공보안계획과의 적합성
2. 법 제3조에 따른 국제협약 및 「국제민간항공협약」 부속서 17 등과의 적합성

6. 공항운영자 자체보안계획 수립

항공보안법 시행규칙 제3조의4에서 공항운영자가 수립하는 자체 보안계획에는 다음 각 호의 사항이 포함되어야 하며, 공항운영자는 자체 보안계획을 승인 받은 경우 관련 기관, 항공운송사업자 등에게 관련 사항을 통보하여야 한다.

1. 항공보안업무 담당 조직의 구성 · 세부업무 및 보안책임자의 지정
2. 항공보안에 관한 교육훈련
3. 항공보안에 관한 정보의 전달 및 보고 절차
4. 공항시설의 경비대책
5. 보호구역 지정 및 출입통제
6. 승객 · 휴대물품 및 위탁수하물에 대한 보안검색
7. 통과승객 · 환승승객 및 그 휴대물품 · 위탁수하물에 대한 보안검색
8. 승객의 일치여부 확인 절차
9. 항공보안검색요원의 운영계획
10. 법 제12조에 따른 보호구역 밖에 있는 공항상주업체의 항공보안관리 대책

11. 항공보안장비의 관리 및 운용
12. 법 제19조제1항에 따른 보안검색 실패 등에 대한 대책 및 보고 · 전달체계
13. 법 제29조에 따른 보안검색 기록의 작성 · 유지
14. 공항별 특성에 따른 세부 보안기준

7. 항공운송사업자 자체보안계획 수립

항공보안법 시행규칙 제3조의5에 따라 항공운송사업자가 수립하는 자체 보안계획에는 다음 각 호의 사항이 포함되어야 하며, 외국국적 항공운송사업자가 수립하는 자체 보안계획은 영문 및 국문으로 작성되어야 한다.

1. 항공보안업무 담당 조직의 구성 · 세부업무 및 보안책임자의 지정
2. 항공보안에 관한 교육훈련
3. 항공보안에 관한 정보의 전달 및 보고 절차
4. 항공기 정비시설 등 항공운송사업자가 관리 · 운영하는 시설에 대한 보안대책
5. 항공기 보안에 관한 다음 각 목의 사항
   가. 항공기에 대한 경비대책
   나. 비행 전 · 후 항공기에 대한 보안점검
   다. 계류(繫留)항공기에 대한 탑승계단, 탑승교, 출입문, 경비요원 배치에 관한 보안 및 통제 절차
   라. 항공기 운항 중 보안대책
   마. 법 제23조에 따른 승객의 협조의무를 위반한 사람에 대한 처리절차
   바. 법 제24조에 따른 수감 중인 사람 등의 호송 절차
   사. 법 제25조에 따른 범인의 인도 · 인수 절차
   아. 항공기내보안요원의 운영 및 무기운용 절차
   자. 국외취항 항공기에 대한 보안대책
   차. 항공기에 대한 위협 증가 시 항공보안대책
   카. 조종실 출입절차 및 조종실 출입문 보안강화대책
   타. 기장의 권한 및 그 권한의 위임절차
   파. 기내 보안장비 운용절차
6. 기내식 및 저장품에 대한 보안대책
7. 항공보안검색요원 운영계획

8. 법 제19조제1항에 따른 보안검색 실패 대책보고
9. 항공화물 보안검색 방법
10. 법 제29조에 따른 보안검색기록의 작성 · 유지
11. 항공보안장비의 관리 및 운용
12. 화물터미널 보안대책(화물터미널을 관리 운영하는 항공운송사업자만 해당한다)
13. 법 제17조제3항에 따른 운송정보의 제공 절차
14. 위해물품 탑재 및 운송절차
15. 보안검색이 완료된 위탁수하물에 대한 항공기에 탑재되기 전까지의 보호조치 절차
16. 승객 및 위탁수하물에 대한 일치여부 확인 절차
17. 승객 일치 확인을 위해 공항운영자에게 승객 정보제공
18. 법 제23조제7항에 따른 항공기 탑승 거절절차
19. 항공기 이륙 전 항공기에서 내리는 탑승객 발생 시 처리절차
20. 비행서류의 보안관리 대책
21. 보호구역 출입증 관리대책
22. 그 밖에 항공보안에 관하여 필요한 사항

8. 항공기취급업체 등의 자체보안계획 수립

항공보안법 시행규칙 제3조의6에서 항공기취급업체 · 항공기정비업체 · 공항상주업체(보호구역 안에 있는 업체만 해당), 항공여객 · 화물터미널 운영자 및 도심공항터미널을 경영하는 자가 수립하는 자체 보안계획에는 다음 각 호의 사항이 포함되어야 한다.

1. 항공보안업무 담당 조직의 구성 · 세부업무 및 보안책임자의 지정
2. 항공보안에 관한 교육훈련
3. 항공보안에 관한 정보의 전달 및 보고 절차
4. 보호구역 출입증 관리 대책
5. 해당 시설 경비보안 및 보안검색 대책
6. 항공보안장비 관리 및 운용
7. 그 밖에 항공보안에 관한 사항

9. 자체보안계획 승인 및 변경

항공보안법 시행규칙 제3조의7에서 "국토교통부령으로 정하는 경미한 사항"이란 다

음 각 호의 사항을 말하며, 공항운영자등은 자체 보안계획을 변경한 경우에는 국토교통부장관 또는 지방항공청장에게 그 사실을 즉시 통보하여야 한다.

1. 기관 운영에 관한 일반현황의 변경
2. 기관 및 부서의 명칭 변경
3. 항공보안에 관한 법령, 고시 및 지침 등의 변경사항 반영

항공보안법 시행규칙 제18조의2에서 국토교통부장관 또는 지방항공청장은 법 제31조 제3항 본문에 따라 자체 우발계획을 승인하려는 경우에는 다음 각 호의 사항을 검토하여야 하며, 공항운영자등(공항운영자, 항공운송사업자 중 「항공사업법」 제7조에 따라 면허를 받은 국내항공운송사업자 및 국제항공운송사업자 제외)은 자체 우발계획을 법 제10조 제2항에 따른 자체 보안계획에 포함하여 국토교통부장관의 승인을 받을 수 있다.

1. 우발계획과의 적합성
2. 법 제3조에 따른 국제협약 및 「국제민간항공협약」 부속서 17 등과의 적합성

10. 보호구역 지정

항공보안법 제12조에 따라 공항운영자는 보안검색이 완료된 구역, 활주로, 계류장(繫留場) 등 공항시설의 보호를 위하여 필요한 구역을 국토교통부장관의 승인을 받아 보호구역으로 지정하여야 하며, 공항운영자는 필요한 경우 국토교통부장관의 승인을 받아 임시로 보호구역을 지정할 수 있으며, 같은 법 시행규칙 제4조에서 보호구역에는 다음 각 호의 지역이 포함되어야 한다.

1. 보안검색이 완료된 구역
2. 출입국심사장
3. 세관검사장
4. 관제탑 등 관제시설
5. 활주로 및 계류장(항공운송사업자가 관리 · 운영하는 정비시설에 부대하여 설치된 계류장은 제외)
6. 항행안전시설 설치지역
7. 화물청사
8. 제4호부터 제7호까지의 규정에 따른 지역의 부대지역

같은법 시행규칙 제5조에서 공항운영자는 보호구역 또는 임시보호구역의 지정승인을 받으려는 경우에는 다음 각 호의 서류를 첨부하여 지방항공청장에게 제출하여야 한다.

1. 보호구역등의 지정목적
2. 보호구역등의 도면
3. 보호구역등의 출입통제 대책
4. 지정기간(임시보호구역을 지정하는 경우만 해당한다)

공항운영자는 지정된 보호구역등의 변경승인을 받으려는 경우에는 다음 각 호의 서류를 첨부하여 지방항공청장에게 제출하여야 한다.

1. 보호구역등의 변경사유
2. 변경하려는 해당 보호구역등의 도면
3. 변경하려는 해당 보호구역등의 출입통제 대책

공항운영자는 지정된 보호구역등의 지정취소의 승인을 받으려는 경우에는 다음 각 호의 서류를 지방항공청장에게 제출하여야 한다.

1. 보호구역등의 지정취소 사유
2. 해당 보호구역등의 도면

11. 보호구역 출입허가

항공보안법 제13조 보호구역에의 출입허가에 따라 다음 각 호의 어느 하나에 해당하는 사람은 공항운영자의 허가를 받아 보호구역에 출입할 수 있다.

1. 보호구역의 공항시설 등에서 상시적으로 업무를 수행하는 사람
2. 공항 건설이나 공항시설의 유지·보수 등을 위하여 보호구역에서 업무를 수행할 필요가 있는 사람
3. 그 밖에 업무수행을 위하여 보호구역에 출입이 필요하다고 인정되는 사람

같은법 시행규칙 제6조에서 보호구역등을 출입하려는 사람은 공항운영자가 정하는 출입허가신청서를 공항운영자에게 제출하여야 하며, 차량을 운행하여 출입하려는 사람은 그 차량에 대하여 따로 차량출입허가신청서를 제출하여야 한다.

공항운영자는 사람에게 보호구역등에 출입허가를 하려면 「보안업무규정」 제36조에

따른 신원조사를 조사기관의 장에게 의뢰해야 한다.

공항운영자는 보호구역등의 출입허가를 한 경우에는 신청인에게 공항운영자가 정하는 출입증 또는 차량출입증을 발급하여야 하며, 이 경우 공항운영자가 관할하지 않는 지역의 출입허가를 하려면 관할 행정기관의 장과 미리 협의하여야 한다.

출입허가를 받은 사람이 보호구역등으로 출입하는 경우에는 출입증을 달아야 하며, 차량을 운행하여 출입하는 경우에는 해당 차량의 운전석 앞 유리창에도 차량출입증을 붙여야 한다.

공항운영자 및 화물터미널운영자는 보호구역등을 출입하는 사람 또는 차량에 대하여 기록하고 이를 작성한 날로부터 1년 이상 보존하여야 하며, 출입허가를 갱신하는 경우에 관하여는 출입허가 절차를 준용하야 하고 이 규칙에 규정된 사항 외에 보호구역등의 출입허가 및 기록의 작성 · 보존 등에 필요한 세부사항은 공항운영자 및 화물터미널운영자가 정한다.

제2절 항공보안법에서 정한 화물보안검색 관련법규

1. 화물보안검색 책임주체

항공보안법 제15조 승객 등의 검색 등에서 항공기에 탑승하는 사람은 신체, 휴대물품 및 위탁수하물에 대한 보안검색을 받아야 하며, 공항운영자는 항공기에 탑승하는 사람, 휴대물품 및 위탁수하물에 대한 보안검색을 하고, 항공운송사업자는 화물에 대한 보안검색을 하여야 한다. 다만, 관할 국가경찰관서의 장은 범죄의 수사 및 공공의 위험예방을 위하여 필요한 경우 보안검색에 대하여 필요한 조치를 요구할 수 있고, 공항운영자나 항공운송사업자는 정당한 사유 없이 그 요구를 거절할 수 없도록 명시하고 있다.

같은법 시행령 제12조 화물에 대한 보안검색방법 등에서 여객기에 탑재하는 화물에 대한 항공운송사업자의 보안검색에 대해서는 제11조제2항 및 제3항[1]을 준용하여야 한다.

---

1) 제11조(위탁수하물의 보안검색방법 등) ② 공항운영자는 제1항에 따른 위탁수하물에 대하여 항공기 탑재 전에 X-ray 검색장비를 사용하여 보안검색을 하여야 한다.
③ 공항운영자는 다음 각 호의 어느 하나에 해당하는 경우에는 항공기 탑재 전에 위탁수하물을 개봉하여 그 내용물을 검색하여야 한다. 이 경우 폭발물이나 위해물품이 있다고 의심되는 경우 또는 제3호의2에 해당하는 경우에는 폭발물 흔적탐지장비 등 필요한 검색장비등을 추가하여 보

항공운송사업자는 화물기에 탑재하는 화물에 대해서는 다음 각 호의 어느 하나에 해당하는 방법으로 보안검색을 하여야 한다.

1. 개봉검색
2. X-ray 검색장비에 의한 검색
3. 폭발물 탐지장비 또는 폭발물 흔적탐지장비에 의한 검색
4. 폭발물 탐지견[2]에 의한 검색
5. 압력실[3]을 사용한 검색

2. 화물보안검색업무 위탁

공항운영자 및 항공운송사업자는 제2항에 따른 보안검색을 직접 하거나 「경비업법」 제4조제1항에 따른 경비업자 중 공항운영자 및 항공운송사업자의 추천을 받아 제6항에 따라 국토교통부장관이 지정한 업체에 위탁할 수 있다.

이에 보안검색 업무를 위탁받으려는 업체는 국토교통부령으로 정하는 바에 따라 국토교통부장관의 지정을 받아야 하며, 지정을 받은 업체가 다음 각 호의 어느 하나에 해당하는 경우에는 그 지정을 취소할 수 있다. 다만, 제1호 또는 제2호에 해당하면 지정을 취소하여야 한다.

1. 거짓이나 그 밖의 부정한 방법으로 지정을 받은 경우
2. 경비업법에 따른 경비업의 허가가 취소되거나 영업이 정지된 경우
3. 국토교통부령에 따른 지정기준에 미달하게 된 경우. 다만, 일시적으로 지정기준에 미달하게 되어 3개월 이내에 지정기준을 다시 갖춘 경우에는 그러하지 아니하다.
4. 보안검색 업무의 수행 중 고의 또는 중대한 과실로 인명피해가 발생하거나 보안

안검색을 하여야 한다.

1. X-ray 검색장비가 정상적으로 작동하지 아니한 경우
2. 무기류 또는 위해물품이 숨겨져 있다고 의심되는 경우
3. X-ray 검색장비에 의한 검색결과 그 내용물을 판독할 수 없는 경우

3의2. X-ray 검색장비로 보안검색을 할 수 없는 크기의 단일 위탁수하물인 경우

4. 제1호부터 제3호까지 및 제3호의2에서 규정한 경우 외에 항공보안에 위협이 증가하는 등 특별한 사유가 발생하는 경우

2) 탐지견은 폭발물을 발견하면 짖거나 앉는 등의 특정 행동으로 '핸들러'라고 불리는 훈련사에게 알려주며, 'Canine(개)라는 영어 단어 발음(케이-나인)을 이용해 케이-나인(K-nine)' 또는 K-9으로 쓰기도 하며, 군대나 경찰에서 특수한 임무를 수행하도록 훈련된 개를 지칭함

3) 압력실은 시뮬레이션 챔버(simulation chamber)로서 항공기가 운항하는 환경조건을 동일하게 적용하여 폭발물 테러를 사전에 탐지하는 밀폐된 공간

검색에 실패한 경우

같은법 시행규칙 제8조의4 보안검색위탁업체 지정절차 등에서 공항운영자 또는 항공운송사업자가 보안검색위탁업체의 지정을 추천하려는 경우에는 보안검색위탁업체 지정신청서에 지정 대상 보안검색위탁업체에 관한 다음 각 호의 서류를 첨부하여 지방항공청장에게 제출하여야 한다.

1. 「경비업법」에 따른 경비업 허가증
2. 보안검색인력 명단 및 해당 인력의 법 제28조제2항에 따른 교육훈련 이수증
3. 보안검색위탁업체 추천서

지정신청서를 제출받은 지방항공청장은 「전자정부법」 제36조제1항에 따른 행정정보의 공동이용을 통하여 지정 대상 보안검색위탁업체의 법인 등기사항증명서 및 사업자등록증을 확인하여야 한다. 다만, 해당 업체가 사업자등록증의 확인에 동의하지 아니하는 경우에는 해당 서류를 첨부하게 하여야 한다.

지정신청서를 제출받은 지방항공청장은 지정 대상 보안검색위탁업체가 지정기준에 적합하다고 인정하는 경우에는 공항운영자 또는 항공운송사업자에게 보안검색위탁업체 지정서를 발급하여야 한다.

3. 화물터미널 등 보호구역 출입통제

항공보안법 제16조 승객이 아닌 사람 등에 대한 검색에서 공항운영자는 허가를 받아 보호구역으로 들어가는 사람 또는 물품에 대하여도 보안검색을 하여야 하며, 이 경우 보안검색의 방법·절차·면제 및 위탁 등에 관하여는 제15조제2항 단서, 같은 조 제3항 및 제6항부터 제8항까지의 규정을 준용한다.

화물터미널 내에 지정된 보호구역으로 들어가는 사람 또는 물품에 대한 보안검색은 화물터미널운영자가 하여야 한다. 이 경우 보안검색의 방법·절차·면제 및 위탁 등에 관하여는 제15조제2항 단서, 같은 조 제3항 및 제6항부터 제8항까지의 규정[4]을 준용

4) 제15조(승객 등의 검색 등) ② 공항운영자는 항공기에 탑승하는 사람, 휴대물품 및 위탁수하물에 대한 보안검색을 하고, 항공운송사업자는 화물에 대한 보안검색을 하여야 한다. 다만, 관할 국가경찰관서의 장은 범죄의 수사 및 공공의 위험예방을 위하여 필요한 경우 보안검색에 대하여 필요한 조치를 요구할 수 있고, 공항운영자나 항공운송사업자는 정당한 사유 없이 그 요구를 거절할 수 없다.
③ 공항운영자 및 항공운송사업자는 제2항에 따른 보안검색을 직접 하거나 「경비업법」 제4조제

한다.

같은법 시행령 제15조의4 승객이 아닌 사람 등에 대한 보안검색방법 등에서 공항운영자 또는 화물터미널운영자가 보호구역으로 들어가는 사람에 대하여 보안검색을 하는 경우에는 제10조 제1항 및 제3항5)을 준용하여야 하며, 공항운영자 또는 화물터미널운영자가 보호구역으로 들어가는 물품에 대하여 보안검색을 하는 경우에는 제11조 제2항부터 제4항6)까지를 준용한다.

1항에 따른 경비업자 중 공항운영자 및 항공운송사업자의 추천을 받아 제6항에 따라 국토교통부장관이 지정한 업체에 위탁할 수 있다.

⑥ 제2항에 따른 보안검색의 방법·절차·면제 등에 관하여 필요한 사항은 대통령령으로 정한다.

⑦ 제3항에 따라 보안검색 업무를 위탁받으려는 업체는 국토교통부령으로 정하는 바에 따라 국토교통부장관의 지정을 받아야 한다.

⑧ 국토교통부장관은 제6항에 따라 지정을 받은 업체가 다음 각 호의 어느 하나에 해당하는 경우에는 그 지정을 취소할 수 있다. 다만, 제1호 또는 제2호에 해당하면 지정을 취소하여야 한다.

1. 거짓이나 그 밖의 부정한 방법으로 지정을 받은 경우
2. 「경비업법」에 따른 경비업의 허가가 취소되거나 영업이 정지된 경우
3. 국토교통부령에 따른 지정기준에 미달하게 된 경우. 다만, 일시적으로 지정기준에 미달하게 되어 3개월 이내에 지정기준을 다시 갖춘 경우에는 그러하지 아니하다.
4. 보안검색 업무의 수행 중 고의 또는 중대한 과실로 인명피해가 발생하거나 보안검색에 실패한 경우

5) 제10조(승객 및 휴대물품의 보안검색방법 등) ① 공항운영자는 법 제15조에 따라 항공기 탑승 전에 모든 승객 및 휴대물품에 대하여 법 제27조에 따라 국토교통부장관이 고시하는 항공보안장비(이하 "검색장비등"이라 한다)를 사용하여 보안검색을 하여야 한다. 이 경우 승객에 대해서는 문형금속탐지기 또는 원형검색장비를, 휴대물품에 대해서는 X-ray 검색장비를 사용하여 보안검색을 하여야 하며, 폭발물이나 위해물품이 있다고 의심되는 경우에는 폭발물 탐지장비 등 필요한 검색장비등을 추가하여 보안검색을 하여야 한다.

③ 공항운영자는 다음 각 호의 어느 하나에 해당하는 경우에는 승객의 동의를 받아 직접 신체에 대한 검색을 하거나 개봉검색을 하여야 한다. 이 경우 제5호에 해당하는 경우에는 폭발물 흔적탐지장비 등 필요한 검색장비등을 추가하여 보안검색을 하여야 한다.

1. 검색장비등이 정상적으로 작동하지 아니하는 경우
2. 검색장비등의 경보음이 울리는 경우
3. 무기류나 위해(危害)물품을 휴대(携帶)하거나 숨기고 있다고 의심되는 경우
4. X-ray 검색장비에 의한 검색결과 그 내용물을 판독할 수 없는 경우
5. X-ray 검색장비로 보안검색을 할 수 없는 크기의 단일 휴대물품인 경우

6) 제11조(위탁수하물의 보안검색방법 등) ② 공항운영자는 제1항에 따른 위탁수하물에 대하여 항공기 탑재 전에 X-ray 검색장비를 사용하여 보안검색을 하여야 한다.

③ 공항운영자는 다음 각 호의 어느 하나에 해당하는 경우에는 항공기 탑재 전에 위탁수하물을 개봉하여 그 내용물을 검색하여야 한다. 이 경우 폭발물이나 위해물품이 있다고 의심되는 경우 또는 제3호의2에 해당하는 경우에는 폭발물 흔적탐지장비 등 필요한 검색장비등을 추가하여 보안검색을 하여야 한다.

4. 상용화주

항공보안법 제17조의2에 따라 국토교통부장관은 검색장비, 항공보안검색요원 등 국토교통부령으로 정하는 기준을 갖춘 화주(貨主) 또는 항공화물을 포장하여 보관 및 운송하는 자를 지정하여 항공화물 및 우편물에 대하여 보안검색을 실시하게 할 수 있으며, 지정된 자["상용화주"(常用貨主)]가 준수하여야 할 화물보안통제절차 등에 관한 항공화물보안기준을 정하여 고시[7]하여야 한다.

③ 항공운송사업자는 제15조제2항[8]에도 불구하고 상용화주가 보안검색을 한 항공화물 및 우편물에 대하여는 보안검색을 하지 아니한다. 다만, 다음 각 호에서 정하는 항공화물 및 우편물에 대하여는 보안검색을 실시하여야 한다.

1. 상용화주로부터 접수하였으나 상용화주가 아닌 자가 취급한 경우
2. 접수 · 보안검색 · 운송 등 취급과정에서 상용화주 및 항공운송사업자의 통제를 벗어난 경우
3. 훼손 흔적이 있는 경우
4. 허가받지 아니한 자의 접촉이 발생하였거나 접촉이 의심되는 경우
5. 화물전용기에서 여객기로 옮겨지는 경우
6. 무작위 표본검색 등 국토교통부장관이 정하여 고시한 사항에 해당하는 경우
7. 제15조제2항 단서에 따라 관할 국가경찰관서의 장이 필요한 조치를 요구한 경우
8. 그 밖에 위협정보의 입수 등 항공운송사업자가 보안검색이 필요하다고 인정할 만한 상당한 사유가 있는 경우

같은법 시행령 제9조의2 상용화주의 지정기준에서 법 제17조의2제1항[9]에서 "국토

---

1. X-ray 검색장비가 정상적으로 작동하지 아니한 경우
2. 무기류 또는 위해물품이 숨겨져 있다고 의심되는 경우
3. X-ray 검색장비에 의한 검색결과 그 내용물을 판독할 수 없는 경우

3의2. X-ray 검색장비로 보안검색을 할 수 없는 크기의 단일 위탁수하물인 경우

4. 제1호부터 제3호까지 및 제3호의2에서 규정한 경우 외에 항공보안에 위협이 증가하는 등 특별한 사유가 발생하는 경우

④ 공항운영자는 보안검색이 끝난 위탁수하물이 보안검색이 완료되지 아니한 위탁수하물과 혼재되지 아니하도록 하여야 한다.

7) (국토교통부 고시) 상용화주 항공화물 보안기준 (Standards for Air Cargo Security of Known-shipper)

8) 제15조(승객 등의 검색 등) ② 공항운영자는 항공기에 탑승하는 사람, 휴대물품 및 위탁수하물에 대한 보안검색을 하고, 항공운송사업자는 화물에 대한 보안검색을 하여야 한다.

9) 제17조의2(상용화주) ① 국토교통부장관은 검색장비, 항공보안검색요원 등 국토교통부령으로 정

교통부장관이 정하는 기준"이란 다음 각 호와 같다.

1. 다음 각 목에 해당하는 검색장비를 갖출 것
   가. 여객기에 탑재하는 화물의 보안검색을 위한 X-ray 검색장비
   나. 화물기에 탑재하는 화물의 보안검색을 검색장비로 하는 경우에는 X-ray검색장비, 폭발물탐지장비 또는 폭발물흔적탐지장비
2. 항공보안검색요원을 2명 이상 확보할 것
3. 항공화물의 보안을 위해 다음 각 목의 시설을 모두 갖출 것
   가. 화물을 포장 또는 보관할 수 있는 시설로서 일반구역과 분리되어 항공화물에 대한 보안통제가 이루어질 수 있는 시설
   나. 보안검색이 완료된 항공화물이 완료되지 않은 항공화물과 섞이지 않도록 분리할 수 있는 시설
4. 상용화주 지정 신청일 이전 6개월 이내의 기간 중 총 24회 이상 항공화물을 운송의뢰한 실적이 있을 것
5. 그 밖에 국토교통부장관이 정하여 고시하는 항공화물 보안기준에 적합할 것

5. 상용화주 지정 및 취소

같은법 시행령 제9조의3 상용화주의 지정절차 등에서 상용화주의 지정절차는 다음 각 호와 같으며, 지방항공청장은 상용화주를 지정한 경우에는 항공운송사업자에게 통보하여야 한다.

1. 상용화주로 지정받으려는 자는 별지 제3호서식의 상용화주 지정신청서에 다음 각 호의 사항을 첨부하여 지방항공청장에게 제출할 것
   가. 보안검색장비 및 항공보안검색요원 등에 관한 사항을 포함한 항공화물 보안프로그램
   나. 「물류정책기본법」 제43조제1항 및 같은 법 시행규칙 제6조제2항에 따른 국제물류주선업등록증(국제물류주선업자만 해당한다)
   다. 삭제
   라. 삭제
   마. 화물운송 거래실적

하는 기준을 갖춘 화주(貨主) 또는 항공화물을 포장하여 보관 및 운송하는 자를 지정하여 항공화물 및 우편물에 대하여 보안검색을 실시하게 할 수 있다.

바. 항공화물의 보안통제를 담당하는 사람의 명단 및 신원조회 의뢰서

사. 보안통제 취급직원의 교육이수 증명서

1의2. 지정신청서를 제출받은 지방항공청장은 「전자정부법」 제36조제1항에 따른 행정정보의 공동이용을 통하여 법인 등기사항증명서 및 사업자등록증을 확인하여야 한다. 다만, 신청인이 사업자등록증의 확인에 동의하지 아니하는 경우에는 해당 서류를 첨부하게 하여야 한다.

2. 지정신청서를 접수한 지방항공청장은 제9조의2제1항에 따라 상용화주의 지정을 위해 법 제33조제1항의 항공보안 감독관등 관계 공무원으로 하여금 심사하도록 할 것. 다만, 필요한 경우 전문가를 위촉하여 심사할 수 있다.
3. 지방항공청장이심사를 완료하고 상용화주로 지정하려는 경우에는 상용화주 지정서를 발급할 것

항공보안법 제17조의3 상용화주의 지정취소에서 국토교통부장관은 상용화주가 다음 각 호의 어느 하나에 해당하는 경우 그 지정을 취소할 수 있다. 다만, 제1호에 해당하면 그 지정을 취소하여야 한다.

1. 거짓이나 그 밖의 부정한 방법으로 지정을 받은 경우
2. 제17조의2제1항의 지정기준에 미달하게 된 경우
3. 제17조의2제2항의 항공화물보안기준을 위반하여 업무를 수행한 경우

국토교통부장관은 상용화주의 지정을 취소한 경우에는 즉시 항공운송사업자에게 통보하여 항공운송사업자가 보안검색을 하도록 조치하여야 하며, 상용화주 지정취소의 절차 등에 관하여 필요한 사항은 국토교통부령으로 정한다.

이에 따라 같은 법 시행규칙 제9조의4 상용화주지정취소의 절차에서 지정취소를 통보받은 상용화주는 10일 이내에 지방항공청장에게 상용화주 지정서를 반납하여야 한다.

6. 보안검색 실패시 보고

항공보안법 제19조 보안검색 실패 등에 대한 대책에서 공항운영자, 항공운송사업자 및 화물터미널운영자는 다음 각 호의 사항이 발생한 경우에는 즉시 국토교통부장관에게 보고하여야 한다.

1. 검색장비가 정상적으로 작동되지 아니한 상태로 검색을 하였거나 검색이 미흡한 사실을 알게 된 경우

2. 허가받지 아니한 사람 또는 물품이 보호구역 또는 항공기 안으로 들어간 경우

3. 그 밖에 항공보안에 우려가 있는 것으로서 국토교통부령으로 정하는 사항

국토교통부장관은 보고를 받은 경우에는 다음 각 호의 구분에 따라 항공보안을 위한 필요한 조치를 하여야 한다.

1. 항공기가 출발하기 전에 보고를 받은 경우: 해당 항공기에 대한 보안검색 등의 보안조치
2. 항공기가 출발한 후 보고를 받은 경우: 해당 항공기가 도착하는 국가의 관련 기관에 대한 통보

국토교통부장관은 다른 국가로부터 보안검색 실패에 해당하는 사항을 통보받은 경우에는 해당 항공기를 격리계류장으로 유도하여 보안검색 등 보안조치를 하여야 한다.

7. 항공보안장비 사용 및 성능검사

항공보안법 제27조 항공보안장비 성능인증 등에 따라 장비운영자가 이 법에 따른 보안검색을 하는 경우에는 국토교통부장관으로부터 성능 인증을 받은 항공보안장비를 사용하여야 하며, 항공보안장비의 성능 인증을 위한 기준·방법·절차 및 장비운영자가 사용하는 항공보안장비의 성능 검사 등 운영에 필요한 사항은 국토교통부령으로 정한다.

국토교통부장관은 성능 인증을 받은 항공보안장비의 종류, 운영, 유지관리 등에 관한 기준을 정하여 고시[10]하여야 하며, 국토교통부장관은 제1항에 따라 성능 인증을 받은 항공보안장비가 계속하여 성능을 유지하고 있는지를 확인하기 위하여 국토교통부령으로 정하는 바에 따라 정기적으로 또는 수시로 점검을 실시하여야 한다.

같은법 시행규칙 제14조의5 항공보안장비의 성능검사에서 장비운영자는 사용하는 항공보안장비를 내용연수[11]를 연장해 계속 사용하려면 인증기관이 실시하는 항공보안장비의 성능 검사를 받아야 하며, 항공보안장비의 성능 검사의 기준·방법 및 절차 등에 관한 사항은 국토교통부장관이 정해서 고시[12]한다.

같은법 제14조의6 항공보안장비의 점검에서 인증기관은 법 제27조제4항[13]에 따라

---

10) (국토교통부 고시) 항공보안장비 종류, 운영 및 유지관리 등에 관한 기준
11) 「물품관리법」 제16조의2 제1항에 따라 조달청장이 정한 경제적 사용연수를 말함
12) (국토교통부 고시) 항공보안장비 성능 인증 및 성능 검사 기준
13) 제27조(항공보안장비 성능 인증 등) ④ 국토교통부장관은 제1항에 따라 성능 인증을 받은 항공보안장비가 계속하여 성능을 유지하고 있는지를 확인하기 위하여 국토교통부령으로 정하는 바에 따라 정기적으로 또는 수시로 점검을 실시하여야 한다.

각 호의 기준에 따라 정기점검 및 수시점검을 실시해야 한다.

1. 정기점검: 항공보안장비가 성능 인증 기준에 맞게 제작되었는지 및 성능 인증 품질시스템의 유지 여부 등에 관해 매년 실시하는 점검
2. 수시점검: 국토교통부장관의 요청이나 특별 점검계획에 따라 실시하는 점검

국토교통부장관은 인증기관이 정기점검 또는 수시점검을 실시하기 위해 필요하다고 인정하는 경우 관계 직원, 시험기관 및 관계전문가와 함께 점검하게 할 수 있으며, 규정한 사항 외에 점검의 기준·방법 및 절차 등에 관해 필요한 사항은 국토교통부장관이 정해서 고시[14]한다.

8. 교육훈련 및 기록유지

항공보안법 제28조 교육훈련 등에서 국토교통부장관은 항공보안에 관한 업무수행자의 교육에 필요한 사항을 정하여야 하며, 보안검색 업무를 감독하거나 수행하는 사람은 국토교통부장관이 지정한 교육기관에서 검색방법, 검색절차, 검색장비의 운용, 그 밖에 보안검색에 필요한 교육훈련을 이수하여야 하며, 교육기관의 지정이나 교육훈련에 관하여 필요한 사항은 국토교통부장관이 정한다.[15]

항공보안법 제29조 검색기록의 유지에서 공항운영자 및 항공운송사업자 또는 보안검색을 위탁받은 검색업체는 검색요원의 업무, 현장교육훈련 기록 등의 보안검색에 관한 기록을 국토교통부령으로 정하는 바에 따라 작성·유지하여야 한다.

이에 따라 같은법 시행규칙 제16조 보안검색기록의 작성 등에서 공항운영자·항공운송사업자 또는 보안검색을 위탁받은 검색업체는 다음 각 호의 사항이 포함된 보안검색에 관한 기록을 작성하여 1년 이상 보존하여야 하며, 보안검색 기록은 전자기록물로 보존할 수 있다.

1. 보안검색업무를 수행한 항공보안검색요원·감독자의 성명 및 근무시간
2. 항공보안장비의 점검 및 운용에 관한 사항
3. 법 제21조에 따른 무기 등 위해물품 적발 현황 및 적발된 위해물품의 처리 결과
4. 항공보안검색요원에 대한 현장교육훈련 기록
5. 그 밖에 보안검색업무 수행 중에 발생한 특이사항

14) (국토교통부 고시) 항공보안장비 성능 인증 및 성능 검사 기준
15) (국토교통부 예규) 국가민간항공보안 교육훈련지침

9. 항공보안 우발계획

항공보안법 제31조 국가항공보안 우발계획 등의 수립에서 국토교통부장관은 민간항공에 대한 불법방해행위에 신속하게 대응하기 위하여 국가항공보안 우발계획을 수립·시행하여야 한다.

공항운영자 및 항공운송사업자 등은 국가항공보안 우발계획에 따라 자체 우발계획을 수립·시행하여야 하며, 자체 우발계획을 수립 또는 변경하는 경우에는 국토교통부장관의 승인을 받아야 하고 국가항공보안 우발계획 및 자체 우발계획의 구체적인 내용, 수립기준 및 승인절차 등에 관하여 필요한 사항은 국토교통부령으로 정한다.

이에 따라 같은법 시행규칙 제18조 국가항공보안 우발계획 등의 내용에서 따른 우발계획에는 다음 각 호의 사항이 포함되어야 한다.

1. 영 제2조제2항제1호에 따른 행정기관의 역할
2. 항공보안등급 발령 및 등급별 조치사항
3. 불법방해행위 대응에 관한 기본대책
4. 불법방해행위 유형별 대응대책
5. 위협평가 및 위험관리에 관한 사항
6. 그 밖에 항공보안에 관하여 필요한 사항

공항운영자 및 항공운송사업자 등이 수립하는 자체 우발계획에는 다음 각 호의 구분에 따른 사항이 포함되어야 한다.

1. 공항운영자의 자체 우발계획
    가. 영 제2조제2항제1호에 따른 행정기관의 역할
    나. 공항시설 위협시의 대응대책
    다. 항공기 납치시의 대응대책
    라. 폭발물 또는 생화학무기 위협시의 대응대책
2. 항공운송사업자의 자체 우발계획
    가. 공항시설 위협시의 대응대책
    나. 항공기납치 방지대책
    다. 폭발물 또는 생화학무기 위협시의 대응대책
3. 항공기취급업체·항공기정비업체·공항상주업체(보호구역 안에 있는 업체만 해당), 항공여객·화물터미널 운영자, 도심공항터미널을 경영하는 자의 자체 우발계획
    가. 공항시설 위협시의 대응대책

나. 폭발물 또는 생화학무기 위협시의 대응대책

제18조의2 자체 우발계획의 승인 및 변경 등에서 국토교통부장관 또는 지방항공청장은 자체 우발계획을 승인하려는 경우에는 다음 각 호의 사항을 검토하여야 한다.

1. 우발계획과의 적합성
2. 법 제3조에 따른 국제협약 및 「국제민간항공협약」 부속서 17 등과의 적합성

10. 보안조치 및 항공보안 감독

항공보안법 제32조 보안조치에서 국토교통부장관은 민간항공에 대한 위협에 신속한 대응이 필요한 경우에는 공항운영자등에 대하여 필요한 조치를 할 수 있다.

항공보안법 제33조 항공보안 감독에서 국토교통부장관은 소속 공무원을 항공보안 감독관으로 지정하여 항공보안에 관한 점검업무를 수행하게 하여야 하며, 국토교통부장관은 대통령령으로 정하는 바에 따라 관계 행정기관과 합동으로 공항 및 항공기의 보안실태에 대하여 현장점검을 할 수 있다.

이에 따라 같은 법 시행령 제19조의3 합동 현장점검의 실시에서 국토교통부장관이 관계 행정기관과 합동으로 현장점검을 실시할 수 있는 경우는 다음 각 호와 같으며, 합동으로 현장점검을 실시하려는 행정기관은 그 필요성 및 점검항목 등에 관하여 긴급을 요하는 경우를 제외하고는 미리 국토교통부장관과 협의하여야 한다.

1. 국가원수 또는 국제기구의 대표 등 국내외 중요인사가 참석하는 국제회의가 개최되는 경우
2. 올림픽경기대회 · 아시아경기대회 또는 국제박람회 등 국제행사가 개최되는 경우
3. 국내외 정보수사기관으로부터 구체적 테러 첩보 또는 보안위협 정보를 알게 된 경우
4. 제1호부터 제3호까지에서 규정한 경우 외에 공항시설 및 항공기의 보안 유지를 위하여 국토교통부장관이 필요하다고 인정하는 경우

국토교통부장관은 점검업무의 수행에 필요하다고 인정하는 경우에는 공항운영자등에게 필요한 서류 및 자료를 제출하게 할 수 있으며, 점검 결과 그 개선이나 보완이 필요하다고 인정하는 경우에는 공항운영자등에게 시정조치 또는 그 밖의 보안대책 수립을 명할 수 있다.

점검을 하는 경우에는 긴급한 경우 또는 사전에 통지하면 증거인멸 등으로 점검 목적을 달성할 수 없다고 인정하는 경우를 제외하고는 점검 7일 전까지 점검일시, 점검 이유 및 점검내용 등에 대한 점검계획을 점검 대상자에게 통지하여야 한다.

항공보안 감독관은 항공보안에 관한 점검업무 수행을 위하여 필요한 경우에는 항공기 및 공항시설에 출입하여 검사할 수 있으며, 점검을 하는 공무원은 그 권한을 표시하는 증표를 지니고 이를 관계인에게 보여주어야 하고 항공보안 감독관의 지정·운영 및 점검업무 등에 대한 세부 사항은 국토교통부령으로 정한다.[16]

11. 항공보안 자율신고제도

항공보안법 제33조의2 항공보안 자율신고에서 민간항공의 보안을 해치거나 해칠 우려가 있는 사실로서 "국토교통부령으로 정하는 사실"을 안 사람은 국토교통부장관에게 그 사실을 신고할 수 있다.

국토교통부장관은 항공보안 자율신고를 한 사람의 의사에 반하여 신고자의 신분을 공개하여서는 아니 되며, 그 신고 내용을 보안사고 예방 및 항공보안 확보 목적 외의 다른 목적으로 사용하여서는 아니 된다.

공항운영자등은 소속 임직원이 항공보안 자율신고를 한 경우에는 그 신고를 이유로 해고, 전보, 징계, 그 밖에 신분이나 처우와 관련하여 불이익한 조치를 하여서는 아니 된다.

국토교통부장관은 항공보안 자율신고의 접수·분석·전파에 관한 업무를 대통령령으로 정[17]하는 바에 따라 「한국교통안전공단법」에 따른 한국교통안전공단에 위탁할 수 있다. 이 경우 위탁받은 업무에 종사하는 한국교통안전공단의 임직원은 「형법」 제129조부터 제132조까지의 규정을 적용할 때에는 공무원으로 본다.

항공보안 자율신고의 신고방법 및 신고처리절차 등에 관하여 필요한 사항은 국토교통부령으로 정한다.

이에 따라 같은 법 시행규칙 제19조의2 항공보안 자율신고의 절차 등에서 "국토교통부령으로 정하는 사실"이란 다음 각 호의 어느 하나에 해당하는 사실을 말한다.

---

16) (국토교통부 예규) 국가항공보안 수준관리지침, (국토교통부 훈령) 항공보안감독관 업무규정, (국토교통부 훈령) 항공안전감독관에 대한 임명 및 신분증 발급 규정

17) 항공보안법 시행령 제19조의4(항공보안 자율신고업무의 위탁) 국토교통부장관은 법 제33조의2 제4항 전단에 따라 항공보안 자율신고의 접수·분석·전파에 관한 업무를 「한국교통안전공단법」에 따른 한국교통안전공단에 위탁한다.

1. 불법방해행위가 시도되거나 발생될 가능성이 있는 사실
2. 법 제10조제2항에 따른 자체 보안계획을 이행하지 아니한 사실
3. 보안검색이 완료된 승객과 완료되지 못한 승객이 접촉한 사실
4. 법 제13조제1항을 위반하여 공항운영자의 허가를 받지 아니하고 보호구역에 진입한 사실
5. 법 제14조제4항을 위반하여 항공기에 대한 보안점검을 실시하지 아니한 사실
6. 법 제15조제1항, 제16조 및 제17조제2항에 따라 보안검색이 이루어지지 아니한 사실
7. 법 제21조를 위반하여 위해물품을 항공기 내에 반입한 사실
8. 법 제31조제2항에 따라 자체 우발계획을 이행하지 아니한 사실
9. 법 제32조에 따른 보안조치를 공항운영자등이 이행하지 아니한 사실
10. 그 밖에 항공보안을 해치거나 해칠 우려가 있는 사실

항공보안 자율신고를 하려는 자는 항공보안 자율신고서 또는 국토교통부장관이 정하여 고시하는 전자적인 신고방법에 따라 「교통안전공단법」에 따른 교통안전공단에 신고하여야 하며, 항공보안 자율신고를 접수한 교통안전공단은 분기별로 해당 신고 현황을 국토교통부장관에게 보고하여야 한다. 다만, 긴급한 조치가 필요한 신고의 경우에는 신고를 받은 후 지체 없이 국토교통부장관에게 보고하여야 한다.

보고를 받은 국토교통부장관은 신고사항을 조사하여 항공보안을 위하여 필요한 조치를 하거나 항공보안 대책을 마련하여야 하며, 항공보안 자율신고의 접수·분석 및 전파 등에 관하여 필요한 사항은 국토교통부장관이 정하여 고시한다.[18]

18) 현재 별도의 고시는 없음

제3절 국가항공보안계획에서 정한 관련규정

제2장 용어 정의

2.1 "항공보안(Aviation Security)"이란 불법방해행위로부터 민간항공을 보호하기 위한 인적 · 물적 요소가 결합된 대책을 말한다.

2.2 "불법방해행위(Acts of Unlawful Interference)"란 항공기의 안전운항을 저해할 우려가 있거나 운항을 불가능하게 하는 행위로서 다음에 해당하는 행위를 말한다.

1) 지상에 있거나 운항중인 항공기를 납치하거나 납치를 시도하는 행위
2) 항공기 또는 공항에서 사람을 인질로 삼는 행위
3) 항공기 · 공항 및 항행안전시설을 파괴하거나 손상시키는 행위
4) 항공기 · 항행안전시설 및 보호구역에 무단 침입하거나 운영을 방해하는 행위
5) 범죄의 목적으로 항공기 또는 보호구역 안으로 도검류 · 폭발물 등 항공보안법 제21조에 따른 무기 등 위해물품(危害物品)을 반입하는 행위
6) 지상에 있거나 운항중인 항공기의 안전을 위협하는 거짓 정보를 제공하는 행위 또는 공항 · 공항시설 내에 있는 승객·승무원·지상 근무자의 안전을 위협하는 거짓 정보를 제공하는 행위
7) 사람을 사상(死傷)에 이르게 하거나 재산 또는 환경에 심각한 손상을 입힐 목적으로 항공기를 이용하는 행위
8) 그 밖에 항공보안법에 따라 처벌받는 행위

2.6 "일반지역(Landside)"이란 공항지역 중 보안통제 없이 일반인과 차량의 출입이 가능한 지역을 말한다.

2.6.1 일반지역은 「공항시설법」 제2조제4호에 따른 공항구역 중 보호구역 이외의 지역으로 한다. 단, 공항운영자가 위험평가를 통해 달리 정할 수 있다. 이 경우에도 여객청사, 커브사이드, 주차장, 공항교통센터는 반드시 포함하여야 한다.

2.7 "보호구역(Airside)"이란 공항의 이동지역, 이동지역과 인접한 지형 및 건물 또는 그 일부로 일반인의 진입을 통제하는 지역을 말하며, "보안제한구역(Security Restricted Area)" 이란 보안검색 완료 구역 · 활주로 · 계류장 · 관제시설 · 화물청사 등과 같이 보다 엄격한 출입통제와 함께 보안통제 조치가 필요한 보호구역을 말한다.

2.3 "보안검색(Screening)"이란 불법방해행위를 하는 데에 사용될 수 있는 무기 또는 폭발물 등 위험성이 있는 물건들을 탐지 및 수색하기 위한 행위를 말한다.

2.4 "보안통제(Security Control)"란 불법방해행위에 사용될 수 있는 무기·폭발물, 그 밖에 위험물품의 반입을 방지하는 수단을 말한다.

2.14 "항공기 보안점검(Aircraft security check)"이란 항공기 안에 수상한 물품, 무기, 폭발물, 기타 위험한 물품이 있는지를 확인하기 위하여 항공기 객실 및 화물칸 등을 점검하는 것을 말한다.

2.15 "항공기 보안수색(Aircraft security search)"이란 무기 · 폭발물, 그 밖에 위해물품을 발견하기 위해 객실 내부 및 외부 등 항공기 전부를 점검하는 것을 말한다.

2.16 "화물(Cargo)"이란 우편물 · 기내물품 · 휴대수하물 · 오처리 수하물 외에 항공기로 운송되는 모든 물품을 말한다.

2.17 "환적 화물 및 우편물(Transfer Cargo and Mail)"이란 도착 항공기에 실린 화물 및 우편물이 다른 항공기에 실려서 출발하는 화물 및 우편물을 말한다.

2.18 "고위험 화물 또는 우편물(High-risk Cargo or Mail)"이란 다음 각 호의 어느 하나에 해당하는 화물 또는 우편물을 말한다.

1) 특수 첩보에 따라 민간 항공에 위협이 될 것으로 간주되는 화물 또는 우편물
2) 의심되는 비정상 변경 또는 훼손 흔적이 있는 화물 또는 우편물

2.20 “상용화주(Known Consignor 또는 Regulated Agent)”란 모든 항공기에 화물 · 우편물을 운송하는데 필요한 보안시설, 보안기준 및 절차를 갖추고 관계 당국으로부터 인가나 지정을 받아 보안통제를 실시하는 화주 · 대리인 · 화물운송업자 등을 말한다.

2.21 “보안점검(Security Inspection)”이란 국가항공보안계획에서 공항운영자등에게 보안대책 이행 효과성에 대해 검사(공개 또는 비공개)하는 것을 말한다.

2.22 “보안평가(Security Audit)”란 국가항공보안계획의 준수 여부를 확인하는 것을 말한다.

2.24 “불시평가(Security Test)”란 보안업무 수준이 적절하게 유지되고 있는지를 확인하기 위하여 불시에 확인하는 것을 말한다.

2.25 “인적요소원칙(Human Factors Principles)”이란 인적 수행능력을 고려하여 사람과 시스템 요소간의 상호 연계를 위해 설계 · 인증 · 교육 · 운영 및 유지보수에 적용되는 원칙을 말하며, “인적 수행능력(Human Performance)”이란 항행 운영의 안전성 · 보안성 및 효율성에 영향을 미칠 수 있는 인적 능력 및 제한 사항을 말한다.

2.27 “예측불가능성(Unpredictability)”이란 불시평가 등에 있어 보안통제 수단·방법의 불규칙적 운영을 통해 보안효과를 높이는 것을 말한다.

8.7 항공화물 및 우편물 등 보안검색

8.7.1 항공운송사업자는 여객기 또는 화물기로 운송되는 화물 및 우편물에 대하여 다음 기준에 따라 보안검색을 실시한 후 항공기에 탑재하여야 한다.

1) 여객기에 탑재하는 화물 및 우편물은 위탁수하물의 보안검색 기준을 준용하여 보안검색 실시
2) 화물기에 탑재하는 화물 및 우편물은 개봉검색, X-ray 검색장비에 의한 검색, 폭발물 탐지장비 또는 폭발물 흔적탐지장비에 의한 검색, 폭발물 탐지견에 의한 검색 중 하나의 방법으로 보안검색 실시하며, 폭발물흔적탐지장비를 사용

하는 경우 부록[5]의 절차에 따라 검색을 실시하여야 한다.

8.7.1.1 항공운송사업자와 우편물을 취급하는 기관(이하 "국제우편물류센터"라 한다) 간에 협약을 체결한 경우 국제우편물류센터가 우편물에 대한 보안검색을 실시할 수 있으며, 우편물을 운송하는 항공운송사업자는 상호 협의하여 특정 항공운송사업자를 지정하여 연 1회 이상 우편물 보안검색에 대한 이행실태를 확인하여야 한다.

8.7.1.2 화물터미널 등을 운영하는 자는 해당시설 출입자 및 소지물품에 대해 보안검색을 실시하여야 한다.

8.7.1.3 항공운송사업자는 다음의 경우 개봉검색 또는 증명서류 확인 및 폭발물흔적탐지장비에 의한 방법으로 보안검색을 할 수 있다.

1) 골수·혈액 · 조혈모세포(造血母細胞) 등 인체조직과 관련된 의료품
2) 생물학적 제제(製劑), 유전자재조합의약품, 세포배양의약품, 세포치료제, 유전자치료제 및 이와 유사한 바이오 의약품
3) 유골 · 유해
4) 이식용 장기
5) 살아있는 동물
6) 의료용, 과학용 필름
7) 그 밖에 검색장비 등에 의하여 보안검색을 하는 경우 본래의 형질이 손상되거나 변질될 수 있는 것으로 지방항공청장의 허가를 받은 물품

8.7.2 여객기 또는 화물기로 운송되는 화물 및 우편물에 대한 보안검색 수준은 위험평가에 기초하여 결정하여야 한다.

8.7.3 항공운송사업자는 보안검색을 거부한 화주의 화물 및 우편물을 운송하여서는 아니 된다.

8.7.4 화물 및 우편물에 대한 보안검색 시에는 다음 사항을 유의하여 실시하여야 한다.

1) 검색대상 화물 및 우편물은 포장 단위별로 나누어 검색. 다만, 화물 전체를 검

색할 수 있는 장비가 있는 경우는 예외

2) 화물 접수 시에는 신고된 선적 서류(Master AWB)를 확인하여야 하며, 만약 신고된 선적 서류(Master AWB)상 화물의 출·도착지, 접수자 서명, 물품명 등이 누락되어 있는 경우 화물 접수를 거절할 수 있다.

3) 항공운송사업자와 정규적으로 거래를 하지 않은 화주 또는 운송업체의 화물을 접수하는 경우는 반드시 신분 확인 후 접수

4) 상용화주, 항공운송사업자, 국제우편물류센터는 고위험 화물 또는 우편물로 분류된 경우, 통상적인 보안검색 이외에 그 내용물을 확인하기 위한 육안·개봉검색을 한다. 다만, 폭발물로 의심되는 경우 폭발물흔적탐지장비(ETD)를 통해 추가적인 보안조치를 실시한다.

5) 항공화물 운송을 의뢰하는 대리점에 대해서는 등록여부(물류정책기본법에 의한 국제물류주선업 등)를 확인한 후 화물 접수

8.7.5 항공운송사업자는 다음 사항이 포함된 항공화물 및 우편물의 보안검색에 관한 기록을 작성하여 전자기록물 등의 방법으로 1년 이상 보존하여야 한다.

1) 보안검색업무를 수행한 항공보안검색요원·감독자 성명 및 근무시간
2) 항공보안장비의 점검 및 운용에 관한 사항
3) 그 밖에 보안검색 수행 중에 발생한 특이사항

8.7.6 항공운송사업자는 화물 및 우편물 안에 비인가된 폭발물, 발연성 물질 또는 위해물품 은닉 여부를 확인하는 절차를 수립하여 자체 보안계획에 명시하여야 한다.

8.7.7 항공운송사업자는 보안검색을 완료한 화물 및 우편물을 항공기 탑재 전까지 출입이 통제되는 지역에 보관한다. 또한 화물 및 우편물이 항공기에 탑재된 후부터 항공기가 출발 하기 전까지는 7.6.3 3)[19]에 따라 비인가자의 접근 등을 감시하는 직원이 화물에 대한 접근도 감시하여야 한다.

8.7.8 항공운송사업자는 보호구역 안에서 화물 및 우편물 보관장소 외의 다른 장소

19) 7.6.3 항공운송사업자는 주기 중인 항공기 보호를 위하여 다음 사항을 준수하여야 한다.
3) 주기된 항공기에 대한 출입통제를 위하여 「국가민간항공보안 교육훈련지침」 제29조제2항에 따라 교육을 받은 직원이 항공기 주변을 감시하여야 한다.

나 항공사 직원이 감시를 하지 않는 지역에 방치하여서는 아니 되며, 방치된 화물 및 우편물이 발견된 때에는 해당 화물 및 우편물에 대하여 보안검색을 실시하는 등 보안조치를 하여야 한다.

8.7.9 항공운송사업자는 보안검색이 완료된 화물 · 우편물 · 기내물품 등을 외부로부터 공항 보호구역 또는 항공기 안으로 이동시키는 경우 위해물품이 반입되지 않도록 경비요원에 의한 호송을 받거나, 시건장치가 되어 있는 컨테이너에 보관하여 운송하는 등의 보안통제 절차를 자체 보안계획에 명시하여야 한다.

8.7.10 항공운송사업자는 컨테이너, 화물처리장비, 단위화물탑재용기(ULD)에 대한 보안대책을 자체 보안계획에 명시하여야 한다.

8.7.11 항공운송사업자는 상업서류송달업자가 항공운송을 목적으로 접수한 물품(COB)에 대하여 위탁수하물과 같은 방법으로 보안검색을 실시하여야 한다.

8.7.12 항공운송사업자는 상업용 항공기에 의해 운송되는 환적 화물 및 우편물에 대해서는 단위화물탑재용기로 이동되거나, 같은 항공운송사업자의 항공기로 환적되는 경우를 제외하고는 출발 시 접수 화물과 같은 방법으로 보안검색을 실시하여야 한다.

8.7.13 항공운송사업자 등 보안검색 주체가 화물 및 우편물에 대해 보안검색을 완료한 경우에는 「상용화주 항공화물 보안기준」 별지 제1호 서식에 따라 최소 아래의 사항이 포함되어 있는 화물보안신고서(Consignment Security Declaration, 이하 "CSD")를 발급하여, 화물 및 우편물의 최종 도착지까지 보안검색이 완료된 상태임을 확인할 수 있도록 하여야 한다.

1) 보안검색주체
2) 화물 내용물
3) 화물 출발지 및 도착지
4) 보안검색방법(날짜 포함)
5) 보안통제 상태
6) 보안검색자 또는 보안검색주체 서명

8.7.14 항공운송사업자는 다른 국가에서 출발하여 국내 공항에서 환적되는 화물 및 우편물중 보안검색이 면제되는 대상에 대해서는 각 화물에 대한 유효한 CSD와 같은 전자·문서 형태의 증명서류 등을 통해 최종 출발지 국가에서 적정한 보안통제가 이루어졌는지를 확인하여야 한다.

8.7.15 화물터미널운영자 및 국제우편물류센터는 화물터미널 창고 내 일반구역(창고 입구부터 보호구역까지의 구역)에 대해 다음 각 호의 방법 모두를 통해 출입통제를 하여야 한다.

1) 화물터미널 진출입 셔터를 설치하고 셔터를 화물 상하차시에만 개방
2) 화물터미널 창고 내 일반구역 및 화물 진출입 셔터 구역에 대하여 항공경비요원이 직접 또는 CCTV를 통해 감시

8.7.16 화물터미널운영자 및 국제우편물류센터는 수입 · 환적화물을 포함하여 보안검색이 완료되지 않은 화물과 보안검색이 완료된 화물을 물리적 시설(이동식 격벽, 울타리 등)로 분리해야 한다. 다만, 물리적 분리가 불가능한 경우 보안검색이 완료된 화물을 항공경비요원이 직접 또는 CCTV를 통해 감시하도록 한다.

8.7.17 지방항공청장은 상용화주 신규 지정 전에 시설물 등에 대한 보안점검을 보안기관과 합동으로 실시할 수 있으며 상용화주의 신규 지정 또는 변동이 있을 때마다 상용화주 지정 목록을 관련기관 및 업체에 즉시 통보하고 항공보안 홈페이지 등에 지정 목록을 게재하여야 한다.

8.7.18 지방항공청장은 상용화주를 지정하는 경우에는 5년의 범위 안에서 기간을 정하여 지정하며, 지정 기간이 만료되기 전에 상용화주 지정의 타당성 여부를 검토하여 재지정을 하는 경우에는 지정기간을 새로이 정하여 지정하여야 한다.

8.7.19 그 밖에 상용화주의 지정, 화물보안통제 절차 및 기준 등에 관한 세부적인 사항은 「상용화주 항공화물 보안기준」에 의한다.

제4절 상용화주 항공화물보안기준

1. 개요

「상용화주 항공화물 보안기준」은 「항공보안법」 제17조의2 제2항[20]에 따라 상용화주가 준수하여야 할 항공화물의 보안통제절차 등에 관한 항공보안기준과 「항공보안법 시행규칙」 제9조의2제1항[21]에 따라 상용화주 지정에 필요한 기준에 관한 사항을 정함을 목적으로 한다.

상용화주 적용범위는 지방항공청장이 지정한 상용화주와 상용화주 화물을 운송하는 항공운송사업자·차량 및 운전자에 적용하며 항공기에 탑재하기 위해 운송되는 항공화물에 대한 보안통제의 책임은 항공화물을 항공운송사업자가 접수하기 전까지는 상용화주에게 있으며, 접수 후에는 항공운송사업자에게 있다.

상용화주가 지정신청서에 첨부하는 항공화물 보안프로그램에는 다음 각 호의 사항이 포함되어야 하며, 항공화물보안프로그램은 관계자 외에는 열람 또는 공개되지 않도록 주의하여야 한다.

1. 항공보안 업무 및 보안통제 책임자 지정

---

20) 제17조의2(상용화주) ② 국토교통부장관은 제1항에 따라 지정된 자[이하 "상용화주"(常用貨主)라 한다]가 준수하여야 할 화물보안통제절차 등에 관한 항공화물보안기준을 정하여 고시하여야 한다.

21) 제9조의2(상용화주의 지정기준) ① 법 제17조의2제1항에서 "국토교통부장관이 정하는 기준"이란 다음 각 호와 같다. 〈개정 2013. 3. 23.〉

1. 다음 각 목에 해당하는 검색장비를 갖출 것
   가. 여객기에 탑재하는 화물의 보안검색을 위한 X-ray 검색장비
   나. 화물기에 탑재하는 화물의 보안검색을 검색장비로 하는 경우에는 X-ray 검색장비, 폭발물 탐지장비 또는 폭발물 흔적탐지장비
2. 항공보안검색요원을 2명 이상 확보할 것
3. 항공화물의 보안을 위해 다음 각 목의 시설을 모두 갖출 것
   가. 화물을 포장 또는 보관할 수 있는 시설로서 일반구역과 분리되어 항공화물에 대한 보안통제가 이루어질 수 있는 시설
   나. 보안검색이 완료된 항공화물이 완료되지 않은 항공화물과 섞이지 않도록 분리할 수 있는 시설
4. 상용화주 지정 신청일 이전 6개월 이내의 기간 중 총 24회 이상 항공화물을 운송 의뢰한 실적이 있을 것
5. 그 밖에 국토교통부장관이 정하여 고시하는 항공화물 보안기준에 적합할 것

2. 보안통제 대상 시설의 관리 및 통제방법
3. 보안검색장비 관리
4. 항공보안검색요원 및 항공보안통제 직원 자격기준
5. 항공보안통제 직원의 교육훈련
6. 시설 출입통제 절차
7. 항공화물 관리 및 운송에 대한 보안대책 및 차량 운영절차 등

2. 항공화물 보안프로그램

상용화주가 작성하여야 할 항공화물 보안프로그램의 기본양식은 별지 제2호서식과 같으며, 상용화주는 항공화물 보안프로그램을 1년마다 검토하여 그 결과를 반영하여야 하고, 관할 지방항공청에 보고하여야 한다.

3. 항공화물 보호 및 보안통제

상용화주는 항공화물을 보호하기 위하여 다음 각 호의 조치를 하여야 한다.

1. 항공화물에 대한 보안검색 및 보안시설에 대한 경비를 직접 실시하거나, 상용화주의 추천을 받아 지방항공청장이 지정한 업체에 위탁하며, 이 경우 지정기준은 시행규칙 제8조제2호를, 지정절차는 시행규칙 제8조의4를 준용
2. 외부인의 침입을 방지하거나 감시할 수 있는 CCTV 등 보안장비 설치 및 출입구에 대한 잠금장치 설치 등 보안통제 시스템 유지

상용화주는 보안통제구역을 지정하여 관리하여야 하고 보안통제구역에서 업무를 수행하는 사람 및 차량 등에 대하여 회사에서 정한 출입증 등을 발급하여야 하며, 지정된 보안통제구역에 인가되지 않은 사람 또는 차량이 진입할 경우 다음 각 호의 보안검색을 하여야 한다.

1. 사람 출입구에서는 문형금속탐지장비 또는 휴대용금속탐지장비를 사용하여 사람 및 휴대물품에 대한 보안검색
2. 차량 출입구에서는 차량의 내 · 외부 및 하부에 대한 보안검색

비인가자 또는 비인가 차량의 출입이 필요한 경우에는 출입자에 대한 신원을 확인하고 다음 각 호의 사항을 기록한 후 인가자의 인솔 하에 출입을 할 수 있도록 하여야 하며, 출입기록은 최소 1년 이상 서류 또는 전산시스템으로 관리 유지하여야 하며, 별도

의 출입통제 시스템을 갖추고 항공화물보안프로그램에 출입절차를 명시하여 승인을 받은 경우에는 인솔자 없이 출입을 할 수 있다.

1. 출입자 또는 운전자의 성명
2. 생년월일
3. 출입사유
4. 출입시간
5. 출입장소
6. 인솔자
7. 확인자 서명

상용화주는 항공화물에 대한 보안검색 및 포장을 하는 경우에는 제15조제1항에 따른 상용화주 업체의 보안업무 감독자 또는 감독자로부터 위임을 받아 항공화물을 통제하는 직원의 감독 하에 실시하여야 한다.

상용화주는 다음 각 호의 기준에 따라 항공화물에 대한 보안통제를 하여야 한다.

1. 항공화물의 포장 및 운반 등 보안통제 화물을 취급하거나 통제하는 사람은 제15조 및 제16조를 충족할 것
2. 항공화물의 작업, 운송 및 보관 시 비인가자 또는 비인가자 물품 등이 반입되지 않도록 출입통제 및 보안성을 유지할 것
3. 상용화주가 항공화물을 직접 포장하는 때에는 육안검사나 수검색 또는 X-선 장비 등을 통해 내용물을 확인할 것

보안통제가 완료된 항공화물의 완료 표지는 다음 각 호와 같이 한다.

1. 포장단위별로 보안통제 완료표지를 부착하거나 개별화물을 대량 단위로 포장하는 경우에는 일괄하여 완료표지를 부착한다.
2. 보안통제 완료표지에 대한 종류, 형식 및 규격은 항공운송사업자와 상용화주간 상호 협의하여 정할 수 있으며 화물의 포장방법에 따라 각각 다르게 정할 수 있다.

4. 항공화물 운송 및 접수

통제화물을 운송하는 운전자는 다음 각호의 사항을 충족하여야 한다.

1. 「화물자동차 운수사업법」 제8조에 따라 운전업무종사 자격증을 취득한 사람
2. 법 제28조에 따른 보안교육을 이수한 자

통제화물을 운송할 수 있는 차량은 항공운송사업자 또는 상용화주 소유차량으로 하되, 다음 각 호의 차량은 항공운송사업자 또는 상용화주와 운송계약을 체결한 경우에 한하며, 항공화물을 운송하는 차량은 운송 중에 보안성을 유지할 수 있는 밀폐된 탑재시설을 갖추어야 하고 통제화물을 운송하기 전에 항공화물보안신고서를 작성하여야 한다.

1. 「관세법」 제222조에 따라 등록된 보세운송업자가 소유한 보세운송 차량
2. 「화물자동차 운수사업법」 제3조에 따라 국토교통부장관의 허가를 받은 화물자동차운송사업자 소속 차량

상용화주는 통제화물을 차량에 탑재할 때까지 보안성을 유지하여야 하며, 다음 각 호의 보안통제 조치를 하여야 하며, 통제화물을 운송하는 사람은 신분을 증명할 수 있는 사진이 부착된 소속회사 신분증 또는 공항운영자가 발급한 유효한 보호구역출입증을 휴대하여야 하고 화물운송 시 통제된 화물과 통제되지 않은 화물의 차량을 분리하여 운송하여야 한다.

1. 밀폐된 탑재시설에 실은 경우 잠금장치 및 봉인
2. 통제화물의 부피가 커 밀폐된 탑재시설에 실을 수 없는 경우에는 덮개를 씌우고 봉인조치
3. 통제화물을 차량에 탑재한 경우 보안업무 감독자는 제14조제2항에 따라 항공화물보안신고서에 서명

상용화주로부터 통제화물을 접수한 항공운송사업자는 다음 각 호의 서류 및 보안통제 상태 등을 확인하여야 하며, 통제화물을 접수한 항공운송사업자는 제1항 각호의 사항이 제대로 이행되지 않았거나 의심이 있다고 판단되는 항공화물은 보안통제가 되지 않은 화물로 처리하고 보안통제 되지 않은 화물과 분리하여 보안시설에 보관하여야 한다.

1. 항공화물보안신고서
2. 제9조제2항 및 제6항에 따른 차량 및 신분증 확인
3. 운송과정의 잠금장치 및 봉인 상태
4. 보안통제화물의 보안통제 표지 부착 상태
5. 항공화물의 외부검사를 통한 운송 중 화물 손괴 및 침입 흔적 여부

5. 항공화물 보안검색

상용화주는 「항공보안법 시행령」 제12조22)에 따라 항공화물에 대한 보안검색을 하여야 한고 보안검색 완료표식을 하여야 하며, 항공운송사업자는 법 제17조의2제3항 단서의 규정23)에 해당하는 경우에는 시행령 제12조에 따라 보안검색을 하여야 한다.

항공운송사업자는 보안통제된 항공화물에 대하여 무작위 표본검색을 실시하여야 하며, 무작위 표본검색은 같은법 시행령 제12조에 따라 실시하여야 하고 무작위 표본검색은 국가항공보안 우발계획에서 정한 항공보안등급에 따라 다음 각 호와 같이 실시하여야 한다.

1. 평시(Green) 및 관심(Blue)단계 : 1일 기준 접수된 항공화물보안신고서 중 항공운송사업자가 정하는 기준에 따라 무작위 표본검색을 실시한다. 다만, 상용화주가 모든 화물을 X-ray 검색장비를 사용하여 검색하고, 차량 내·외부에 CCTV를 설치한 경우에 한해, 상황실에서 실시간 CCTV를 감시하거나 운전자 외 감독자가 동승하면 무작위 표본검색을 면제할 수 있다. 이 경우, 지방항공청장은 반기별 1

---

22) 제12조(화물에 대한 보안검색방법 등) ① 법 제15조에 따라 여객기에 탑재하는 화물에 대한 항공운송사업자의 보안검색에 대해서는 제11조제2항 및 제3항을 준용한다.
② 항공운송사업자는 화물기에 탑재하는 화물에 대해서는 다음 각 호의 어느 하나에 해당하는 방법으로 보안검색을 하여야 한다.
1. 개봉검색
2. X-ray 검색장비에 의한 검색
3. 폭발물 탐지장비 또는 폭발물 흔적탐지장비에 의한 검색
4. 폭발물 탐지견에 의한 검색
5. 압력실을 사용한 검색

23) 제17조의2(상용화주) ③ 항공운송사업자는 제15조제2항에도 불구하고 제1항에 따라 상용화주가 보안검색을 한 항공화물 및 우편물에 대하여는 보안검색을 하지 아니한다. 다만, 다음 각 호에서 정하는 항공화물 및 우편물에 대하여는 보안검색을 실시하여야 한다.
1. 상용화주로부터 접수하였으나 상용화주가 아닌 자가 취급한 경우
2. 접수·보안검색·운송 등 취급과정에서 상용화주 및 항공운송사업자의 통제를 벗어난 경우
3. 훼손 흔적이 있는 경우
4. 허가받지 아니한 자의 접촉이 발생하였거나 접촉이 의심되는 경우
5. 화물전용기에서 여객기로 옮겨지는 경우
6. 무작위 표본검색 등 국토교통부장관이 정하여 고시한 사항에 해당하는 경우
7. 제15조제2항 단서에 따라 관할 국가경찰관서의 장이 필요한 조치를 요구한 경우
8. 그 밖에 위협정보의 입수 등 항공운송사업자가 보안검색이 필요하다고 인정할 만한 상당한 사유가 있는 경우

회 점검을 실시하여야 한다.

2. 주의(Yellow)단계 : 1일 기준 접수된 항공화물보안신고서의 최소 5% 이상 무작위 표본검색을 실시한다.
3. 경계(Orange)단계 : 1일 기준 접수된 항공화물보안신고서의 최소 10% 이상 무작위 표본검색을 실시한다.
4. 심각(Red)단계 : 상용화주가 위탁한 모든 항공화물에 대하여 보안검색을 실시한다.

국토교통부장관은 필요시 관계기관과 협의하여 무작위 표본검색 비율을 조정할 수 있으며, 항공운송사업자는 무작위 표본검색 실적을 기록·유지하고 1년 이상 보관하여야 한다.

6. 항공화물 보안신고

상용화주는 통제화물을 항공운송사업자에게 인도하는 경우 화물명세서를 제출하여야 하며 화물명세서에는 통제화물과 보안통제가 되지 아니한 화물을 구분하여 명시하여야 하며, 항공운송사업자와 상용화주간 협의한 서식을 사용하되, 국제항공운송협회(IATA)에서 정한 서식 또는 전산방식으로 대체할 수 있다.

상용화주는 통제화물을 항공운송사업자에게 인도하는 경우 보안통제를 완료하였음을 증명하는 다음 각호의 사항에 포함된 항공화물보안신고서를 제출하여야 하며, 항공화물보안신고서에는 화물의 보안성 유지 및 운송 중 보안통제에 대한 책임을 지겠다는 내용을 포함하여야 한다.

1. 상용화주명, 연락처 및 주소
2. 상용화주 지정번호
3. 화물운송자 성명 및 생년월일
4. 보안통제 방법
5. 운송장 번호
6. 제15조제1항제1호 또는 제2호에 따른 감독자 또는 항공화물 통제 직원의 서명

7. 직원의 자격 및 교육훈련

항공화물의 보안통제를 담당하는 사람은 다음 각 호와 같고, 경찰청의 신원조사를 받아야 하며 신원조사 결과 범죄, 마약 또는 알코올 중독 경력이 없어야 한다. 다만, 경범죄 및 업무상 과실 또는 중대한 과실이 아닌 교통사고 등은 제외한다.

1. 상용화주 업체의 보안업무 감독자
2. 제1호의 자로부터 위임을 받아 항공화물을 통제하는 직원
3. 항공화물 보안검색장비를 사용하여 화물의 검색을 실시하는 사람
4. 항공화물관리지역으로 접근 또는 출입하는 사람을 통제하는 사람
5. 항공화물을 직접 포장하고 운반하는 사람

상용화주로 지정받으려는 자는 지정신청서 제출 시 신원조사 의뢰서를 국토교통부장관에게 제출하여야 하며 국토교통부장관은 경찰청에 신원조사를 의뢰하여 신원조사 결과를 상용화주에게 통보하여야 하고, 상용화주는 경찰청의 신원조사 결과를 보안통제업무를 하는 동안 계속 보관하여야 하며 점검자가 요청하는 경우 이를 제시하여야 하고, 보안통제를 하는 사람의 신체 및 건강요건에 대하여는 「국가항공보안계획」 부록 3의 기준[24]을 준용한다.

통제화물을 운송하는 운전자 및 보안통제업무를 수행하는 사람은 법 제28조 따른 「국가민간항공보안 교육훈련지침」에 따라 국토교통부장관이 지정한 교육기관에서 교육을 이수하여야 한다.

---

24) [부록 3] 항공보안검색요원 자격기준(10.1.1 관련)
1. 나이 : 만 18세 이상
2. 국적: 대한민국
3. 건강상태
가. 정신적 · 육체적으로 양호한 상태일 것
나. 신체요건
1) 두부 · 안면 · 경부 · 몸통 또는 사지에 검색업무 수행에 지장을 주는 변형 · 기형 또는 기능장애가 없을 것
2) 양쪽 눈이 교정하지 않은 상태에서 0.2이상 이거나, 양쪽 눈이 교정안경에 의하여 교정한 경우 0.8이상 일 것
3) 색맹 또는 색약이 아닐 것(다만, 색약의 경우 보정렌즈 등 교정기구를 통해 교정이 가능한 경우 제외)
4) 후각 및 청력이 정상일 것
5) 말하고 쓰는 능력이 정상일 것
6) 약물 의존 또는 알코올중독이 없을 것
4. 신원조사
가. 채용 전 반드시 신원조사 실시
나. 신원조사와는 별도로 최근 5년간의 경력조회 실시
5. 현장 직무교육
국가민간항공보안 교육훈련지침에 따른 교육과정 이수

8. 보고 및 지도감독

항공운송사업자는 상용화주가 규정을 위반하거나 항공화물에 대한 보안통제를 하지 아니하고 보안통제를 완료하였다고 허위로 통보한 사실을 인지한 경우에는 지방항공청장에게 보고하여야 한다.

상용화주는 시행규칙 제9조의3제1항제1호가목부터 나목까지의 사항[25]이 변경되거나 취소된 때에는 이를 지방항공청장에게 보고하여야 하며, 검색장비가 정상적으로 작동되지 아니한 상태로 검색을 하였거나 검색이 미흡한 사실을 알게 된 경우에는 지방항공청장에게 즉시 보고하여야 한다.

지방항공청장은 상용화주가 항공화물 보안프로그램에 따라 보안통제를 정상적으로 이행하고 있는지 여부를 확인하기 위하여 상용화주에 대한 점검을 연 1회 이상 실시할 수 있으며, 필요한 경우 불시점검을 정기적으로 실시하여야 하며 항공운송사업자와 합동으로 점검을 실시할 수 있다.

지방항공청장은 보고를 받은 경우에는 보안통제 능력 여부 확인 등 적절한 조치를 취하여야 하며, 국토교통부장관 또는 지방항공청장은 민간항공에 대한 위협에 신속한 대응이 필요한 경우에는 상용화주 또는 항공운송사업자에게 필요한 조치를 취하게 할 수 있다.

9. 서류보관 및 위해물품 처리

항공운송사업자는 상용화주가 제출한 화물명세서 및 항공화물보안신고서를 서류 또는 전산시스템으로 1년 이상 보관하여야 한다.

항공화물을 포장하거나 검사 시 폭발물 등 테러위협이 되는 항공화물을 발견한 경우에는 안전조치를 취한 후 지체 없이 인근 경찰서, 항공운송사업자 및 관할 지방항공청장에게 통보하여야 하며, 위협 통보를 받은 항공운송사업자 및 관할 지방항공청장은 국토교통부장관 및 국가정보원 공항보안실장 등에게 통보하여야 한다.

---

25) 제9조의3(상용화주의 지정절차 등) ① 법 제17조의2제4항에 따른 상용화주의 지정절차는 다음 각 호와 같다.
  1. 상용화주로 지정받으려는 자는 별지 제3호서식의 상용화주 지정신청서에 다음 각 호의 사항을 첨부하여 지방항공청장에게 제출할 것
    가. 보안검색장비 및 항공보안검색요원 등에 관한 사항을 포함한 항공화물 보안프로그램
    나. 「물류정책기본법」 제43조제1항 및 같은 법 시행규칙 제6조제2항에 따른 국제물류주선업 등록증(국제물류주선업자만 해당한다.)

제5장

항공화물보안 국제법규

제5장

항공화물보안 국제법규

제1절 ICAO부속서 17에서 정한 관련규정

1. ICAO부속서17(항공보안) 용어정의

○ **불법방해행위**(Acts of unlawful interference) : 민간항공의 안전을 위협할 수 있는 아래의 행위 또는 이러한 행위를 시도하는 것을 말하며, 이에 국한되지 않는다.

1. 항공기 불법 점유
2. 운항중인 항공기 파괴
3. 항공기내 또는 비행장에서 인질극
4. 항공기, 공항 또는 항행안전시설에 대한 무력 불법 침입
5. 범죄 목적으로 항공기내 또는 공항으로 무기, 위험장치 또는 물품을 반입하는 행위
6. 사망·중상에 이르게 하거나 재산이나 환경에 심각한 피해를 끼칠 목적으로 운항중인 항공기를 이용하는 행위
7. 공항 또는 민간항공시설 내에 있는 운항 또는 주기중인 항공기, 승객, 승무원,

지상조업자, 일반인의 안전을 위협하는 거짓정보를 제공하는 행위

○ **화물(Cargo)** : 우편물, 기내저장품, 동반수하물, 오처리 수하물 이외에 항공기로 운송되는 모든 물품

○ **항공기 보안점검(Aircraft security check)** : 의심스러운 물품, 무기, 폭발물 또는 기타 위험한 물품, 물체를 발견하기 위하여 승객이 접근할 수 있는 항공기 내부 및 화물칸 등을 점검하는 행위.

○ **고위험 화물 또는 우편물(High-risk cargo or mail)** : 등록되지 않은 화주에 의해 접수되거나 이상한 징후가 보이는 화물 또는 우편물과 다음중 하나에 충족하는 경우 고위험 화물 및 우편물로 간주됨.

- 화물 또는 우편물이 민간항공에 위협이 된다는 첩보가 있을 경우, 또는
- 화물 또는 우편물이 의심하기에 충분히 비정상적으로 보일 경우, 또는
- 해당 화물 또는 우편물 특성상 기본적인 보안 대책만으로는 항공기에 위협이 될 수 있는 금지 물품을 탐지하기 어려운 경우

화물 또는 우편물이 등록화주여부와 상관없이 국가의 특정 정보기관이 입수한 위탁화물에 대한 특정 첩보는 고위험 화물 또는 우편물로 간주되어야 함.

○ **인적요소 원칙(Human Factor Principles)** : 설계, 인증, 훈련, 운항 및 유지보수에 적용되며 인적 수행능력을 적절히 고려하여 사람과 다른 시스템 구성 요소간의 안전한 인터페이스를 추구하는 원칙.

○ **인적 수행능력(Human Performance)** : 항행 운영의 안전성, 보안성 및 효율성에 영향을 미칠 수 있는 인적 능력 및 한계

○ **상용화주(Known consignor)** : 모든 항공기에 화물, 우편물 운송을 하는데 충분한 일반 보안규정과 기준을 충족하는 절차를 가지고 있으며 자체 책임 하에 화물 또는 우편물을 발송하는 화주

○ **화물보안대행업체(Regulated Agent)** : 항공사와 거래하며 화물 또는 우편물과 관련하여 관계 당국이 인정하거나 요구하는 보안통제를 수행하는 대리인, 화물운송 주선인 또는 기타 관련업체

○ **보안검색(Screening)** : 불법방해행위에 사용될 가능성이 있는 무기, 폭발물 또는 기타 위험한 장치, 물품, 물질을 식별하거나 탐지하기 위한 기술적 또는 기타 수단의 적용

주) 특정한 위험물체 또는 위험물질은 부속서 18 및 '항공위험물 안전운송을 위

한 기술지침' (DOC9284)에 따라 위험물품으로 분류되며 해당 규정에 따라 운송되어야 함. 또한 항공보안매뉴얼(Doc 8973)의 "항공기내 반입금지물품"에서는 항공기 객실에 반입이 금지된 물품 목록을 포함

○ **보안평가**(Security Audit) : 국가 민간항공 보안프로그램 이행 전반에 대해 심층적으로 준수 여부를 점검하는 절차

○ **보안통제**(Security Control) : 불법방해행위에 사용될 가능성이 있는 무기, 폭발물, 기타 위험한 장치, 물품, 물질의 반입을 방지하기 위한 수단

○ **보안문화**(Security Culture) : 조직의 일상적인 운영에 내재된 보안 관련 규범, 가치, 태도 및 인식의 집합으로, 조직 내 모든 구성원과 직원의 행동과 태도를 통해 반영됨.

○ **보안점검**(Security Inspection) : 특정 보안조치에 대한 이행 효과성을 평가하기 위해 사전 통보 또는 사전 통보 없이 수행하는 점검

○ **보안제한구역**(Security Restricted Area) : 공항의 에어사이드(Airside)지역으로 보안상 위험구역으로 지정된 곳으로, 출입통제 외에 추가적인 보안 통제가 적용되는 구역

○ **환적화물 및 우편물**(Transfer cargo and mail) : 도착 항공기가 아닌 다른 항공기로 운송되는 화물 및 우편물

○ **미확인 수하물**(Unidentified Baggage) : 공항에 있는 수하물 중에서 태그 유무와 관계없이 승객이 찾아가지 않거나 승객과 연관되지 않은 수하물

○ **비예측성**(Unpredictability) : 규정된 체계에 따라 불규칙한 빈도로 다른 장소에서 다양한 방법들을 적용함으로써 보안조치 억제효과와 효율성을 높이기 위한 보안조치의 이행

2. ICAO 부속서 17에서 정한 항공화물보안 관련규정

○ 4.6 화물, 우편물, 기타물품 관련대책 (ICAO 부속서 17)

4.6.1 각 체약국은 상업용 항공운송을 위한 항공기에 화물 및 우편물이 탑재되기 전에 적용 가능한 지점에서 보안검색을 포함한 적절한 보안통제를 받도록 하여야 한다.

4.6.2 각 체약국은 화물보안대행업체 및 / 또는 상용화주가 화물 및 우편물에 대한 보안검색 또는 보안통제 이행에 관여하고 있다면 이들의 승인을 포함하는

공급망 보안절차를 수립하여야 한다.

4.6.3 각 체약국은 상업용 항공기에 탑재되는 화물 및 우편물이 보안검색 또는 기타 보안통제가 적용되는 시점부터 항공기가 출발할 때까지 비인가된 방해 행위로부터 보호되도록 하여야 한다.

4.6.4 각 체약국은 고위험 화물 및 우편물에 대한 위협을 충분히 방지할 수 있도록 강화된 보안 대책이 실행되도록 하여야 한다.

4.6.5 각 체약국은 화물보안대행업체 또는 관계당국의 승인을 받은 업체에 의해 보안검색 또는 기타 보안통제가 실시되지 않을 경우에 상업용 항공기에 화물 또는 우편물을 항공운송사업자가 접수하지 않도록 하여야 한다. 화물보안대행업체 또는 관계당국의 승인을 받은 업체에 의해 확인되고 보장되지 않은 화물 및 우편물은 반드시 보안검색을 받아야 한다.

4.6.6 각 체약국은 상업 항공기에 탑재될 기내식, 기내 물품 및 보급품이 적절한 보안통제를 받도록 하여야 하며, 이러한 통제에는 공급망 보안절차 또는 보안검색이 포함될 수 있고 해당 물품은 항공기에 탑재될 때까지 보호되어야 한다.

4.6.7 각 체약국은 공항 보호구역에 반입되는 상품 및 보급품이 적절한 보안통제를 받도록 보장하여야 하며, 이러한 통제에는 공급망 보안절차 또는 보안검색이 포함될 수 있다.

4.6.8 각 체약국은 화물 및 우편물이 확인되고 설명이 완료된 보안상태를 부여하도록 보장하여야 하며, 이 보안상태는 공급망에 따라 운송되는 동안 전자적 또는 서면 형식으로 동봉될 수 있도록 하여야 한다.

4.6.9 각 체약국은 환적화물 및 우편물이 자국 영토에서 출발하는 상업용 항공운송 항공기에 탑재되기 전에 적절한 보안통제를 받도록 보장하여야 한다.

4.6.10 각 체약국은 화물 및 우편물에 대한 보안검색이 수행되는 경우에 화물특성을 고려하여 적절한 보안검색 방법을 사용하여 보안검색을 하여야 한다.

4.6.11 권고 - 각 체약국은 자국 영토로 반입되는 환적화물 및 우편물이 적절한 보안통제를 받았음을 확인할 수 있는 적절한 절차를 마련해야 한다.

3. 기타 ICAO 부속서에서 정한 항공화물보안 관련규정

1) '부속서 9 – 출입국 간소화'에서 발췌

제4장. 화물 및 기타 물품의 반입 및 반출

4.6 체약국은 일반적으로 수입 또는 수출될 화물에 대해 물리적 검사를 요구해서는 안 되며, 어떤 물품을 검색할지 여부와 어떤 범위까지 할지 범위를 결정하기 위해 위험 관리 기법을 사용해야 한다.

4.7 가능한 경우, 효율성 향상을 위해 수출입 될 물품의 물리적 검사를 용이하게 하는 현대적인 보안검색 또는 검사기술이 사용되어야 한다.

2) '부속서 18 – 항공위험물품의 안전 운송' 중에서 발췌

제2장. 적용 가능성

2.2 위험물품 기술 지침

2.2.1 각 체약국은 ICAO 이사회가 수립한 절차에 따라 승인되고 주기적으로 발행되는『항공위험물 안전운송을 위한 기술지침서(Doc 9284)』에 포함된 세부 규정을 준수하기 위해 필요한 조치를 취하여야 한다.

또한, 각 체약국은「기술지침서」원본에 명시된 적용기간 중에 새로 발표될 수 있는 모든 개정사항에 대해 준수할 수 있도록 필요한 조치를 취해야 한다.

2.2.2 *권고. - 각 체약국은『기술지침서』를 적용하는 과정에서 발생하는 애로점과 자국에 바람직한 지침서의 개정사항을 ICAO에 통보하여야 한다.*

제10장. 교육훈련 프로그램

10.1 교육훈련 프로그램 수립

위험물 초기 및 정기 교육훈련 프로그램은 기술지침서에 따라 수립되고 유지되어야 한다.

제13장. 위험물 보안 조치

각 체약국은 사람, 재산 또는 환경에 위해를 가할 수 있는 위험물의 도난 또는 오용을 최소화하기 위하여 항공기를 이용한 위험물 운송에 종사하는 화주, 항공운송사업자 및 기타 관련 종사자에게 적용되는 위험물 보안조치를 수립하여야 한다. 이러한 조치는 다른 부속서와 기술지침서에 명시된 보안 조치에 적합하여야 한다.

3) 'ICAO Doc 9284 - 항공위험물 안전운송을 위한 기술지침'에서 발췌

1부. 총칙

제4장. 위험물 교육

이 장의 일부 조항은 국가별 차이(AE 2, BR 7, CA 11, HK 1, OM 2, VE 5, VE 6)의 영향을 받는다. 자세한 사항은 표 A-1을 참조할 것.

주) 이 장의 특정 조항들의 적용이 이전 판의 기술지침서와 다를 경우(예: 이해도를 검증하기 위한 시험 대신 평가를 실시하거나, 표 1-4에 명시된 교육 항목을 적용하는 경우 등), 2019-2020 개정판 지침서의 Part 1;4에 포함된 훈련 관련 조항들이 '부속서 4'에 수록되어 있으며, 이는 2022년 12월 31일까지 사용할 수 있다.

4.1 교육훈련 프로그램 수립

주) 교육훈련 프로그램에는 설계 방법론, 평가, 초기교육 및 정기교육, 교관자격 및 역량, 교육기록, 교육효과성 평가와 같은 요소들이 포함된다.

4.1.1 이 지침에 따라 위험물이 운송되도록 직무를 수행하는 인력의 고용주는 위험물 교육프로그램을 수립하고 이를 유지하여야 한다.

주1) 인력이 자기에게 부여된 어떠한 직무도 유능하게 수행할 수 있는 역량을 갖추도록 하는 입문서는 《위험물 교육 및 평가에 대한 역량기반 입문지침서(Doc 10147)》에 제시되어 있다.

주2) 승객 및 승무원, 그들의 수하물, 화물 또는 우편물에 대한 보안검색 업무에 종사하는 보안요원은 해당 승객 또는 화물을 운송하는 항공운송사업자가 위험물을 화물로 운송하는지 여부와 관계없이 교육을 이수해야 한다.

4.1.2 모든 항공운송사업자는, 자신이 위험물을 화물로 운송하도록 승인을 받았는지 여부와 관계없이, 위험물 교육 프로그램을 수립해야 한다.

4.1.3 교육훈련 과정은 고용주가 직접 개발하여 제공하거나, 고용주를 대신하여 개발 및 제공될 수 있다.

제2절 ICAO 항공보안지침서에서 정한 관련규정

ICAO DOC 8973 제13차 개정판 항공보안지침서(Aviation Security Manual) 에서는 항공화물보안에 대한 세부적인 규정을 마련하여 지침서로 제공하고 있다. 이에 항공보안화물 보안과 관련한 규정인 "제13장 항공화물과 우편물"을 번역하여 기술하였다.

제13장 항공화물과 우편물

13.1 취약점, 위협 및 위험평가

13.1.1 개요

13.1.1.1 항공화물과 우편물은 2가지 위협에 직면해 있다.

a) 항공기에 탑재되는 화물과 우편물에 급조폭발물 설치

b) 항공기의 불법적인 납치를 통해 지상 목표물을 공격하는 수단으로 모든 화물 항공기의 사용

13.1.1.2 항공화물과 우편물 보안의 범주에서 그리고 특히, 과거에 상용 항공기에 급조폭발물을 위탁수하물에 숨겨 공격했던 점에서 볼 때, 화물과 우편물을 통한 민간항공에 대한 불법방해행위 억제를 위한 보안성 유지는 필수적이다.

a) 현재 항공화물과 우편물 산업 환경은 규모의 증대와 함께 복잡성이 증대되고 있고

b) 이러한 성장과 복잡성에 대응하기 위한 산업의 역량은 항공화물과 우편물을 다루고 공급망에 출입하는 다양한 관련자들에 의해 위협받고 있으며

c) 테러리스트와 언론이 보급한 정보의 결과로 항공화물 공급망의 취약성에 대한 인식이 증가하고 있다.

13.1.1.3 정기적인 위험평가는 실시되어야 하고 보안대책이 검토되어야 한다. 그리고 필요하다면 위험평가는 위험에 상응되어야 한다. 가능하다면 이와 같은 검토는 산업계와의 논의가 필요하다. 그러나 어떠한 조정 결과도 이 장의 보안대책 큰 틀의 기본을 훼손하여서는 안 된다.

13.2 원칙

13.2.1 개요

13.2.1.1 항공화물과 우편물은 다음의 목적을 충족하는 운영 환경에서 항공기에 의해 운송되어야 한다.

a) 항공화물과 우편물은 보안 공급망에 의해 반입되어야 하거나 금지된 물품을 효과적으로 탐지하기 위해 보안검색이 되어야 한다.

b) 기본적인 보안검색 이상의 추가적인 보안대책은 화물과 우편이 고위협이라고 간주될 때 진행되어야 한다.

c) 일단 화물과 우편물에 대한 보안이 적용되었다면, 이는 경유지와 환적지를 포함한 전 운송 구간에 걸쳐 보안이 유지되어야 한다.

d) 화물과 우편물 운영은 품질 관리와 감시의 대상이 되어야 한다.

e) 불필요한 중복검색은 배제되어야 한다.

13.2.1.2 위 목적에 따라 이 장에서는 위탁 화물이 공급망에 진입한 지점부터 마지막 도착 공항까지 보안검색되는 화물과 우편의 보안에 관해 고찰한다. 이 지침서는 단지 화물과 우편물 운영과 관련이 있고, 일반적인 보안관리에 관해서는 다루지 않는다. 그런 점에서 이 지침서는 이 매뉴얼의 9장(보안 관리체계)과 연관되어 사용되어야 한다.

13.2.1.3 위 목적을 충족하기 위한 운영 환경은 각 체약국에 의하여 조성되어야 하고, 체약국의 법률 안에서 규정, 이행 및 절차를 포함한 법적 체계 등을 통하여 이행하는 것은 각 체약국의 책임사항이다.

참고. - 이 장에 포함된 지침서, 그리고 관련된 부록에서 달리 지시가 없다면 “화물”이라는 단어는 화물과 우편물을 포함한다.

13.3 항공화물 보안 공급망

13.3.1 개요

13.3.1.1 항공화물 보안 공급망은 위탁화물의 무결성을 위해 검색 혹은 보안 통제가 시작된 시점부터 경유지 / 환적지를 통과하여 마지막 도착 공항까지 적용된 모든 연관된 보안절차의 집합이다.

13.3.1.2 이 지침에 설명된 보안 공급망은 상용 항공기(예, 여객기 또는 화물전용기)로 운송될 화물의 보안검색 및 확보를 위한 모범사례를 제시하며, 체약국이 자체 항공화물 보안프로그램을 이행하는 방식에 유연성을 제공합니다. 항공화물 보안 공급망의 전체과정을 설명하는 도표는 부록 30에서 찾아볼 수 있으며, 이 도표에는 본 장의 뒷부분에서 상세히 다루어질 여러 프로세스들이 포함되어 있습니다.

13.3.1.3 체약국은 보안효과를 극대화하고 무역 원활화에 미치는 영향을 최소화하기 위해 이러한 모범사례를 따르도록 권고된다.

13.3.1.4 보안 공급망의 핵심은 시설보안, 인사(인력)보안, 교육, 보안검색, 보호와 준수 / 감시(수준관리)이다. 적합한 당국은 각 핵심과 연관된 보안 통제가 보안 공급망 내에서 각 운영기관에 의해 완벽하게 이행되는 것을 보장해야 한다.

13.3.1.5 화물보안대행업체, 상용화주, 등록화주, 그리고 항공운송사업자는 보안 공급망 절차이행에 있어 기본적인 주체이다. 다만, 보안 공급망을 통해 운송되는 과정에서 위탁 화물은 여러 관계자 또는 공인된 대리인에 의해 취급될 수 있음을 유의해야 한다. 따라서, 보안 공급망을 구축하는 목적은 적절한 주체에 의해 보안검색되거나 보안조치된 화물 및 우편물만이 항공기를 통해 운송되도록 보장하는 것이다.

13.3.1.6 적절한 공급망 주체에 의해 적절한 항공화물 보안 공급망의 보안 조치가 적용된 항공 위탁화물은 "보안 화물(Secure Cargo)"로 간주될 수 있다.

13.3.1.7 실제 적용에 있어, 공급망 시스템은 운영 비즈니스 모델에 따라 다양하다. 어떤 주체는 하나 또는 다수의 공급망 지점을 통제함으로써, 이에 따라 많은 기능을 수행한다. 동시에, 출발지부터 목적지까지의 전체 이동 과정과 보안 통제에 관여하기도 한다.

13.3.1.8 전체 공급망 프로세스를 통한 화물과 우편물의 흐름은 다양한 이행주체 간 관계를 통하여 구성된다. 이는 [그림 13-1]에 간단한 모델로 설명되어 있다.

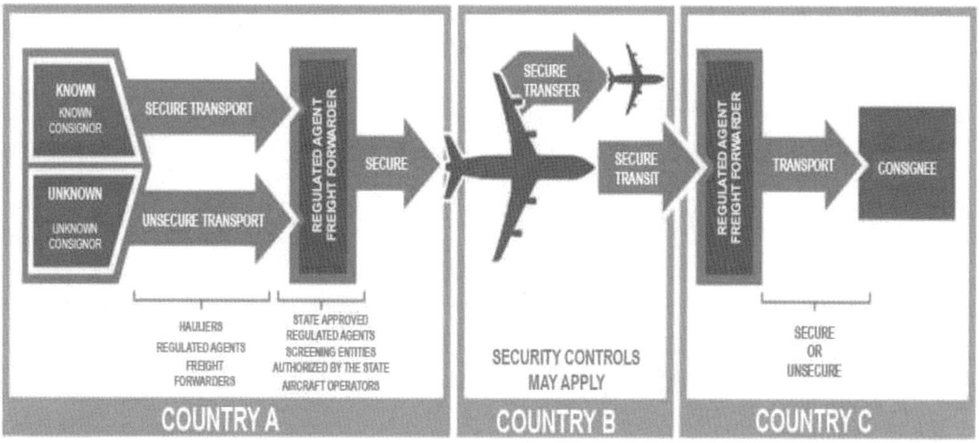

Figure 13-1. Air cargo supply chain

보안 화물과 비보안 화물(Secure and unsecure cargo)

13.3.1.9 항공운송을 위해 화물이 접수될 수 있는 세 가지 범주 중 하나에 해당하고, 항상 무단 개입으로부터 보호되었을 경우는 다음과 같다.

a) 알려진 발송인으로부터 출발한 경우; 또는

b) 규제된 대리인, 승인된 기관 또는 적절한 당국에 의해 검사를 받은 경우

13.3.1.10 화물은 다음 조건을 충족하면 보안 화물로 간주 될 수 있다.

a) 규제된 대리인에 의해 적절한 검사 방법을 사용하여 검사를 받은 경우; 또는

b) 적절한 당국에 의해 승인된 알려진 발송인으로부터 출발한 경우

13.3.1.11 보안화물은 항공기에 탑재될 때까지, 이후에 환적 및 경유지역에서도 보안 공급망 주체의 관리 하에 유지되어야 하며 불법적인 방해로부터 보호되어야 한다.

13.3.1.12 보안조치가 되지 않은 화물은 위의 규정에 따라 보안되지 않은 모든 화물을 의미한다.

13.4 주요 주체

13.4.1 개요

13.4.1.1 항공화물 보안 공급망시스템에는 화물보안대행업체, 상용화주, 등록화주와 항공운송사업자는 핵심 주체로 참여한다. [그림 13-2]는 민간 항공기에 탑재될 때까지 보안 공급망을 통한 화물 흐름을 보여준다.

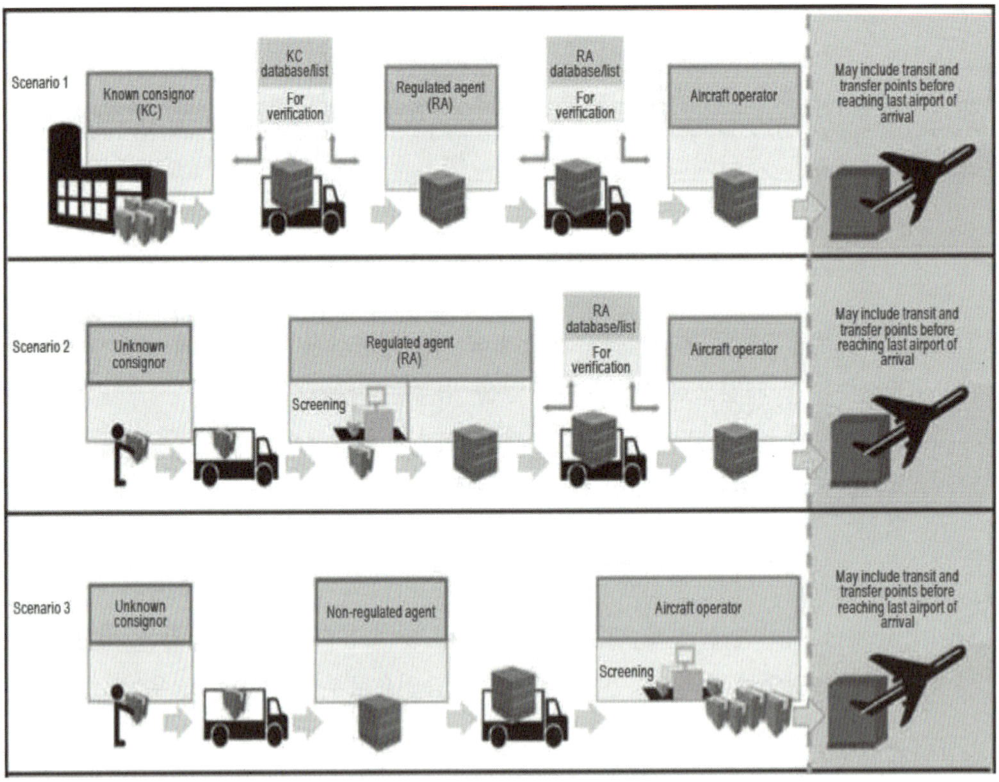

Figure 13-2. Movement of cargo and mail through a secure supply chain

13.4.1.2 체약국은 보안 공급망의 핵심 주체들을 위한 보안요건을 수립하는 적절한 법규나 규제 체계를 제정해야 한다. 이러한 법규 또는 규제 체계는 보안 공급망 내에서 운영하고자 하는 주체들의 승인 및 취소절차를 정의하고 각 주체의 보안 프로그램을 효과적으로 구현할 수 있도록 이들 주체가 적용해야 할 역할, 책임 및 보안조치를 명확히 정의해야 한다.

13.4.2 화물보안대행업체

13.4.2.1 화물보안대행업체는 항공운송사업자와 거래하며, 항공화물 및 우편물에 대해 해당 당국이 승인하거나 요구하는 보안통제를 제공하는 화물 포워더와 같은 주체를 의미한다. 항공운송사업자도 화물보안대행업체의 행위를 수행하기도 한다. 체약국은 화물보안대행업체의 승인절차를 수립해야 하고, 화물보안대행업체의 데이터베이스 또는 목록을 구축해야 한다. 화물보안대행업체의 승인 프로세스 모델은 부록 31에서 확인할 수 있다.

13.4.2.2 화물보안대행업체 개념의 목적은 출발공항에서 모든 화물을 보안검색하는 대신, 보안통제의 실질적인 이행 책임이 있는 화물보안대행업체에게 부여함으로써 공급망 전체에 걸친 항공화물 및 우편물 운송의 보안을 보장하는 것이다.

13.4.2.3 화물보안대행업체 자격은 항공운송사업자에게 화물보안대행업체로부터 받은 화물 및 우편물에 적용된 보안 통제기준에 대해 보증할 수 있어야 한다.

13.4.2.4 화물보안대행업체로 승인받기 위해서 신청자는 먼저 사업을 수행할 국가의 관련 당국으로부터 인정 및 승인받아야 하는 화물보안대행업체 보안 프로그램을 개발해야 한다. 이러한 프로그램은 두 가지 중 하나의 형태일 수 있다.

a) 항공운송사업자 또는 화물 포워더와 같은 주체에 의해 개발되고 관련 당국에 의해 승인된 화물보안대행업체 보안 프로그램
b) 화물보안대행업체를 원하는 주체에 의해 수행되고 관련 당국에 의해 승인되고 개발되었고 각 주체에 맞게 수정된 보안 견본 프로그램

13.4.2.5 화물보안대행업체 보안 프로그램이 국가 요구사항을 준수하는 것으로 인정되면, 신청자는 다음 사항을 확인하기 위해 적합한 관련 당국 또는 관련 당국

을 대신하도록 승인된 기관이 실시하는 점검을 받아야 한다.

a) 물리적, 절차적인 보안 기준은 적합한 권한 당국에 의해 결정된 보안 프로그램에 명시된 대로 규제 요구사항을 준수해야 한다.

b) 화물과 우편물을 취급하는 사람이나 항공화물과 우편물의 보안 접근에 제한이 없는 사람들을 위해 일정 간격을 두고 실시하는 재교육을 포함하는 보안 교육 프로그램은 적합한 권한 당국의 승인을 받도록 개발되어야 한다.

c) 항공화물 및 관련 문서를 다루는 권한을 가진 직원의 신원조사를 실시해야 한다.

13.4.2.6 관련 당국 또는 그 대리기관의 점검이 성공적으로 완료되면, 신청자는 화물보안대행업체로 승인받을 수 있다. 그리고 그 이름과 고유 식별 코드는 관련 당국이 관리하는 공식 항공화물 데이터베이스 또는 목록에 추가되어야 한다.

참고. - 화물보안대행업체를 위한 보안요건에 대한 더 많은 정보는 화물보안대행업체 보안프로그램 템플릿을 포함하여 부록 31에서 확인할 수 있다.

13.4.2.7 화물보안대행업체는 5년을 초과하지 않는 정기적인 주기로 관련 당국에 자격갱신을 신청해야 하며, 그렇지 않으면 그 자격은 자동으로 취소된다.

13.4.2.8 관련 당국은 위험평가에 따라 결정된 빈도로 정기적 또는 불시로 검사를 수행함으로써, 화물보안대행업체의 필수 보안조치 이행에 대한 감독을 유지해야 한다. 또한, 체약국은 불시검사를 수행하는 것을 고려할 수 있다. 관련 당국은 이를 대신하여 수행할 주체에게 위임할 수 있습니다. 그러나 보안 프로그램을 준수하지 않는 것으로 판명된 화물보안대행업체에 대해 적절한 집행조치를 취하는 최종 책임은 관련 당국이 계속해서 부담해야 한다.

13.4.3 상용화주

13.4.3.1 상용화주란 자체적으로 화물 및 우편물을 발송하며, 그 절차가 관련 당국이 정한 일반적인 보안 규칙 및 기준을 충족하여 어떤 항공기에 해당 화물 또는 우편물의 운송이 허용되기에 충족한 화주를 말한다.

13.4.3.2 상용화주 개념의 목적은 보안 통제의 실질적인 이행 책임을 화물의 실제 송하인이나 발송자에게 부여하여, 공급망을 통하여 운송하는 항공 화물 및 우

편물의 보안을 보장하는 것이다. 이를 위해 화물은 출발지부터 보안 공급망 전체에 걸쳐 무결성을 보장하고 불법 간섭으로부터 보호하는 방식으로 생산, 포장, 보관, 운송 및 취급되어야 한다.

13.4.3.3 상용화주 자격은 상용화주로부터 받은 화물이나 우편물에 적용되는 보안 통제기준에 대해 화물보안대행업체와 항공운송사업자에게 보증할 수 있어야 한다.

13.4.3.4 상용화주로 승인받기 위해서는 제조업체나 조립업체와 같은 사업체가 관련 당국으로 부터 승인한 상용화주 보안 프로그램을 수립해야 한다. 이러한 프로그램은 두 가지 중 하나의 형태일 수 있다.

a) 제조업체나 조립업체와 같은 사업체가 수립하여 관련당국의 승인을 받은 상용화주 보안 프로그램

b) 상용화주로 운영하고자 하는 사업체를 위해 관련당국이 개발한 보안 프로그램 모델로서 개별사업체에 수정하여 수용 및 이행하는 것.

13.4.3.5 상용화주 보안프로그램이 국가의 요구사항을 준수하는 것으로 승인되면 신청자는 다음 사항을 확인하기 위해 적합한 관련당국(또는 적합한 관련당국을 대신하도록 승인된 기관)의 점검을 받아야 한다.

a) 물리적, 절차적인 보안기준은 보안 프로그램에 명시된 대로 규제 사항을 준수해야 한다.

b) 화물과 우편물을 취급하는 사람들을 위해 일정 간격을 두고 실시하는 재교육을 포함하는 보안교육 프로그램은 적합한 관련당국의 승인을 받도록 개발되어야 한다.

c) 항공화물 및 관련 문서를 다루는 권한을 가진 직원의 신원조사를 실시해야 한다.

13.4.3.6 적합한 관련 당국 또는 그 대리기관의 점검이 성공적으로 완료되면 신청자는 상용화주로 승인받을 수 있다.

13.4.3.7 상용화주는 일정한 주기로 관련당국에 갱신 또는 자격에 대해 신청해야 하며 5년을 초과하지 않도록 한다. 그렇지 않으면 승인상태는 자동으로 취소된다.

13.4.3.8 신청자가 필수요건을 충족하게 되면 관련 당국은 사업체를 상용화주로 승인하고 사업체 이름과 고유식별코드를 관련 당국이 관리하는 공식 항공화물 데이터베이스나 목록에 이름을 추가할 수 있다. 상용화주 보안 프로그램 템플릿을 포함하여 상용화주의 보안 요건에 대한 자세한 지침은 부록 32에서 확인할 수 있다.

13.4.3.9 관련 당국은 정기적인 점검을 통해 상용화가 필수적인 보안조치를 이행하고 있는지 감독해야 하며, 국가는 불시점검을 실시할 수 있다. 관련 당국은 이 기능을 대행할 다른 기관을 지정할 수 있다. 그러나 관련 당국은 보안 프로그램을 준수하지 않는 것으로 판명된 상용화주에 대해서는 적절한 강제 조치를 취한 책임이 있다는 것을 보장해야 한다.

13.4.4 세관의 수출입안전관리우수업체(AEO) 자격을 보유하거나 취득하려는 사업체에 대한 화물보안대행업체/상용화주 승인

13.4.4.1 화물보안대행업체 또는 상용화주 자격 신청을 심사할 때 관련 당국은 세계관세기구(WCO)의 "국제무역의 안전 및 원활화를 위한 표준 프레임 워크(SAFE FoS)" Pillar 2, 표준 2.2 및 부속서 Ⅳ에 따라 수출입안전관리우수업체(AEO) 승인을 위해 국가 세관당국이 실시한 감사결과를 고려할 수 있다. 이는 관련 세관당국이 신청한 사업체의 현장감사를 실시한 경우, 해당 감사가 "국가 항공화물 보안 프로그램(NCASP)"에 명시된 화물보안대행업체/상용화주 승인의 유효기간 내에 이루어졌다면, 화물보안대행업체/상용화주 보안 프로그램의 관련내용을 검증하기 위한 현장점검으로 인정할 수 있다.

13.4.4.2 관련 당국은 화물보안대행업체 현장에서 수행된 모든 보안검색과 "국제무역의 안전 및 원활화를 위한 표준 프레임 워크(SAFE FoS)"의 수출입안전관리우수업체(AEO)를 위한 요구사항 외에 화물보안대행업체/상용화주에 대한 국가 항공화물 보안 프로그램(NCASP)의 추가 요건이 관련규정을 완전히 준수하는지 확인할 책임이 있다.

13.4.4.3 AEO 인증서 및 관련 세관당국의 평가는 신청자가 관련 당국에 제공해야 한다.

13.4.4.4 세관당국이 실시한 감사를 바탕으로 화물보안대행업체/상용화주로 승인된 사업체는 이후 AEO(수출입안전관리우수업체) 인증서에 변경사항이 있을 경우 관련당국에 통보해야 한다. 만약 관련당국이 SAFE FoS Pillar 2, 표준 2.2 및 부속서 IV에 따라 AEO 인증서 보유자격을 상실하거나, 규정 미준수로 인해 AEO 인증서 효력이 정지되면, 관련당국은 즉시 화물보안대행업체/상용화주에 대한 국가 항공화물 보안 프로그램(NCASP)의 요건을 준수하고 있는지 여부를 신속히 확인해야 한다.

13.4.4.5 사업체가 화물보안대행업체/상용화주 자격과 AEO(수출입안전관리우수업체) 자격을 모두 신청하려는 경우, 관련당국 국가 세관당국과 합의를 통해 공동 신청절차를 마련할 수 있다. 이 절차에는 두 기관의 관련 요건을 모두 포함하는 보안 프로그램 요구사항과 해당 사이트에 대한 공동 검증이 포함될 수 있다.

13.4.4.6 관련당국과 국가 세관당국 간에는 정보교환을 위한 절차가 수립되어야 한다. 이는 신규 승인, 자격 철회, 재검증 및 점검 결과에 대한 최신 정보가 포함되어야 한다.

참고) 세관 AEO와 화물보안대행업체/상용화주 프로그램을 조정하는 지침은 부록 30에서 확인할 수 있다.

13.4.5 다른 참여자들

해상, 철도, 트럭 운송('운송업자'라고도 함)과 같은 다른 화물 및 우편물 운송방식도 시스템에 통합될 수 있다. 트럭운송은 장거리 운송을 의미한다. 공급망 내의 사업체(화물보안대행업체, 상용화주, 등록화주 및 항공운송사업자)간 화물운송은 해당 사업체나 그 공인 대리인(예 : 체약국의 국가 항공화물과 보안 공급망 프로그램의 자격요건에 충족하는 운송업자)에 의해 수행되어야 한다. 지상 운송 또는 환적 중에 화물이 허가받지 않은 간섭으로부터 보호되도록 하여야 한다. 지상운송 중에 적절하게 보호되지 않은 화물은 보안 공급망을 이탈한 것으로 취급되어 상업용 항공운송에 사용되는 항공기에 탑재되기 전에 보안검색을 받게 된다.

13.5 보안 공급망의 핵심

13.5.1 개요

13.5.1.1 항공화물과 우편물이 적절한 보안 조치를 받게 하려면, 공급망 전반에 걸쳐 조화롭고 공통으로 합의된 보안통제가 필수적이며, 이러한 조치는 전체 보안 공급망을 통한 화물 이동을 용이하게 하면서도 효과적인 보안을 제공하도록 설계되어야 한다. 안전한 공급망 모델을 도입하면 다음과 같은 이점들을 얻을 수 있다.

a) 보안검색을 포함한 보안통제의 책임이 공급망 이해관계자들 사이에 공유되고 적용됨으로써 공항 운영 부담을 줄여줌.

b) 위탁 화물을 한 주체에서 다른 주체로 안전하게 이동 및 이송

c) 항공화물 공급망의 각 지점에서 화물이 불법 방해로부터 보호되도록 적절한 보안통제가 적용됨을 보장.

13.5.1.2 보안 공급망 프로그램을 수립할 때에는 다음 7가지 핵심요소에 따라 특정한 보안통제를 적용해야 한다.

a) 시설 보안

b) 인원 보안

c) 교육

d) 보안검색

e) 보안 화물 보호

f) 관리 연속성

g) 감독 및 준수

13.5.2 시설보안

13.5.2.1 시설보안은 항공화물 및 우편물을 접수, 보안검색, 준비, 보관 또는 운송하는 시설에 대한 비인가된 개입을 탐지하고 방지하는 절차와 조치를 의미하며, 물리적 장벽 및 출입통제가 포함된다.

13.5.2.2 안전 화물 및 우편물 보관시설은 화물 및 우편물이 무단으로 방해받는 것을 방지하고 탐지할 수 있도록 충분한 보호기능을 제공해야 하며, 이는 다른

보안 통제 외에도 화물 건물 내부에 다음과 같은 보호 조치를 시행함으로써 달성될 수 있다.

a) 모든 선적과 반입통로는 사용되지 않을 때에는 닫고 잠그거나 경비하여야 하며, 만약 환기가 필요한 경우 잠금장치가 있는 금속망 출입문을 설치할 수 있다.

b) 화물 선적과 반입통로는 가능하면 침입탐지장치 또는 다른 형태의 침입방지장치를 갖추어야 한다.

c) 차량 출입구는 보안동제를 회피하는 통로가 될 수 있으므로 사람이 건물에 출입하는데 사용해서는 안 된다.

d) 문은 양호한 상태인지, 훼손되지 않았는지 자주 점검해야 한다.

e) 화물시설 및 구역에 대한 접근은 운영상 필요한 사람, 안화물을 다루기 적절한 보안교육을 받은 사람으로 제한되어야 하며, 또한 항공화물에 단독으로 접근하는 사람은 관련기관 또는 관련당국으로부터 적절하게 보안검색을 받고 승인을 받아야 한다.

f) 인원출입문은 출입통제가 보장되도록 설계하고 설치되어야 하며, 또한 이 출입문은 사용하지 않을 때는 잠그거나 경비원이 지켜야 한다.

g) 비상출입문으로만 사용되며 지속적으로 감시되는 않는 문에는 중앙에서 모니터링되는 경고장치가 설치되어야 한다.

13.5.2.3 보안화물은 비보안 화물과 분리되어야 하며, 항공기에 적재되거나 공급망 내 다음 주체에게 발송될 때까지 지정된 보안구역에 보관되거나 경비원이 지켜야 한다.

13.5.2.4 지정된 구역은 무단 접근이 방지되도록 벽, 철망, 구획, 방 또는 건물로 다른 구역과 분리될 수 있으며, 봉인 또는 잠금장치 훼손여부를 알 수 있게 하거나 침입탐지시스템을 사용하여 보호되어야 한다.

13.5.2.5 보안 화물이 보안이 확보되니 않은 장소 또는 화물의 무결함을 보장하지 않는 장소에 보관될 경우, 이는 비보안 화물로 간주되며, 항공기에 탑재되기 전에 적절한 보안검색을 받아야 한다.

13.5.2.6 불법방해행위가 의심될 경우 즉시 취해야 할 조치에 대한 자료를 시설 내

에서 즉시 비치하여야 한다.

참고) 시설보안에 대한 추가 정보는 제11장에서 확인할 수 있다.

13.5.3 인원 보안

13.5.3.1 인원보안은 보안검색뿐 만 아니라, 법적으로 허용될 경우 범죄기록을 포함한 개인의 신원과 과거 경력을 확인하는 절차와 조치들이 포함된다. 이상적으로 이러한 확인대상이 보안검색을 수행하거나 항공화물 및 우편물이 접수, 보안검색, 준비, 보관 또는 운송되는 구역에 단독으로 접근하는 인원 및 권한이 있는 대리인, 그리고 항공 화물 및 우편물 운송 관련 정보에 접근하는 인원까지 포함해야 한다.

13.5.3.2 관련당국은 다른 국가 당국들과 협력하여 항공화물 및 우편물에 단독으로 접근하는 사람에게 필요한 신원 조회 요건을 수립해야 한다.

13.5.3.3 이러한 신원조사는 다음을 포함해야 한다.

a) 범죄 경력(법적으로 허용되는)

b) 고용전 또는 근무경력

13.5.3.4 국가는 필요에 따라 알려진 범죄 또는 테러조직과의 연관성에 대한 신원조사를 실시하거나 필요할 경우 추가적인 보안 허가를 요구할 수 있다.

13.5.3.5 어떤 종류의 신원조사나 기타 조사가 법적으로 금지된 국가의 경우, 관련당국은 항공화물이나 우편물에 동행 없이 단독으로 접근해야 하는 특정 개인에게 직원 보안검색과 같은 특별 보안통제를 적용하도록 요구할 수 있다.

참고) 기록유지를 포함한 채용 및 선발절차에 대한 추가 정보는 제8장에서 확인할 수 있다.

13.5.4 교육

보안 공급망 내의 관련주체의 직원 및 권한을 부여받은 대리인은 명확히 수립된 교육과정 요건 및 숙련도 기준을 포함하는 해당 프로그램과 직무요건에 따라 화물보안 및 보안검색 교육을 받아야 한다. 또한 관련주체들은 조직 내에 높은 수준의 보안인식을 이끌어 낼 수 있는 보안 문화를 구축해야 한다.

참고) 교육요건과 보안 문화에 대한 더 많은 정보는 제8장과 제9장에서 확인할 수 있다.

13.5.5 보안검색

보안검색 기법 및 기술의 사용

13.5.5.1 항공으로 운송되는 화물 및 우편물은 다양한 크기, 무게, 밀도 등 광범위한 물품을 포함한다. 보안검색은 화물이나 우편물의 특성을 고려해야 하며, 위탁화물 내에 IED(급조폭발물)가 은닉되어 있지 않았음을 충분히 보장해야 한다.

13.5.5.2 항공화물과 우편물 위탁화물보안을 수행하는 보안검색요원은 적절히 교육을 받고 감독을 받아야 하며, 그들의 교육에는 적절한 기법과 기술을 선택하는 방법도 포함되어야 한다. 보안검색은 일반적으로 IED(급조폭발물)이 있는지 더 잘 탐지할 수 있도록 화물이 포장되기 전에 개별 단위(Piece Level)로 수행되어야 한다. 보안검색요원은 위탁 화물 내용물과 설명이 일치하지 않는 이상징후에 대해 경계해야 한다.

13.5.5.3 물품의 특성 때문에 효과적으로 보안검색 할 수 없거나 적절한 방법이 없는 경우에는 항공 운송을 해서는 안 된다.

13.5.5.4 IED(급조폭발물)의 부품들, 즉 뇌관, 전원, 전선, 또는 폭약을 탐지하도록 승인된 위협탐지기법 및 기술들은 다음과 같다:

a) 육안검사 (VCK);

b) 물리적 검사/수동 검색;

c) 재래식 X-ray

  1) 단일 뷰

  2) 다중 뷰

  3) 중성자 스캐너

d) 알고리즘 기반 X-ray (EDS)

  1) 단일 뷰

  2) 다중 뷰

3) 컴퓨터 단층촬영 (CT)

4) 회절

e) 화물 금속탐지기(CMD)

f) 폭발물흔적탐지기(ETD)

1) 입자

2) 증기

g) 폭발물 탐지견(EDDs)

1) 자유탐지 (FREDD)

2) 원격 폭발물 냄새추적 (REST).

13.5.5.5 화물 및 우편물 위탁화물 보안을 위해 다른 보안검색 기술이나 방법이 사용될 경우, AOM이라는 코드로 식별되어야 한다. 이 코드 다음에는 사용된 방법에 대한 정확한 설명이 뒤따라야 한다(부록 33, Box 11 참조).

13.5.5.6 고위험 화물로 간주되는 경우에는 폭발물 흔적탐지, 알고리즘 기반 화물 X-ray검색장비(EDS), 폭발물탐지견을 포함하여 위에 나열된 두 가지 이상의 조치를 적용하는 것이 이상적이다.

참고 - 보안검색장비 사용에 대한 추가 정보는 부록 20의 별표 1에서 확인할 수 있다.

13.5.5.8 보안검색장비는 제조사 지침과 NCASP(국가항공보안계획)에 따라 유지보수, 시험 및 운영되어야 한다. 장비 유지보수에 대한 추가 정보는 부속서 2의 부록 20 첨부문서에서 확인할 수 있다.

추가 통제

13.5.5.9 보안검색이 완료된 화물이나 보안 공급망을 통해 반입된 화물은 추가적으로 위협 활성화 방법론을 사용하여 통제될 수 있으며, 이러한 방법론에는 시뮬레이션 챔버, 전체 비행 시뮬레이션 시스템, 냉각기간(예: 화물을 24~48시간 보관)이 포함될 수 있다.

13.5.5.10 항공기에 화물을 탑재하기전, 진동이나 타이머에 민감한 특정 유형의 급

조폭발물(IED)을 작동시키기 위해 설계된 위협 활성화 방법은 화물 및 우편물 보안검색 방법이 아니며, 보안검색이나 보안 공급망의 대안으로 사용되어서는 안 된다.

보안검색이 적용되어야 하는 화물 범주

13.5.5.11 보안검색은 화물에 적용되어야 한다.

a) 화물보안대행업체 또는 상용화주로 등록되지 않은 주체로 부터 화물보안대행업체, 항공운송사업자 또는 국가가 승인한 다른 보안검색기관이 화물을 받은 경우

b) 상용화주로부터 발송되었으나, 그 이후에 화물보안대행업체 또는 상용화주로 등록되지 않은 주체에 의해 처리된 화물을 화물보안대행업체, 항공운송사업자, 또는 국가가 승인한 다른 보안검색기관이 받았을 경우

c) 화물보안대행업체, 상용화주 또는 승인된 대리인 또는 항공운송사업자의 보관 조치를 받지 않은 경우

13.5.5.12 다음과 같은 경우에도 추가 보안검색을 해야 한다.

a) 훼손 흔적이 있거나, 이상이 발견되거나, 비인가된 접근으로부터 보호되지 않았거나, 비인가된 접근에 대한 합리적인 의심이 있는 보안 화물

b) 고위험 화물 (고위험 화물 Section 참조)

c) 화물기 운송용으로만 보안되었던 화물이 여객기로 환적 될 경우

13.5.5.13 추가 검색이 필요할 수 있는 경우는 다음과 같다.

a) 항공운송사업자 요청에 따른 특정 항공편의 위탁수하물

b) 어떤 국가가 보안화물 또는 우편물에 대해 특정 비율을 검사하도록 요구하느니 경우의 무작위 화물

특별한 범주의 화물과 우편물 보안

13.5.5.14 일부 위탁 화물은 특성상 효과적인 보안검색이 어려울 수 있으며, 이러한 화물은 보통 출발지부터 안전한 공급망을 통해 운송되어 항공기에 탑재될 때까지 보안이 유지되어야 한다. 이것이 불가능하거나 보안 공급망에 문제가 발

생한 경우, 상업용 항공기 운송을 보장하기 위해 관련당국의 요건에 따라 대체 보안절차와 조치를 적용할 수 있다. 이러한 예외사항 및 대체 보안조치 사용은 엄격히 제한되어야 하며, 국가항공보안계획(NCASP)에 명확하게 정의되어야 한하며, 다음과 같은 물품이 포함될 수 있고 해당 물품은 관련 네 자리 알파벳 코드로 식별된다.

a) 비엔나 협약의 규정에 부합되는 공식적 외교행낭/소포(외교행낭에 대한 더 많은 자료는 제12장에서 확인 가능) (DIPL)
b) 생물의학 샘플, 백신이나 기타 부패하기 쉬운 의료물품 (BIOM)
c) 혈액, 혈액제제, 골수 및 인체장기와 같은 생명 유지 물품 (LFSM)
d) Doc9284 위험물 항공운송에 관한 ICAO의 기술 지침에 따라 포장된 방사성 물질 또는 보안검색요원의 생명이나 건강을 위협하는 물품목(NUCL)

13.5.5.15 위에 언급된 화물분류가 항공운송에 안전하도록 보장하기 위해, 화물을 인수하기 전에 다음 조치를 취해야 한다.

a) 운송서류에 명확히 명시되어야 하며, 화물이 서류(예. 항공화물 운송장)의 내용과 일치하는지 확인하는 절차를 거쳐야 한다.
b) 인수 시 물리적 훼손 흔적이 있는지 확인해야 한다.
c) 화주의 신원을 확인하기 위해 서류 검토 및 화주에게 직접 전화하는 것과 같은 직접적인 검증절차를 거쳐야 한다.
d) 지속적으로 비인가된 간섭으로 부터 보호되어야 한다.

13.5.5.16 위에서 나열한 물품 이외에도 두께가 6mm 미만이고 총중량 250g 미만인 위탁화물 또는 소포, 그리고 이러한 위탁물품 또는 소포로만 구성된 혼재물품은 보안검색에서 면제될 수 있다. 이러한 화물은 SMUS 코드로 식별되어야 한다.

살아있는 동물

13.5.5.17 화물로 운송되는 살아있는 동물에 대한 적절한 보안통제는 가능한 한 수행되어야 한다. 여기에는 육안검사도 포함될 수 있다.

13.5.5.18 모든 부수적인 물품, 사료봉투, 케이지, 용기 등은 보안통제와 효과적이고 적절한 보안검색을 거쳐야 한다.

13.5.5.19 살아있는 동물의 위탁화물을 인수하기 전에 항공운송사업자는 해당 화물이 항공 화물 운송장의 기록과 일치하는지 확인해야 한다.

항공 화물로서 운송된 동반되지 않은 수하물

13.5.5.20 화물로 운송되는 동반되지 않은 수하물은 적절한 보안검색 및 보안통제를 받아야 한다. 동반되지 않은 수하물에 대한 보안절차에 관한 자세한 자료는 제11장에서 확인할 수 있다.

위험물

13.5.5.21 적절하게 준비되고 포장된 위험물을 포함하는 위탁화물은 그러한 사실을 적절하게 식별하고 부속서 18(항공위험물 안전운송)에 따라 운송승인을 받기 전에 신고되어야 한다.

13.5.5.22 그러한 위탁화물은 다른 위탁화물과 동일한 보안통제를 받아야 한다. 하지만 다음을 사항을 고려하는 것이 중요하다.

a) X-ray 검색장비나 다른 기술적 검사 수단은 일부 유형의 위험물을 불안정한 상태로 만들 수 있으므로 사용될 수 없다.

b) 일부 위험물을 포함하는 위탁화물은 다음과 같은 경우에 개봉이 금지된다.

1) 유해하거나 위험한 물질에 직원이 노출되는 경우

2) 포장재의 무결성이 ICAO 기술지침(Doc 9284)에 포함된 포장 요건에 충족하지 않아 위탁화물을 발송할 수 없게 된 경우

인체 유해

13.5.5.23 인체 유해를 항공운송 시, 국가는 상용화주 절차를 따를 것을 강력히 권장한다.

우편물

13.5.5.24 우편물은 만국우편연합(UPU) 규정에 따라 우편업무를 운영하기 위해 지정된 우편사업자에게 접수되고 배송되도록 의도된 모든 우편물로 정의된다.

13.5.5.25 우편물은 이 장의 앞부분에서 기술된 것처럼 위탁화물에 적용되는 것과 동일한 보안 통제를 따라야 한다.

13.5.5.26 보안 통제를 수행하는 지정된 우편사업자는 항공운송사업자에 대한 의무를 이행하기 위해, 화물보안대행업체거나 화물보안대행업체와 동일한 업무를 수행하도록 관련당국의 승인을 받아야 하며(자세한 자료는 부록 31에서 확인), 모집, 채용 및 훈련받은 직원을 고용해야 한다.

13.5.5.27 지정된 우편 사업자는 대안으로 화물보안대행업체 지위를 가진 제3자 또는 항공운송사업자가 본 절에서 권고하는 조치를 적용하여 보안통제를 수행하도록 할 수 있다. 이러한 경우 우편사업자는 해당국가 관련당국의 승인을 받도록 요구할 수 있다.

13.5.5.28 일반적으로 우편물의 기밀성은 국가법령에 의해 보호되며, 이는 우편물 용기를 개봉을 수검색의 사용을 제한할 수 있으며, 또한 우편물이 적절한 보안검색기술(예. X-ray)을 받도록 요구할 수 있다.

13.5.5.29 우편물은 용기 단위로 보안검색하는 것이 효율적인 방법이 될 수 있다. 만약 우편물 용기가 효과적으로 보안검색을 할 수 없다면 다른 적절한 기술들을 활용해야 한다. (예, 개별단위검색, 다중 뷰 X-ray검색장비 사용)

지정된 우편사업자에 의한 우편물 발송

13.5.5.30 지정된 우편사업자는 다음 사항을 준수해야 한다.

a) UPU(만국우편연합) 규정 및 표준에 따라 우편용기에 담아 우편물을 항공운송사업자에게 발송해야 한다.

b) UPU 규정 및 표준에 따라 우편용기에 라벨을 부착해야 한다.

c) UPU 규정 및 표준에 따라 우편용기는 봉인해야 한다.

d) 모든 우편물에는 UPU 표준화된 서면 또는 전자배송증이 동봉되어야 한다.

e) 만약 지정된 우편 사업자가 보안조치를 적용한 경우, 항공화물 보안신고서를 별도의 서면 또는 전자형태로 제공하거나 UPU 표준화된 서면 또는 전자 배송증을 동봉하여 제공해야 한다.

항공운송사업자에 의한 우편물 수령

13.5.5.31 지정된 우편사업자, 화물보안대행업체 또는 그와 계약을 맺은 외부서비스 제공자로부터 우편물을 수령할 때 항공운송사업자는 다음 사항을 준수해야 한다.

a) 지정된 용기 및 라벨을 사용하여 발송물이 우편물로 식별되었는지 확인해야 한다.

b) 발송물과 관련 UPU 표준화된 서면 또는 전자 배송증이 동봉되었는지 확인하고, 발송인이 발송 내용물에 대한 완전한 설명을 제공하고 발송된 우편물이 이 정보와 일치하는지 확인해야 한다.

c) 해당되는 경우, 항공화물 보안신고서를 검토해야 한다.

우편물 보안검색

13.5.5.32 우편물은 본 장의 앞부분에서 설명한 대로 화물 발송물과 동일한 방식으로 보안통제를 받아야 한다.

13.5.5.33 일반적으로 법적인 이유로 우편물에 대한 보안통제 및 보안검색은 지정된 우편 사업자만 수행할 수 있다. 그러나 지정된 우편사업자가 항공운송사업자 또는 화물보안대행업체에게 우편물 보안검색을 요구하는 경우에 대비하여 다음 지침이 제공된다.

13.5.5.34 보안우편물에 적용되는 보안통제는 위험평가에 따라 관련당국이 결정한 특정 비율의 화물에만 적용되어야 한다. 보안검색 대상 우편물은 무작위 또는 표적방식으로 선정해야 한다.

13.5.5.35 시간에 민감한 우편을 운송하는 사람은 상용화주 또는 화물보안대행업체가 아닌 한 발송인에게 항공편 예약정보를 제공해서는 안 된다.

고위험 화물

13.5.5.36 화물은 특정정보로 인해 민간항공이 위협을 초래하거나 의심스러운 훼손의 징후가 발견되면 고위험 화물로 간주된다.

13.5.5.37 화물이 인지된 주체에서 왔던지, 인지되지 않은 주체에서 왔던지 상관없이 특정화물에 대한 국가의 정보가 해당화물을 고위험 화물로 간주할 수 있다.

13.5.5.38 고위험 화물은 관련당국이 결정한 추가조치를 통해 관련 위협을 완화해야 한다. 고위험 화물 보안검색 시에는 폭발물 탐지를 위해 특별히 설계된 기술을 포함해야 한다.

13.5.5.39 국가는 화물로 인해 발생할 수 있는 잠재적 위협에 대한 정보를 입수하면, 상업용 항공기에 해당 화물이 적재되는 것을 막기 위해 적어도 고위험 보안조치를 적용할 수 있도록 관련 국가들과 가능한 한 빨리 그 위협 정보를 공유해야 한다.

13.5.5.40 그림 13-3은 화물이나 우편물 발송품이 고위험으로 간주되어야 하는지, 그렇다면 어떻게 처리해야 하는지를 결정하기 위한 의사결정과정을 설명한다. 항공화물 보안공급망 내에서 고위험 화물 및 우편물 취급에 대한 자세한 내용은 부록 30에서 확인할 수 있다.

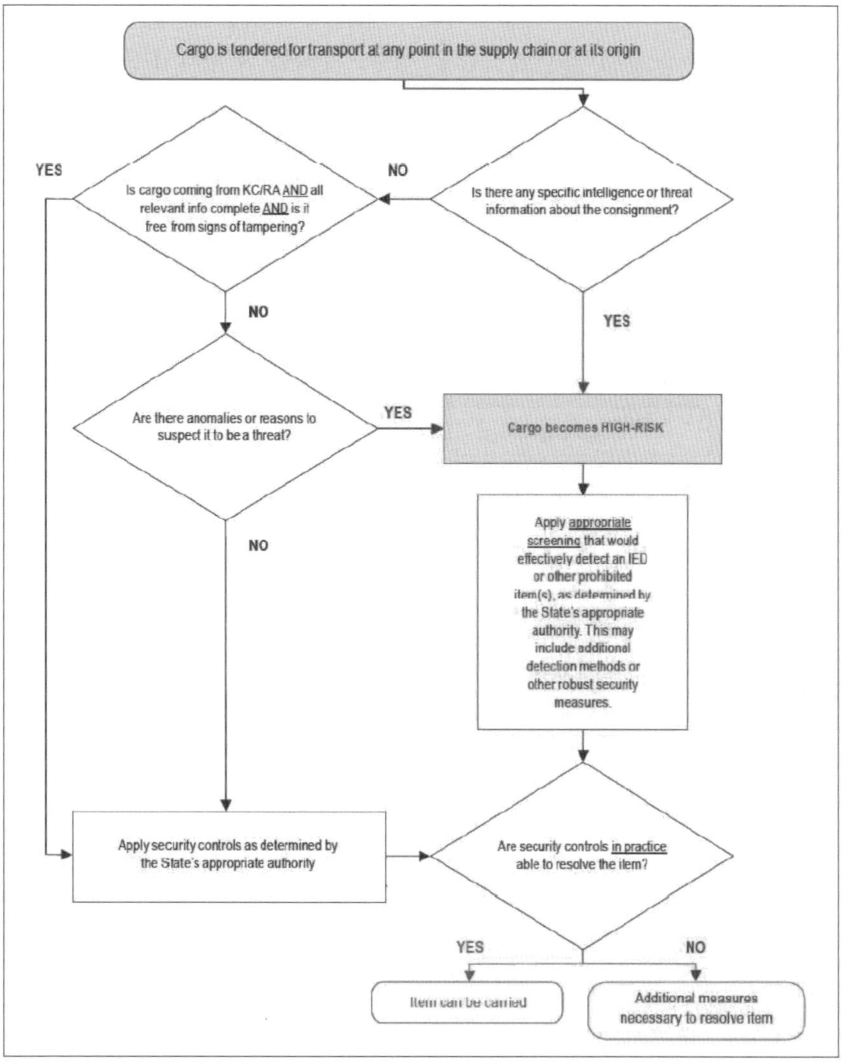

Figure 13-3. High-risk cargo decision-making process

13.5.6 보안화물 보호

13.5.6.1 화물은 보안검색이나 기타 보안통제가 적용된 시점부터 항공기의 출발시점까지 무단 간섭으로 부터 보호되어야 한다. 무단 간섭은 승인되지 않은 사람이 보안화물에 접근하는 경우, 금지된 물품을 탐지할 만큼 충분한 수준으로 보안검색을 받지 않은 사람이 보안화물에 접근하는 경우가 발생하면 금지된 물품이 해당화물에 유입될 수 있다.

13.5.6.2 직원은 보안 화물에 접근하기 보안검색을 받아야 한다. 그러나 현지 상황으로 인해 보안검색이 불가능할 경우, 유사한 수준의 보호를 제공할 수 있는 다른 방법을 도입해야 한다. 이러한 방법에는 다음과 같은 것들이 포함될 수 있다.

a) 보안요원에 의한 지속적인 화물감시(물리적 감시 또는 CCTV을 통한 감시)
b) 침입탐지 경보구역
c) 잠금장치가 있는 철제 보호구역
d) 높은 곳이나 자동화된 보관구역
e) 봉인된 컨테이너
f) 개봉흔적을 확인할 수 있는 재료로 포장된 팔레트

13.5.6.3 비상계획에는 의뢰받은 화물의 무결성에 의심이 가거나 접근이 훼손된 경우에 화물을 재검색하기 위한 규정을 포함되어야 한다.

13.5.7 보관의 연속성

13.5.7.1 보관의 연속성 조치는 안전하게 처리된 화물과 우편물이 보안통제가 적용된 시점부터 공급망을 통해 이동하는 동안 그 무결성을 유지하기 위해 마련된 절차와 관행이다. 보안관리 연속성 규정은 화물 및 우편물 승인, 보안화물 및 우편물 보관, 보안화물 및 우편물 지상운송 및 취급, 보안화물 및 우편물의 환승 및 통과 등의 조치에 적용된다.

13.5.7.2 모든 항공화물은 항공기에 탑재되기 전에 공급망의 다양한 단계에서 처리되는 동안에 항공화물 운송 보안을 유지하기 위해 문서화되고 보호되어야 한다. 운영자는 훼손 및 취급 부주의를 포함한 불법적인 간섭으로부터 항공화물을 보호하기 위한 적절한 조치를 이행하고 유지해야 한다.

13.5.7.3 화물은 개봉 흔적을 확인할 수 있는 봉인 또는 잠금장치가 되어 있고, 보관기간 내내 경비원, 보안감시 또는 CCTV 시스템, 또는 침입 탐지장치의 적절한 감시 하에 있을 경우에 케이지 또는 건물 외부에 보관될 수 있다. 화물 및 우편물 시설 또는 화물 자체를 봉인하기 위해 봉인용 스티커가 사용되는 경우, 봉인의 무단 사용을 방지하기 위해 적절한 재고관리 및 점검절차를 이행

해야 한다. 개봉흔적을 확인할 수 있는 봉인 스티커는 승인된 직원만이 접근할 수 있어야 한다.

13.5.7.4 팔레트나 컨테이너의 무결성은 육안검사를 통해 완전성과 훼손여부를 확인해야 한다. 봉인용 스티커가 사용된 경우 그 무결성도 확인해야 한다.

화물과 우편물의 지상운송

13.5.7.5 안전한 공급망의 무결성을 보장하기 위해 적절한 보안통제가 완료된 화물 및 우편물은 다음에 의해 운송되어야 한다.

a) 화물보안대행업체, 상용화주 또는 항공운송사업자가 운영하는 차량

b) 화물보안대행업체, 항공운송사업자 또는 관련당국에 의해 서면으로 승인된 운영절차 및 보안 조치를 보유한 지상 운송업체

13.5.7.6 항공기에 탑재되기 직전에 차량의 화물칸은 국가별 요건에 따라 점검되어야 한다(자세한 자료는 제14장에서 확인). 화물에 대한 비인가된 접근을 방지하기 위해 탑재가 완료될 때까지 경계를 유지해야 한다.

13.5.7.7 화물칸 적재가 완료된 직후, 봉인 또는 잠금장치를 적용하여 화물칸을 봉쇄하거나 훼손여부를 확인할 수 있도록 조치해야 한다. 차량측면에 천막을 설치한 차량도 적절한 보안이 확보되어야 한다. 차량 화물칸을 보안조치를 하는데 사용되는 봉인용 스티커, 잠금장치 또는 열쇠의 무단 사용을 방지하기 위해 적절한 재고 관리 및 점검절차를 이행해야 한다. 단, 운송기간 내내 적절한 절차에 따라 호송되는 차량에는 이러한 요건이 적용되지 않는다.

13.5.7.8 운전자는 차량을 무단으로 비워두면 안 된다. 하지만 운전자는 운행 중에 다양한 곳에서 화물을 픽업하기 위해 예정에 없던 정차를 해야 할 수도 있다(예: 특송 모델). 이러한 경우, 차량 내부와 화물칸은 잠그거나 봉쇄해야 한다. 차량에 열쇠를 놓아두면 안 된다. 차량으로 돌아온 후, 운행을 재개하기 전에 운전자는 화물칸, 봉인 또는 잠금장치의 무결성을 확인해야 한다.

13.5.7.9 운전자는 차량을 무단으로 비워두지 않도록 해야 한다. 만약 차량을 비워야 할 경우에는 차량의 운전석과 화물칸을 잠그거나 봉인해야 한다. 열쇠는 차량에 두어서는 안 된다. 차량으로 돌아와 운행을 재개하기 전에 운전자는 화물칸과 봉인 또는 잠금장치의 무결성을 확인해야 한다.

13.5.7.10 화물 운송품을 항공기 또는 다음 보관장소로 운송할 때 지정된 훈련된 직원이 육안으로 확인하여 훼손여부를 점검해야 한다. 보안이 확보되지 않은 구역에서 온 화물은 보안제한구역으로 반입되기 전에 봉인(seal) 상태를 포함한 무결성 점검을 해야 한다.

13.5.7.11 화물시설에 출입하는 화물 및 우편물 운송차량은 특정화주 또는 화물보안대행업체를 위해 화물을 운송할 권한이 있는지 확인하기 위한 점검을 받아야 한다. 차량 운전자는 화물이 적재되기 전에 유효한 신분증이나 회사 신분증을 화물담당자에게 제시해야 한다. 이 신원증명서류는 공항 보안 신분증명서 또는 정부가 발행하거나 승인한 사진이 부착된 다른 신분증명서와 유사한 요건을 준수해야 한다. 또한, 화물서류에는 확인된 운전자가 화물운송을 위해 지정되었음을 증명하는 내용도 포함되어야 한다.

13.5.7.12 화물 및 우편물 운송차량은 항공기 계류장(Airside Area)에 도착 시 물리적 또는 기술적 수단을 통해 검사를 받아야 한다. 운전자의 자격증명과 차량등록번호를 포함한 출입기록은 출입초소에서 기록 유지되어야 한다.

항공운송이 수락될 수 있는 화물

13.5.7.13 화물은 다음 두 가지 중 하나에 해당될 경우 항공운송이 수락될 수 있다.

a) 상용화주로부터 온 경우

b) 화물보안대행업체, 승인된 주체 또는 관련당국의 보안검색을 받은 경우

13.5.7.14 상용화주로부터 온 화물과 보안검색을 받은 화물은 여객기 또는 화물기에 의해 운송이 수락될 수 있다.

13.5.7.15 결과적으로, 화물전용기로 운송된 화물이나 우편물이 여객기로 운송되려면, 화물이나 우편물을 수락하는 항공운송사업자는 그것이 상용화주로부터 왔거나 적절한 방법으로 보안검색을 거쳤는지 확인해야 한다.

13.5.7.16 항공화물 보안신고서가 확인되어 해당 화물이 모든 중요한 면에서 보안정보와 일치하고, 화물의 보안 무결성이 유지되었음을 확신할 수 있을 때까지 항공화물을 공식적으로 수락을 완료해서는 안 된다.

승인 절차

13.5.7.17 모든 화물은 제출 당사자 입회하에 수락 전에 확인되어야 한다. 보안화물을 수락할 때, 사업자는 개봉흔적 봉인장치가 제자리에 있는지, 그리고 봉인번호가 첨부된 보안정보와 정확히 일치하는지 확인해야 한다.

13.5.7.18 육안 검사는 각 화물에 대해 훼손된 흔적이 없는지 확인하기 위해 수행되어야 한다. 검사 과정에서 훼손 흔적이 발견되면 이를 기록하고 우려 사항을 해결하기 위한 적절한 조치를 취해야 한다.

13.5.7.19 화물과 함께 제출된 서류와도 대조 확인이 이루어져야 한다. 적절한 확인 및 점검이 완료되고 대리인의 개인정보가 확인된 후에는 인수증에 서명해야 한다.

13.5.7.20 재검색이 필요한 경우에는 국가항공보안계획의 요건에 따라 수행되어야 한다.

13.5.7.21 보안화물 또는 우편물이 화물보안대행업체 또는 항공운송사업자에게 제출하는 상용화주는 다음을 준수해야 한다.

a) 화물이 적절하게 선발, 채용 및 훈련된 직원에 의해 안전한 시설에서 준비되도록 해야 한다.

b) 그들이 책임지는 화물 준비, 보관 및 운송과정에서 화물이 훼손되지 않도록 보호해야 한다.

c) 보안상의 이유로 모든 화물의 포장과 내용물이 검사될 수 있음을 수락해야 한다.

d) 필요한 보안조치의 개발, 이행 및 감독을 책임질 1명 이상의 담당자를 지정해야 한다.
e) 그들이 아는 지식범위 내에서는 화물에 IED(급조폭발물)가 포함되어 있지 않음을 서면으로 증명해야 한다.

13.5.7.22 상용화주로부터 온 화물은 다음 사항을 충족할 경우 항공운송이 수락될 수 있다.
a) 화물 또는 우편물을 받은 직원이 배달하는 사람이 상용화주 또는 화물보안대행업체임을 확인한 경우
b) 화물 또는 우편물에 훼손흔적이 없는 경우
c) 운송서류에 기재된 화물 설명이 실제 화물과 일치하는 경우
d) 상용화주가 해당화물에 대한 항공화물 보안신고서를 작성한 경우
e) 화물수락 직원은 관련당국이 관리하는 공식 항공화물 데이터베이스 또는 목록에서 인지된 발송인의 고유 식별코드를 확인한 경우

13.5.7.23 화주로부터 화물 또는 우편물을 수락하고 다른 화물보안대행업체 또는 항공운송사업자에게 제출하는 화물보안대행업체는 다음을 준수해야 한다.
a) 화주의 신원을 등록하고, 화물을 배송하는 사람이 화주의 대리인임을 확인해야 한다.
b) 국가가 요구하는 경우에는 화주가 화물의 내용에 대한 완전한 설명을 제공하도록 해야 한다.
c) 화물 수락 후에 안전하게 보호되도록 하고, 화물에 대한 접근이 통제되도록 해야 한다.
d) 화물의 수락, 처리 및 취급이 적절하게 선발, 채용 및 훈련된 직원이 화물에 의해 수행하도록 해야 한다.
e) 필요한 보안통제의 개발, 실행 및 감독을 책임질 1명 이상의 담당자를 지정해야 한다.
f) 항공운송사업자 또는 화물보안대행업체에 제출하는 각 화물에 다음 정보를 포함하는 서면 또는 전자형태의 항공화물 보안신고서가 첨부되도록 해야 한다.

1) 화물보안대행업체 고유 식별코드
2) 화물 고유 식별자 또는 참조번호
3) 국가가 요구하는 화물내용물에 대한 설명
4) 적용된 보안통제에 대한 세부정보를 포함한 화물의 보안상태
5) 화주에 대한 세부정보
6) 보안상태 여부를 책임지는 담당자에 대한 세부정보

13.5.7.24 항공운송사업자는 다음 조건하에서 상용화주 또는 화물보안대행업체의 화물 또는 우편물을 수락해야 한다(다른 항공사로 부터 수락된 화물 또는 우편물에 대한 정보는 환적 및 통화화물 및 우편물 섹션에서 확인 가능).

a) 화물이 화물보안대행업체 또는 상용화주가 지정한 직원 또는 승인된 대리인에 의해 배송되었을 때
b) 상용화주 또는 화물보안대행업체가 화물배송을 수행하거나 주선하는 경우, 화물수락 담당직원이 해당 화물이 항공화물 보안신고서 또는 기타 첨부서류에 기재된 사람에 의해 배송되는지 확인한 경우.(더 자세한 내용은 본 섹션의 끝부분에서 확인가능)
c) 화물 운송 중에 발생하는 일반적인 손상을 고려하여 화물에 훼손흔적이 없는 경우
d) 상용화주 또는 화물보안대행업체가 화물이 해당 보안 프로그램에 따라 통과되었음을 증명하는 항공화물 보안신고서를 제공한 경우(화물보안대행업체와 상용화주를 위한 보안 프로그램 양식은 부록 31과 32에서 확인가능)

13.5.7.25 일단 화물 또는 우편물이 수락되면 항공운송사업자 또는 지정된 대리인은 다음을 준수해야 한다.

a) 화물이 항공기에 탑재되기 전가지 훼손된 흔적이 없는 확인해야 한다(예. 수락 시 훼손흔적이 발견되지 않았거나, 수락 이후에 훼손이 발생했을 수 있음).
b) 특정 화물에 적용될 적절한 보안통제를 결정해야 한다.
c) 필요한 수준의 적절한 보안통제를 수행하고 적용된 보안통제에 대한 세부내용을 기록해야 한다.
d) 화물이 항공운송사업자가 관리 하에 있는 동안에 무단 간섭으로부터 보호해야

한다.

e) 모든 화물이 항공기에 탑재되기 전에 적절하게 보안이 확보되었는지 확인해야 한다.

f) 항공기에 탑재된 모든 화물이 화물명세서(적하목록)에 기록되었는지 확인해야 한다.

g) 화물에 대한 적절한 보안서류 또는 전자기록을 발행해야 한다.

13.5.7.26 만약 항공운송사업자가 화물의 운송이 항공기의 안전이나 보안을 위협할 수 있다고 판단할 경우에 해당 화물의 운송을 거부할 권리가 있다.

참고) 항공운송을 위한 화물수락 또는 거부 결정을 위한 항공운송 보안수락양식은 부록 30에서 확인할 수 있다.

항공화물 보안신고서

13.5.7.27 항공화물 보안신고서는 공급망에서 화물 및 우편물의 이동하는 동안 이를 보호하고 화물보안대행업체 및 상용화주가 책임을 부여하는데 사용되는 도구 하나이다. 이러한 신고서의 양식은 부록 33에서 확인할 수 있다. 종이 또는 전자형태로 작성될 수 있는 신고서는 화물을 안전하게 하는 주체가 작성하며, 공급망의 모든 관계자들이 접근할 수 있다.

13.5.7.28 항공화물 보안신고서는 최소한 다음의 정보를 포함해야 한다.

a) 해당 화물에 보안상태를 부여하는 화물보안대행업체의 고유 식별번호

b) 항공화물 운송장번호, 하우스 운송장 번호 또는 추적번호와 같은 교유한 참고 수단

c) 화물의 내용물 또는 혼재여부 표시

d) 화물의 출발지

e) 화물의 목적지

f) 다음에 대해 3자리 알파벳 코드(3)로 식별되는 화물의 보안상태

1) 여객기, 화물기 및 우편 전용기(SPX) 운송에 대해 안전함

2) 고위험 요건에 따라 여객기, 화물기 및 우편 전용기(SHR) 운송에 대해 안전함

g) 화물이 보안상태를 부여한 이유를 나타내는 다음 사항

1) 승인된 상용화주로부터 접수된 경우

2) 적절한 보안검색방법을 사용하여 검색되었을 때(위에서 명시된 3글자 코드)
3) 보안검색이 면제된 경우(위에 명시된 3글자 코드로 식별되는 면제 사유)

h) 보안 상태를 수락하고 화물이 관리 중에 안전하게 보관되었으며, 훼손되지 않았음을 명시하는 화물보안대행업체의 고유식별번호

i) 신고서에 명시된 보안상태를 부여할 수 있는 적절한 교육과 권한을 가진 화물보안대행업체 직원의 이름 또는 고유식별번호

j) 규정에 따라 요구되는 경우 보안상태가 발급된 날짜와 시간

k) 법률상 허용되는 경우 허위신고로 형사 소추될 수 있다는 경고문구

13.5.7.29 항공화물 보안신고서는 책임 있는 주제의 지속적인 입증 가능한 기록을 제공함으로써 화물 및 우편물이 공급망 전역에서 훼손되지 않고 보안성이 유지되었다는 것을 보장하는데 중요한 역할을 한다. 유효한 신고서가 첨부되지 않거나 관련이 없는 화물은 안전하지 않는 화물 또는 우편물로 취급되어야 한다.

13.5.7.30 상용화주와 화물보안대행업체는 공급망 내에 승인된 주제에게 항공화물 보안신고서를 포함하여 화물과 관련된 모든 문서를 제공해야 한다. 화물보안대행업체는 다른 화물보안대행업체나 항공운송사업자에게 화물을 인계하거나 인수받기 전에 신고서에 모든 필수 정보, 특히 화물의 보안상태가 포함되어 있는지 확인해야 하며, 이 보안상태는 해당 화물이 상업용 항공기로 운송될 수 있는지를 결정하는 중요한 정보이다.

13.5.7.31 보안상태가 표시되지 않거나 항공화물 보안신고서가 없는 경우 사전에 보안통제가 이루어지지 않은 것으로 간주되어야 한다.

13.5.7.32 항공화물 및 우편물을 전달할 때 항공화물 보안신고서는 이를 수락한 승인된 주체(화물보안대행업체 또는 항공운송사업자)는 해당화물의 보안상태에 대한 책임을 맡았다는 것을 나타내기 위한 항공화물 보안신고서를 정식으로 작성해야 한다.

13.5.7.33 항공화물 보안신고서는 적절한 보안검색을 포함한 적절한 보안통제가 적용된 후에만 발행되어야 한다.

화물 및 우편물의 취급과 탑재

13.5.7.34 항공화물 및 우편물에 대한 지상운영 보안은 승객의 위탁수하물의 보안과 유사한 어려움을 겪는다. 따라서 지상 보안절차는 승객 위탁수하물 보안절차를 반영하거나 보완해야 한다.

13.5.7.35 화물터미널 건물과 화물 기반시설은 외곽울타리 및 에어사이드 보안을 위한 조치를 시행하여 보호하여야 한다. 이러한 조치에는 항공기 보호, 직원 신원확인 및 관련 접근통제, 비행 전 항공기 수색 또는 점검을 포함할 수 있다. 하는 주변 및 에어사이드 보안 조치를 수행하여 보호되어야 한다. 또한 화물이 화물터미널에 반입된 시점부터 항공기가 출발할 때 까지 화물을 보호하기 위해 적절한 보안통제가 실시되어야 한다.

13.5.7.36 비록 화물과 우편물 운송품의 이동이 보관시설 및 화물터미널에서 보안제한구역 내에서 보통 이루어지지만 항공기가 출발할 준비가 될 때까지 화물의 무결성을 유지하는 것이 중요하다.

13.5.7.37 일반적으로 지상에서의 항공기 보안절차 이외도 화물취급 또는 탑재과정에 관련된 모든 사람은 다음을 준수해야 한다.

a) 공항 보호구역 출입증을 눈에 띄도록 패용해야 하며, 출입증은 본인 확인이 가능하도록 사진을 포함해야 한다.
b) 탑재 전에 화물 적재칸을 육안으로 검사하여 승인되지 않은 사람이나 물품이 없는지 확인해야 한다.
c) 화물 운송품에 훼손 흔적이 없는지 확인해야 한다.
d) 계류장이나 화물칸 내에서 승인되지 않은 사람이 화물 운송품에 접근하지 못하도록 해야 한다.
e) 유효한 출입증을 착용하지 않았거나 수상한 행동을 하는 사람이 항공기나 화물 운송품 근처에 있을 경우 그 사람에게 신원확인 등 이의를 제기해야 한다.

의심스러운 화물 및 우편물의 처리

13.5.7.38 화물 또는 우편물 운송품에서 의심스러운 점이 발견되면, 항공운송 이전

에 해결되어야 한다. 의심스러운 화물 또는 우편물은 다음을 준수해야 한다.

a) 상황에 따라 안전하지 않은 화물 또는 고위험 화물로 취급되어 보안검색을 포함한 적절한 보안통제를 받아야 한다.

b) 해당화물에 금지된 물품이 포함되어 있지 않아 안전하다고 확인된 경우에만 항공운송사업자에 의해 운송해야 한다.

13.5.7.39 만약 보안통제 과정에서 화물 내부에 의심스러운 물품이 탐지되면 다음과 같은 사항을 지키는 것이 중요하다.

a) 직원은 의심스러운 물품을 만지지 말고 즉시 상급자에게 연락하여 의심을 확인하는데 도움을 받아야 한다.

b) IED(급조폭발물)/IID(급조발화장치)로 확인될 경우 직원은 다음과 같은 조직의 비상절차를 따라야 한다.

1) 관련 보안, 법 집행 및 EOD(폭발물처리반)과 적절하게 연락한다.

2) IED/IID 및 그것이 포함된 화물은 EOD요원에 의해서만 취급해야 한다.

3) 보안, 법 집행 및 응급 서비스관계자와 협력하여 대피 및 비상 계획을 실행한다.

13.5.7.40 금지물품이 확인되면 추가적인 보안통제(예. 첨단 보안검색 기술)를 적용해야 하는지 판단하기 위해 위협평가를 실시해야 한다. 이러한 평가는 유사한 특성(예, 동일한 항공편 또는 목적지, 동일한 화주 또는 출발지)을 다른 화물에도 적용되어야 한다.

13.5.7.41 이러한 발견사항은 관련당국뿐만 아니라 피해를 입었거나 입접한 시설을 이용하는 다른 운영주체(예, 조업 대리점 또는 항공운송사업자)에도 사전에 수립된 비상운영절차에 따라 통보되어야 한다.

13.7.5.42 의심스러운 점이 해결되지 않으면 해당화물은 항공운송을 거부해야 하며 상업용 항공기에 탑재해서는 안 된다.

환적 및 통과 화물과 우편물

13.5.7.43 국가 외부로 부터 항공기, 도로, 철도 또는 해상으로 도착하여 환적 또는

통과하는 항공기로 계속 운송될 화물 및 우편물이 출발지 또는 운송 도중에 지속적인 보안통제를 받지 않은 경우, 이는 안전하지 않은 화물로 취급되어 적절한 보안 통제를 받아야 한다.

13.5.7.44 출발지 국가가 화물 및 우편물 운송품에 적절한 보안통제를 적용할 책임이 있지만, 환적 국가는 자국 영토에서 출발하는 상업용 항공기에 탑재되기 전에 그러한 통제가 적용되었는지 확인해야 한다.

13.5.7.45 국가는 환적 화물 및 우편물을 취급할 때 다음의 원칙을 따라야 한다.

a) 화물 및 우편물은 출발지에서 보안이 확보되고 승인되지 않은 간섭으로부터 보호되어야 한다.

b) 화물 및 우편물에 대한 보안상태는 출발지에서 부여되어야 하며, 항공화물 보안신고서에 명확히 표기되어야 한다.

c) 이후 해당 화물 및 우편물의 보안 상태를 확인할 수 있도록 종이 또는 전자형태의 보안상태 정보가 각 화물 운송품에 첨부되어야 한다.

d) 출발지의 관련당국은 화물 및 우편물이 운송 시작단계에서 적절한 보안통제를 적용되었는지 확인해야 한다.

e) 환적지의 관련당국은 이전에 화물 및 우편물에 적용된 보안통제가 국가항공보안계획(NCASP) 요건을 충족하는지 스스로 확인해야 한다.

f) 관련당국은 환적 화물 및 우편물이 안전하다고 확신하지 못하는 경우, 해당 국가항공보안계획(NCASP) 요건에 따라 보안검색을 포함한 적절한 보안통제를 적용해야 한다.

13.5.7.46 관련당국은 화물 및 우편물의 보안과 관련하여 스스로 확신을 갖기 위해 다음과 같은 방법을 사용해야 한다.

a) 사전 자료 수집

b) 상호 인정체계(양자 및 다자간 협정 포함)

c) 항공사 보안프로그램 승인

13.5.7.47 보안통제의 중복을 피하기 위해 다음 조건이 충족되면 환적화물 및 우편물은 항공기에 탑재되기 전에 추가 보안검색을 받지 않아도 된다,

a) 출발지 국가에서 적절한 보안동제가 적용되었을 경우
b) 해당 보안통제 수행이 첨부된 서류 또는 전자 기록의 보안상태에 통해 정식으로 기록된 경우
c) 보안통제가 수행되는 시점부터 환적지를 포함하여 운송품이 무단 간섭으로부터 보호되었을 경우

13.5.7.48 국가는 자국 영토에서 출발하는 상업용 항공기로 운송되는 통과 화물 및 우편물에 적용되는 보안조치의 적절성을 고려해야 한다. 출발지부터 적절한 보안 통제를 받은 통과화물 및 우편물은 안전한 화물로 취급되어야 한다. 다만, 통과화물 및 우편물의 보안에 대해 매우 구체적인 우려가 있는 경우 해당 국가는 국가항공보안계획(NCASP) 요건에 따라 적절한 보안조치를 적용해야 한다.

13.5.8 감독과 규정준수

13.5.8.1 법규는 관계당국(또는 대리를 위해 지정된 주체)이 감독 및 수준관리를 수행할 수 있도록 제정되어야 하며, 이는 화물보안대행업체, 상용화주 제도 하에서 인력, 조치, 절차, 프로그램, 시설 및 장비에 대한 검사 및 시험이 포함되어야 한다. 그러한 법규는 국가의 항공보안 규정의 집행을 규정하고 위반에 대한 벌칙을 부과하는 내용을 포함해야 한다. 벌칙에는 상용화주, 화물보안대행업체로서 운영하는 주체의 승인을 수정, 보류 또는 철회하는 조치가 포함될 수 있다.

13.5.8.2 국가의 프로그램은 최소한 다음을 포함해야 한다.
a) 철저하고 객관적인 진입요건을 갖춘 화물보안대행업체 및 상용화주에 대한 인가 프로그램
b) 보안공급망 내에서 운영되는 모든 주체의 화물 및 우편물 취급 및 보안검색에 관여하는 모든 직원을 위한 교육(훈련요건에 대한 자세한 자료는 8장에서 확인가능)
c) 화물에 적용될 보안통제 기준
d) 보안공급망 시스템에 참여하는 모든 당사자가 공유하는 모든 상용화주 및 화

물보안대행업체의 정기적으로 업데이트되는 데이터베이스 또는 목록

e) 보안 공급망 전체에서 보안통제가 효과적으로 실행되는지 보장하기 위한 강력한 감독 및 수준관리 활동(검증 가능한 감사 추적 포함)

13.5.8.3 국가는 상용화주제도를 확립하는 적절한 법률이나 규제체계를 제정해야 한다. 이러한 항공화물 및 우편물 보안체계는 상용화주가 이행해야 할 보안요건과 관련당국에 의한 상용화주 승인에 관한 승인절차를 수립해야 한다. 법률 및 규제 체계는 상용화주로 운영하고자 하는 주체의 승인 및 승인 철회절차를 명확히 정의하고 상용화주 보안 프로그램의 효과적인 실행을 가능하게 하는 명확한 역할과 책임을 설정해야 한다.

13.5.8.4 해당 규정은 다음 사항에 대한 보안 기준을 제공해야 한다: 항공 화물이 될 물품을 생산하는 시설, 인력 채용, 선발 및 교육, 인원과 차량에 대한 출입통제, 화물보안대행업체 또는 항공운송사업자에 제출되고 접수되기 전에 화물 및 우편물에 적용되는 보안 조치 및 절차

13.6 항공화물 보안검색을 위한 폭발물탐지견의 활용

13.6.1 일반 원칙

13.6.1.1 폭발물 탐지견(EDDs)을 활용하는 것은 항공화물 보안검색에 적절한 방법으로 간주된다. 폭발물탐지견은 제대로 훈련되고 배치된다면 규제기관과 업계가 필요로 하는 효과적이고 효율적인 항공화물 보안검색 해결책이 될 수 있다. 이 지침서는 항공화물 보안검색방법으로 폭발물탐지견을 활용하고자 하는 주체들에게 필요한 규제요건을 제공한다.

국가 프로그램과의 통합

13.6.1.2 국가가 항공화물 보안검색방법으로 폭발물탐지견 활용을 허용하고자 할 때 해당 국가는 운영자가 폭발물탐지견을 어떻게 운용할지에 대한 요건을 국가항공보안계획(NCASP) 및 기타 관련 규제문서에 포함시켜야 한다. 이를 통해 해당국가의 항공보안 체계 하에서 폭발물탐지견 프로그램 및 규제체계를 구축해야 한다.

13.6.1.3 폭발물탐지견 규제 체계는 다음과 같은 요소를 포함해야 한다.

a) 인증 (Certification) - 폭발물탐지견, 핸들러 및 폭발물탐지견 팀의 인증에 관한 요건으로 여기에는 인증기준, 인증 및 감독활동을 책임지는 사람들을 위한 지침이 포함된다. 또한 폭발물탐지견 팀의 인증책임을 제3자가 수행할 수 있도록 위임하는 내용도 포함될 수 있으며, 이러한 경우에 관련당구은 인증을 수행하는 제3자에게 명확한 책임을 부여하고, 제3자가 인증활동을 올바르게 수행하는지 확인할 수 있는 수단을 갖추어야 한다.

b) 훈련(Training) - 폭발물탐지견, 핸들러 및 폭발물탐지견 팀의 훈련과 개발에 관한 요건으로 초기훈련 및 정기훈련, 훈련 커리큘럼, 훈련과정 감독 등이 포함된다. 또한 폭발물탐지견 팀 훈련을 수행하는 제3자의 책임에 관한 요건도 포함될 수 있다.

c) 활용(Utilization) - 폭발물탐지견과 폭발물탐지견 팀이 보안검색 업무를 수행할 때 어떻게 운영되어야 하는지에 대한 요건으로 보안검색 프로토콜과 보안검색대 휴식비율 등이 포함된다.

d) 폭발물 훈련도구(Explosives Training Aids) - 폭발물탐지견의 탐지 및 훈련에 사용되는 폭발물에 관한 요건으로 훈련에 사용될 폭발물 목록과 폭발물 훈련도구의 취급 및 보관방법 등이 포함된다.

e) 감독, 규정준수 및 수준관리(Oversight, Compliance and Quality Control) - 운영자가 국가 폭발물탐지견 보안요건을 준수하는지 확인하기 위한 감독, 규정준수 및 수준관리 활동에 관한 요건으로 내부 및 외부 수준관리 요건과 테스트 등이 포함된다.

13.6.1.4 화물을 다른 보안검색방법(예: X-ray검색장비 및 ETD)으로 보안검색을 수행할 때와 마찬가지로 관련당국은 보안검색이 완료된 후 화물이 안전하다고 판단하는 책임을 어떤 기관이 맡을지 결정해야 한다. 화물보안검색을 위한 새로운 방법으로 폭발물탐지견을 도입할 때는 관련된 모든 당사자가 어떤 등록된 기관이 국가 프로그램에 따라 보안검색 후 화물이 안전하다고 선언할 책임이 있는지를 명확히 해야 한다. (즉, 폭발물탐지견 도입 이전의 기존 체계가 계속 유지되는지, 아니면 새로운 체계가 시행되는지를 명확히 해야 한다.)

13.6.1.5 대안으로 폭발물탐지견은 국가의 관련당국이 승인한 규제요건과 2차 보안검색 절차에 따라 화물에 대해 2차 보안검색 방법으로 사용될 수 있다. 그러나 1차 보안검색방법으로 폭발물탐지견이 활용될 경우 폭발물탐지견은 불안해소를 위해 사용할 수 없다.

13.6.1.6 국가 폭발물탐지견 프로그램 내에 견고한 수준 보증 프로토콜을 개발하고 실행하는 것은 보안검색 성능기준이 지속적으로 감시되고 유지되도록 보장하는데 필수적이다. 이러한 프로토콜에는 운영중인 정기적인 테스트뿐만 아니라 현실적인 표적물질, 은닉장소 및 화물 환경을 사용한 주기적인 재인증 및 고보증 테스트를 포함해야 한다. 테스트 결과는 관련당국에 의해 지속적으로 감시되어야 하며, 관련당국은 탐지역량이 부족한 폭발물탐지견을 신속하게 식별하고 처리할 수 있는 절차를 마련해야 한다.

13.6.2 항공화물 보안검색을 위한 폭발물탐지견 배치방법

13.6.2.1 항공화물 보안검색을 위한 폭발물탐지견 배치에는 2가지 주요방법이 있다.

a) 자유 탐지 (free running) - 핸들러가 목줄을 채우거나 풀어둔 채로 탐지견에게 화물을 보안검색 하도록 지시하며, 폭발물질을 탐지하면 탐지견은 폭발물 냄새를 감지한 특정 구역에서 핸들러에게 알린다. 훈련 경험에 따라 핸들러는 탐지견이 폭발물의 존재를 감지했을 때의 행동을 인식하며, 핸들러는 폭발물질의 정확한 위치를 확인하기 위해 탐지견에게 특정 화물 또는 화물의 일부를 다시 검색하도록 지시할 수 있다.

b) 원격 폭발물 냄새추적(remote explosive scent tracing) - 화물에서 공기 샘플을 채취하여 적절하게 훈련되고 인증된 폭발물탐지견에게 제공하여 공기 샘플에 훈련된 폭발물 냄새가 포함되어 있으면 긍정적으로 반응할 것이다.

13.6.2.2 각 방법은 고유한 운영 고려사항을 가지고 있으며, 관련당국은 이를 화물 보안검색을 위한 폭발물탐지견 활용 요건에 포함해야 한다. 어떤 방법이 국가 체제에 채택되든지 항공화물 보안검색을 수행하는 폭발물탐지견 팀은 다른 유형의 업무(예: 마약 및 밀수품 탐지)을 위해 배치되거나, 세관 또는 안전관련 검색을 동시에 수행해서는 안 된다.

자유탐지 폭발물탐지견 (FREDDs[26])

13.6.2.3 자유탐지 폭발물탐지견을 적용하려면 팀이 화물이 보관되거나 준비된 장소(예: 화물 창고 및 항공 화물터미널)에서 폭발물을 검색해야 한다. 탐지견은 훈련된 폭발물 냄새를 감지했을 때 화물 운송품 어느 위치에서 냄새를 감지했는지 긍정적인 반응을 보이도록 훈련되어야 한다. 이러한 표시는 어떤 화물 운송품이 2차 보안검색을 받아야 하는지 결정하기 위해 가능한 한 정확해야 한다.

13.6.2.4 화물이 폭발물탐지견 팀에게 제공되는 방식과 활동하는 보안검색 환경은 팀의 역량에 영향을 미치지 않아야 한다. 이를 위해 관련당국은 자유탐지 폭발물탐지견 운영을 승인하기 전에 이 방식이 화물 보안검색에 적합하게 적용될 수 있는지 평가해야 한다. 화물을 제공되는 방식이나 보안검색 환경에 변화가 있을 경우 폭발물탐지견 보안검색을 수행하는 주체는 재평가를 실시해야 한다.

13.6.2.5 자유탐지 폭발물탐지견 적용이 적합한지 평가할 때 다음과 같은 목록을 고려해야 한다.

a) 화물 배치 - 당국은 특히 대형화물의 경우, 폭발물탐지견이 선적물의 일부를 검색할 수 있는 최대한계를 정해야 한다, 운영자가 안전 문제를 해결할 수 있다면, 국가는 폭발물탐지견이 결정된 최대한계보다 높은 화물영역에 도달할 수 있도록 고가 플랫폼에서 작업하는 것을 허용할 수 있다. 또는 폭발물탐지견 팀은 화물을 최대한계보다 높이 쌓기 전에 미리 보안검색을 할 수도 있다.

b) 화물 크기 – 화물 운송품은 동질적인 혼재화물, 낱개 화물, 조립된 팔레트, 항공기 탑재용기(ULD) 등 다양한 형태로 존재한다. 대형 화물의 경우, 폭발물탐지견 팀은 보안검색이 철저하고 화물의 중앙을 포함한 모든 부분을 다룰 수 있도록 각기 다른 부분을 다루는 일련의 보안검색을 수행하게 할 수 있다. 관련당국은 탐지견 팀이 철저하게 검색하도록 보장하기 위해 각 검색을 다룰 수 있는 최대면적을 설정하거나 폭발물탐지견 검색을 받을 수 있는 화물 운송품의 최대 높이 또는 너비를 설정해야 한다.

26) Free running dogs

c) 흡수 시간 - 폭발물질이 한 환경에 머무르는 시간이 길수록, 형성되는 냄새 풀(odour pool)이 커져 탐지율이 높아진다. 폭발물마다 증기압력이 다르며, 폭발물의 양, 용기의 크기 및 유형에 따라 폭발성 증기가 폭발물 탐지견에게 효과적으로 탐지될 수 있는 데 필요한 시간, 즉 '흡수 시간'이 다를 수 있다. 관련당국은 이러한 요소를 고려하여 폭발물 탐지견이 화물을 검색하기 전에 화물의 포장/혼재부터 시작하여 최소 흡수시간을 결정해야 한다. 관련당국은 효과적인 검색과 원활한 화물이동을 모두 보장하기 위해 현재의 화물 운영에 흡수시간을 포함시키는 것을 고려해야 한다. 예를 들어, 화물이 다른 장소에서 포장 및 혼재된 경우, 흡수시간에 화물이 보안검색 장소로 운송되는 데 걸리는 시간이 포함될 수 있다.

d) 포장 -

1) 보안검색을 시작하기 전에, 핸들러는 화물 포장이 운송 중에 우발적으로 손상되지 않았는지 확인해야 한다. 안전 문제가 없고(예: 분말, 액체 등의 내용물 누출) 관련당국이 해당 포장에 적용되는 흡수시간에 대해 우려가 없는 경우, 포장을 대상으로 한 폭발물탐지견 검색을 실시할 수 있으며, 검색이 완료된 후 다시 포장해야 한다.

2) 일부 포장유형(예: 플라스틱 밀봉/포장 상품, 5갤런 버킷, 펠리칸 케이스, 용접된 배럴)은 표적 냄새를 포장 내부에 가두어 폭발물 탐지견의 검색을 방해할 수 있다. 이런 경우, 관련당국과 화물 취급 업체가 폭발물탐지견 검색절차의 일부로 탐지견 팀이 냄새를 맡을 수 있도록 포장에 조정을 가하는 것(예: 외부 플라스틱 수축 포장에 구멍 뚫기)에 동의하지 않는 한, 이러한 화물은 다른 방법으로 보안 검색해야 한다. 포장을 조정할 때는 화물이 손상되지 않도록 주의해야 하며, 그렇지 않으면 다른 보안검색 방법을 적용해야 한다.

e) 보안검색 환경

1) 온도: 온도는 폭발물 증기 양에 영향을 미치므로 폭발물 탐지견 사용 시 고려해야 한다. 탐지견이 환경에 적절하게 적응하도록 하는 것이 중요하다.

2) 습도: 공기가 지나치게 건조하면 공기 중 표적분자의 이동이 줄어들어 냄새 감지가 더 어려워 질 수 있다. 반대로 습한 조건은 냄새를 억제하는 정반대 효과를 가져 일반적으로 감지 능력을 향상시킨다.

3) 바람 속도와 방향: 강한 바람은 탐지견이 정확하게 알리는 능력을 저하시킬 수 있다. 실내 환경은 풍속과 방향의 부정적인 영향을 감소시킬 수 있다.

4) 방해물: 탐지견은 큰 소음, 밝은 조명, 낯선 환경, 음식, 다른 동물, 그리고 항공화물 작업과 무관한 사람들에게 방해를 받을 수 있다. 가능한 한 방해요소를 최소화하여 폭발물탐지견 팀 운영 효율성을 보장해야 한다. 보안검색과 관련 없는 사람, 이동하는 차량 및 기타 물체는 보안검색구역에서 최소한으로 유지되어야 한다.

13.6.2.6 화물 보안검색을 위해 배치된 폭발물탐지견 팀은 위에서 언급된 운영요소에 탐지견과 핸들러가 적응하도록 현실적인 환경에서 충분한 훈련을 받아야 한다. 이는 폭발물탐지견 팀이 보안검색과정에서 방해받거나 부정적인 영향을 받지 않고 화물환경에서 효과적으로 작업할 수 있도록 보장한다. 또한, 폭발물탐지견의 통제권를 유지하는 것은 탐지견과 시설 주변 사람들의 안전에 필수적이다.

13.6.2.7 보안검색 중에 핸들러가 화물과 포장의 모든 부분을 철저히 검색한 후, 다음 화물로 넘어가야 한다.

원격 폭발물 냄새추적 (REST[27])

13.6.2.8 원격 폭발물 냄새추적(REST)은 2단계의 과정으로 구성된다. 먼저, 화물 팔레트, 상자 또는 컨테이너에서 공기 중 미립자를 포집하도록 설계된 필터를 사용하여 공기입자를 채취한다. 그 후 폭발물탐지견 팀이 이 공기 샘플을 분석하여 폭발물 증기 유무를 확인한다.

13.6.2.9 관련당국은 원격 폭발물 냄새추적(REST) 운영에 사용되는 장비 유형에 대한 요건을 규정해야 한다. 장비 교정(calibration) 및 적절한 유지보수는 이 보안검색 방법의 효과를 보장하는 데 필수적이기 때문이다. 이러한 요건에는 장비의 진공 압력, 탐지견에게 샘플을 제시하는 방식, 그리고 수준관리 활동과 같은 영역이 포함될 수 있다.

27) Remote explosive scent tracing

샘플링

13.6.2.10 공기샘플 채취에 사용되는 필터장비는 다음 2가지 사이의 균형을 잘 맞춰야 하는데 공기샘플 채취 중 충분한 분자를 흡수할 수 있어야 하고, 분석을 위해 폭발물탐지견에게 샘플을 제시할 때 충분한 분자를 탈착시킬 수 있어야 한다.(분석 제시 이전에 탈착되지 않도록) 이러한 균형은 탐지견이 냄새를 정확하게 감지하고, 분석 전에 냄새가 소실되는 것을 방지하는 데 필수적이다.

13.6.2.11 항공화물 및 우편물의 포장은 화물 내용물에서 공기 분자를 채취하는 것을 방해할 수 있다. 예를 들어, 내용물에 물이 스며드는 것을 막기 위해 밀폐 포장이 사용될 수 있다. 이러한 경우, 공기 샘플채취를 돕기 위해 화물 포장에 구멍을 낼 수 있지 않는 한, 원격 폭발물 냄새 추적(REST) 방법을 신뢰성 있게 적용하기 어려울 수 있다. 이런 화물은 다른 보안 검색 방법을 적용해야 할 수도 있다. 또한, 분석을 위해 충분한 냄새가 포집되고 잘못된 오류 결과를 피하기 위해서는, 흡수 시간, 온도, 습도, 바람, 방해 요소와 같은 요소들을 고려해야 한다.

분석

13.6.2.12 이상적으로, 원격 폭발물 냄새추적(REST) 샘플 분석은 감지능력에 부정적인 영향을 미치지 않도록 환경이 통제된 조건에서 수행되어야 한다. 분석과정에서, 공기 샘플이 담긴 필터는 여러 개의 필터 홀더가 있는 필터 제시 시스템에 부착된다. 탐지견이 이 시스템으로 안내되고, 폭발물 냄새를 감지하면 해당 필터에 대해 긍정적인 반응을 보여야 한다.

화물 식별

13.6.2.13 원격 폭발물 냄새추적(REST) 방식의 폭발물탐지견이 긍정적인 반응을 보이면, 어떤 화물에서 해당 샘플이 채취되었는지를 식별해야 한다. 국가는 이 화물을 식별하기 위해 자유탐지 폭발물 탐지견(FREDD) 팀을 활용하는 것을 고려할 수 있다.

통합된 화물

13.6.2.14 폭발물탐지견 팀이 혼재화물에서 긍정적인 반응을 보이면, 2차 보안검색을 적용하기 전에 개별 화물단위로 분해하여 탐지견이 다시 검색하도록 해야 한다. 이를 통해 긍정적인 반응을 유발한 화물의 정확한 위치를 확인할 수 있다. 예를 들어, 화물이 항공기 탑재 용기(ULD) 안에 있다면, 모든 개별 화물들을 용기에서 꺼내 바닥에 줄 세워 놓은 뒤, 탐지견이 긍정적인 반응을 유발한 정확한 화물을 식별하도록 할 수 있다. 또는, 다른 보안검색방법을 사용하여 혼재된 화물 전체에 대해 즉시 2차 보안 검색을 적용할 수도 있다.

13.6.3 경보 해결

폭발물탐지견의 긍정적인 반응을 유발한 화물이 식별되면, 해당 화물에 급조폭발물(IED)이 포함되어 있는지 확인하는 절차가 마련되어야 한다. 이는 일상제품에 사용되는 다양한 화학물질이 폭발성 물질에서 방출되는 입자와 유사한 미립자를 방출할 수 있기 때문이다. 화물이 혼재된 형태인 경우, 개별 화물단위로 분해한 후 지정된 보안검색절차를 수행하여 급조폭발물(IED)의 존재를 확인하고 격리하거나, 오경보였는지 검증해야 한다.

제3절 IATA IOSA 표준매뉴얼에서 정한 관련규정

국제항공운송협회(IATA)에서는 IOSA(국제항공안전평가)[28] 프로그램을 도입하여 항공사의 운항안전 및 품질보증 관리체계의 국제적 표준을 확립하기 위해 운영하는 평가인증제도이며, 이 프로그램은 항공사의 안전관리시스템을 평가하여 국제적으로 인정받는 안전표준을 적용하고 사고를 줄이는 데 기여하는 국제적으로 통용되고 있다.

IOSA는 세계적으로 인정받는 평가 시스템으로, 항공사가 국제적으로 통용되는 안전 및 운영 표준을 준수하는지 확인하며, 감사는 총 8개 핵심 분야에 걸쳐 이루어진다.

1. 조직 및 관리 시스템
2. 운항 관리 및 운항 통제
3. 항공기 정비

28) 국제항공운송협회(IATA)의 운항안전감사(IATA Operational Safety Audit) 프로그램

4. 객실 업무
5. 지상 조업
6. 화물 운송
7. 보안 관리
8. 비행 운항

IOSA 인증을 받은 항공사들은 여러 중복된 감사를 피할 수 있어 시간과 비용을 절약할 수 있어 효율성을 증대할 수 있으며, IATA에 가입된 모든 항공사는 회원자격을 유지하기 위해 IOSA 등록을 필수적으로 완료해야 한다. 또한, IOSA 인증은 항공사 간의 공동운항(코드셰어) 협력 시 안전 평가 점검을 일정 기간 면제받는 근거가 되기도 하며, 등록된 항공사는 2년마다 재감사를 통해 지속적으로 안전 표준을 준수하고 있는지 확인받아야 한다.

IOSA의 주요 특징을 살펴보면,

1. 국제 표준: IATA는 IOSA를 통해 전 세계 항공사의 안전 관리 시스템에 대한 단일한 국제 표준을 수립
2. 안전 감사: IOSA 감사 팀은 항공사의 운영 관리 및 통제 시스템이 IOSA 표준에 부합하는지 평가하기 위해 서류 및 현장 검사를 수행
3. 안전 문화 향상: IOSA는 항공사의 안전 문화를 개선하고 사고율을 낮추는 데 기여하는 효과적인 도구
4. 인증 획득: 항공사는 IOSA 기준에 대한 심사를 통과하면 IOSA 등록부에 포함되며, 이는 항공사의 안전 운항 능력을 입증
5. 다양한 참여: IATA 회원이 아닌 항공사도 운영 개선을 위해 자발적으로 IOSA를 채택하며, 많은 규제기관이 자체 감독을 보완하는 데 IOSA를 사용
6. 지속적인 개선: IOSA 프로그램은 지속적으로 발전하며, 최근에는 위험 기반 IOSA(Risk-Based IOSA, RBI)를 통해 감사 범위를 줄이고 특정 영역에 집중하여 보다 심층적인 평가와 개선 등이 있다.

IOSA의 역할은

1. 안전성 강화: 전 세계 항공사 간의 안전 수준 향상을 목표로 하며, 이를 위해 표준화된 평가 체계를 제공
2. 운영 효율성 증대: 항공사가 안전 관리 시스템을 개선하고 최적의 운영 관행을 채택하도록 지원
3. 이해 관계자 신뢰 구축: 항공사의 안전성과 품질 보증에 대한 확신을 주어 승객,

정부, 규제 기관 등 이해 관계자들의 신뢰를 높이는 것이다.

Section 7 - Cargo Operations(CGO)

섹션 7은 화물운송(cargo operations) 범위 내의 기능을 다루며, 이는 유상(revenue) 및 비유상(non-revenue) 화물을 운송하는 운항자(operator)에게 적용된다. **COMAT(Company Material, 회사 자재)**은 비유상 화물이다. 이 섹션에서 비유상 화물은 접수, 취급 및 보안 조치 적용의 목적에 있어 유상 화물과 동일하게 다룬다. 이 섹션에서 화물을 다루는 목적으로, 우편물(mail)은 화물의 한 품목으로 간주된다. 따라서 화물에 대한 모든 언급은 우편물도 포함한다.

개별 CGO(Cargo Operations) 조항 또는 CGO 조항 내의 하위 세부 규정의 적용은 다음과 같습니다:

- 조건부 구문으로 시작하지 않는 조항은 감사자(Auditor)가 달리 결정하지 않는 한 적용된다(즉, 기본적으로 준수해야 하는 의무 조항임).
- 조건부 구문("운영자가 ~하는 경우")으로 시작하는 조항은 운항자가 해당 구문에 명시된 조건을 충족하는 경우에 적용된다(즉, 특정 활동을 하는 운영자에게만 해당하는 조건부 의무 조항임).

화물 운송 범위 내 기능은 다음과 같다.

- 화물 접수
- 화물 취급
- ULD 취급(예: ULD 사용 가능성 점검, 조립/분해, 지상 운송, 환적 및 보관)
- 필수 보안조치의 적용

지상 조업 기능 수행 시 준수 사항

특정 운영자, 특히 전용 화물기 운영자(all-cargo operators)는 화물운영 인력이 지상조업(ground handling operations) 기능을 수행할 수도 있다 (예: 항공기 적재, 램프 지역 운영, 탑재량 관리).

이러한 상황이 존재하는 경우, 운항자는 해당 화물 운영 인력이 수행하는 지상조업 기능에 적용 가능한 섹션 6, 지상 조업(GRH)에 포함된 ISARPs(산업 표준 및 권고 프랙티스)를 반드시 준수해야 한다.

아웃소싱에 따른 운영자의 책임

운영자가 화물운영 기능의 수행을 외부 서비스 제공업체에 아웃소싱하는 경우에도, 운영자는 해당 업무수행 시 안전관리 보장에 대한 전반적인 책임을 유지한다. 그리고 운영자는 화물운영자 1.10.2에 따라 적용 가능한 외부 서비스 제공업체를 모니터링하는 프로세스를 반드시 입증해야 한다.

▶ **일반 지침**

이 ISM 제7장에 사용된 기술 용어의 정의와 약어 및 머리글자의 의미는 IATA 감사 프로그램 참고 매뉴얼(IRM)에서 찾을 수 있다.

1.1 관리시스템 개요

CGO 1.1.1 항공사가 화물을 운송하는 경우, 화물운송 관리를 보장하고 안전 및 보안성과를 관리하는 관리시스템을 갖추어야 한다. (GM) ◄

▶ **감사관 조치**

☐ 화물운송 관리시스템 조직 확인/평가

☐ 화물 운송 관리자 면담

☐ 기타 모든 CGO 관리시스템 ISARP와의 적합성 상태 평가.

☐ 기타 조치 (구체적으로 명시)

▶ **가이드라인**

IRM에서 화물, 운송, 항공사 및 주(State)의 정의를 참고하라. 화물의 정의에는 유상 화물(revenue cargo)과 무상 화물(non-revenue cargo)의 정의가 포함된다.

ORG 1.1.1과 관련된 지침은 ISM 제1장을 참고.

CGO 1.1.2 항공사가 화물을 운송하는 경우, 다음 조건을 충족하는 화물 운송 관리자를 두어야 한다.

(i) 화물 운송 범위 내의 기능 및 활동을 관리하고 감독할 권한과 책임이 있는 자;

(ii) 화물 운송에 대한 안전 및 보안 위험 관리를 담당하는 자.

▶ **감사관 조치**

☐ 화물 운송 관리자를 확인했다.

☐ 화물 운송 관리자의 직무 기술서(리스크 관리 및 AOC 요건 준수에 대한 권한/책임/의무 정의에 중점)를 검토했다.
☐ 화물 운송 관리자를 인터뷰했다.
☐ 화물 운송의 다른 관리자들을 인터뷰했다.
☐ 기타 조치 (구체적으로 명시)

1.2 책임, 권한 및 의무

CGO 1.2.1 항공사가 화물을 운송하는 경우, 해당 관리 시스템이 화물 운송의 안전 및/또는 보안과 관련된 기능을 수행하는 관리직 및 비관리직 직원의 안전 책임, 권한, 그리고 의무를 명확히 정의하도록 해야 한다. 관리 시스템에는 다음 내용도 명시되어야 한다.

(i) 화물 운송의 안전 및/또는 보안과 관련하여 리스크 허용 가능성에 대한 결정을 내릴 권한을 가진 관리직 직원의 수준;
(ii) 화물 운송이 적용 가능한 규정 및 항공사의 기준에 따라 수행되도록 보장하는 의무;
(iii) 화물 운송 고위 관리직 직원이 안전 및/또는 보안에 대한 직접적인 책임을 포함하여, 화물 운송 전반에 걸친 책임 체계. [SMS] (GM) ◄

▶ 감사관 조치

☐ 정의된 안전 책임/권한/의무를 확인/평가했다(중점: 화물 운송 조직 전반의 관리직 및 비관리직 직원에게 적용).
☐ 화물 운송 관리자 및/또는 지정된 관리 담당자를 인터뷰했다.
☐ 화물 운송 내 일부 관리직 및 비관리직 직원의 직무 기술서를 검토했다.
☐ 기타 조치(구체적으로 명시)

▶ 가이드라인

관리직 및 비관리직 직원의 책임, 권한, 그리고 의무에 대한 자세한 정보는 ISM 제1장에 있는 ORG 1.3.1과 관련된 지침을 참고.

CGO 1.2.2 항공사가 화물을 운송하는 경우, 화물 운송 관리 시스템 내에서 직무 위임 절차 또는 규정을 마련하여, 필요시 직책 보유자를 포함한 운항 관리자가 업무를 수행할 수 없을 때에도 관리의 연속성이 유지되도록 해야 한다. (GM) ◄

▶ **감사관 조치**

□ 화물 운송 관리자(또는 해당 시 직책 보유자)가 부재중일 때의 직무 위임 절차를 확인/평가했다 (중점: 운항 관리자 부재 시에도 관리의 연속성이 유지되는 절차).

□ 화물 운송 관리자 및/또는 지정된 관리 담당자를 인터뷰했다.

□ 운항 관리자 부재로 인한 직무 위임 사례를 검토했다.

□ 기타 조치 (구체적으로 명시)

▶ **가이드라인**

직책 보유자(Post Holder)의 정의는 IRM을 참고.

이 규정의 의도는 항공사가 어떤 이유로든 할당된 업무를 수행할 수 없거나 수행할 것으로 예상되는 특정 운항 관리자의 직무를 대신할 특정 인물(또는 그 이상)을 지정하는 절차 또는 규정을 갖추도록 하는 것이다. 이 규정의 목적에 따라, 운항 관리자가 원격 근무 기술을 활용하거나 비상 호출 대기 상태를 유지하며 지속적으로 연락 가능한 상태인 경우에도 할당된 업무를 수행할 수 있는 수단으로 간주된다.

업무 수행과 원격 근무 기술 및/또는 비상 호출 대기 및 지속적인 연락 가능 상태 활용에 관한 내용은 ISM 제1장에 있는 ORG 1.3.2와 관련된 지침을 참고.

1.3 소통

CGO 1.3.1 항공사가 화물을 운송하는 경우, 화물 운송 관리 시스템 전반과 화물 운송이 수행되는 모든 영역에서 관련 안전 및 운영 정보를 효과적으로 소통할 수 있는 시스템을 갖추어야 한다. 이러한 시스템은 다음 사항을 보장해야 한다.

(i) 직원이 SMS(안전 관리 시스템)에 대한 인식을 유지하도록 함;

(ii) 안전에 중요한 정보가 전달되도록 함;

(iii) 해당될 경우, 외부 서비스 제공업체에 수행되는 운송 관련 정보를 제공함. [SMS] (GM) ◄

▶ **감사관 조치**

□ 화물 운송 조직 내 운송 관련 정보를 소통하는 시스템을 확인/평가했다 (중점: 화물 운송 조직 내 운송 관련 정보를 소통하는 능력).

□ 화물 운송 관리자 및/또는 지정된 관리 담당자를 인터뷰했다.

□ 화물 운송 내 정보 소통/전달 사례를 검토했다.

□ 화물 운송 내 일부 비관리직 운항 직원을 인터뷰했다.

□ 기타 조치(구체적으로 명시)

▶ 가이드라인

소통 방법에 대한 자세한 정보는 ISM 제1장에 있는 ORG 4.2.1과 관련된 지침을 참고.

1.4 자원 제공

CGO 1.4.1 항공사가 화물을 운송하는 경우, 화물 운송의 안전 및 보안 요건을 충족하기 위해 필요한 시설, 작업 공간, 장비 및 지원 서비스, 그리고 작업 환경이 존재하도록 보장해야 한다. (GM) ◄

참고: 이 규정을 준수하기 위해 항공사가 세부 사항을 문서화할 필요는 없다.

▶ 감사관 조치

□ 물리적 자원 및 서비스를 관찰/평가했다(중점: 화물 운송의 요구를 충족하기 위한 적절성).

□ 외부 화물 서비스 제공업체에 대한 감독 절차를 확인/평가했다(중점: 시설/작업 공간/장비/지원 서비스 평가).

□ 화물 운송 관리자 및/또는 지정된 관리 담당자를 인터뷰했다.

□ 기타 조치(구체적으로 명시)

▶ 가이드라인

항공사는 각 외부 화물 운송 서비스 제공업체가 이 규정의 사양을 충족하는지 확인하기 위해 일반적으로 모니터링 및 통제절차를 갖추고 있다.

ISM 제1장에 있는 ORG 1.5.2와 관련된 지침을 참고

이행(즉, 물리적 자원 및 작업 환경의 적절성)은 일반적으로 현장 감사 과정에서 감사관이 관찰을 통해 평가한다.

CGO 1.4.2 항공사가 화물을 운송하는 경우, 항공기 운항의 안전 또는 보안과 관련된 기능을 수행해야 하는 화물 조직 내 관리직 및 비관리직 직책에 대한 선발 절차를 갖추어야 한다. 이러한 절차는 후보자가 해당 직책에 적합한 지식, 기술, 훈련 및 경험

을 바탕으로 선발되도록 해야 한다. (GM) ◄

▶ **감사관 조치**

□ 항공기 운항의 안전 및 보안과 관련된 기능을 수행하는 화물 운송 직원을 선발하기 위한 기준 및 절차를 확인/평가했다.

□ 화물 운송 관리자 및/또는 지정된 관리 담당자를 인터뷰했다.

□ 항공기 운항의 안전 또는 보안과 관련된 화물 운송 기능을 수행하는 직원을 인터뷰했다.

□ 기타 조치(구체적으로 명시)

▶ **가이드라인**

ISM 제1장에 있는 ORG 1.5.3과 관련된 지침을 참고.

1.5 문서 시스템

CGO 1.5.2 (빈칸)

CGO 1.5.3 항공사가 유상 화물을 운송하는 경우, 화물 운송의 수행 또는 지원에 직접 사용되는 문서 및/또는 데이터를 관리하고 통제하는 시스템을 갖추어야 한다. 이러한 시스템은 문서가 다음을 충족하도록 보장해야 한다.

(i) 표 1.1에 명시된 모든 필수 요소를 충족함;

(ii) 읽기 쉽고 정확한 정보를 담고 있음;

(iii) 운항에 사용하기에 적절한 형식으로 제시됨. (GM) ◄

▶ **감사관 조치**

□ 화물 운송에 사용되는 운항 문서/데이터의 내용/형식을 관리/통제하는 시스템을 확인/평가했다.

□ 책임 있는 관리 담당자를 인터뷰했다.

□ 화물 운항 매뉴얼(OM)의 일부를 검토했다 (중점: 가독성/정확성/형식; 해당 시 승인 여부).

□ 기타 조치 (구체적으로 명시)

▶ **가이드라인**

IRM에서 문서(Documentation), 전자문서(Electronic Documentation), 종이문서(Paper Documentation)의 정의를 참고.

ISM 제1장에 있는 ORG 2.5.1 및 관련 지침, 그리고 표 1.1을 참고.

1.6 운영 매뉴얼

CGO 1.6.1 항공사가 화물을 운송하는 경우, 적용 가능한 규정, 법률, 규칙, 그리고 항공사의 기준을 준수하도록 보장하는 데 필요한 운항 정책, 절차, 규정 및 기타 정보를 담고 있는 운항 매뉴얼(OM)을 갖추어야 하며, 이는 여러 부분으로 발행될 수 있다. OM의 내용은 표 7.1에 명시된 화물의 수용, 취급, 및 고정에 관한 기준과 지침을 포함해야 한다. (GM)

▶ **감사관 조치**

- □ 화물 OM, 또는 해당 시 OM을 구성하는 별도의 문서들을 확인/평가했다.
- □ 책임 있는 관리 담당자를 인터뷰했다.
- □ 표 7.1에 따라 화물의 수용, 취급, 및 고정에 관한 기준과 지침이 OM에 포함되었는지 확인했다.
- □ 기타 조치 (구체적으로 명시)

▶ **가이드라인**

고위험 화물(High-risk Cargo)과 운항 매뉴얼(Operations Manual, OM)의 정의는 IRM을 참고.

이 규정은 무상 화물을 운송하는 항공사에도 적용된다. COMAT(회사 물품)은 무상 화물이다.

OM은 화물 운송 범위 내의 모든 기능에 공통적으로 적용되는 영역에 대한 지침을 포함할 수 있으며, 매뉴얼의 다른 부분들은 개별 운항 기능에 특화될 수 있다. 화물 운송의 범위가 넓고 항공사마다 다르므로, 항공사는 화물 운송 전용의 별도 OM(예: 화물 운송 매뉴얼)을 발행하는 대신, 다른 유형의 운항을 다루는 OM의 한 섹션에 모든 화물 운송 지침을 발행할 수도 있다(예: COMAT만 운송하는 항공사의 정비 관리 매뉴얼). 또한 항공사는 다양한 화물 운송 기능에 특화된 별도의 문서들로 정보를 발행할 수도 있다(예: 안전 및 보안, 수용, 물리적 취급, 문서화, 식별, 보관 및 적재, 비행 준비). 각 개별 문서는 일반적으로 모든 화물 운송 기능에 적용되는 일반적인 지침(예: 조직 정책, 일반 정의)과 특정 기능 또는 사무실 위치에 특화된 지침(예: 절차 설명, 표준 운영 절차, 관련 규정 및 IATA 매뉴얼 참조)을 포함할 것이다. 만약 항공사가 외부 조직에게 화물 운송 기능을 수행하도록 하는 경우, 해당 항공사는 각 외부 조직이 항공사의 OM을 사용하거나, 또는 항공사의 운항 안전, 보안 및 품질 요구사항을 충족하는 자체 발행 운항 매뉴얼을 갖추도록 보장하는 모니터링 및 통제 절차를 갖추어야 한다.

CGO 1.6.2 항공사가 화물을 운송하며 위험물을 포함하는 경우, 화물 운송이 수행되고 위험물이 접수되는 각 장소에 현행 Dangerous Goods Regulations (DGR) 또는 ICAO Technical Instructions for the Safe Transport of Dangerous Goods by Air (Technical Instructions) 사본(필요 시 부록 포함)이 비치되어 있도록 보장해야 한다. (GM)

▶ 감사관 조치

□ DGR 또는 관련 위험물 문서를 위험물 접수 및/또는 취급이 이루어지는 모든 장소에 배포하는 절차를 확인/평가했다.

□ 책임 있는 관리 담당자를 인터뷰했다.

□ 화물 접수 및 화물 취급 운송을 관찰했다(중점: 위험물 화물이 접수되거나 취급되는 장소에서 DGR 또는 Technical Instructions의 비치 및 접근성).

□ 기타 조치(구체적으로 명시)

▶ 가이드라인

IRM에서 Airport Handling Manual (AHM), Dangerous Goods Regulations (DGR), IATA Cargo Handling Manual (ICHM), Live Animals Regulations (LAR), Perishable Cargo Regulations (PCR), Temperature Control Regulations (TCR), Unit Load Device Regulations (ULDR), 그리고 Unit Load Device (ULD)의 정의를 참고.

각 외부 화물 운송 서비스 제공업체가 명시된 대로 DGR 또는 ICAO Technical Instructions 사본을 비치하도록 보장하는 모니터링 절차가 일반적으로 마련되어 있다. AHM, ICHM, LAR, PCR, TCR, 및 ULDR을 포함한 다른 관련 매뉴얼들도 비치

될 수 있다. DGR은 ICAO Technical Instructions를 기반으로 하며 운항에서 사용하기 편리하도록 고안되었다. 그러나 일부 관할권에서는 현지 규정에 따라 ICAO Technical Instructions를 비치하도록 요구할 수 있다. 필요한 경우, DGR 부록은 DGR의 각 판에 대한 모든 수정 사항이나 정정 사항을 사용자에게 알리기 위해 발행된다. 여기에는 ICAO가 Technical Instructions의 현행판에 발행한 정오표가 포함될 수 있다.

CGO 1.6.3 항공사가 화물을 운송하지만 위험물을 운송하지 않는 경우, OM에 위험물이 실수로 운송을 위해 접수되고 항공기에 적재되는 것을 방지하는 데 필요한 정책 및 관련 지침이 포함되도록 보장해야 한다. (GM)

▶ 감사관 조치

☐ 화물 OM 또는 이에 상응하는 매뉴얼에서 직원이 실수로 위험물의 접수 또는 운송을 허용하지 않도록 하는 데 필요한 정보를 확인/평가했다.

☐ 책임 있는 관리 담당자를 인터뷰했다.

☐ 화물 운송에서 운항 기능을 수행하는 직원을 인터뷰했다.

☐ 기타 조치(구체적으로 명시)

▶ 가이드라인

위험물을 '운송하지 않는' 항공사의 경우, OM의 지침은 일반적으로 숨겨져 있거나 눈에 띄지 않는 위험물에 대한 경각심을 다루고, 위험물을 포함할 수 있는 품목의 예시 목록을 포함한다.

CGO 1.6.4 항공사가 Unit Load Devices (ULDs)를 사용하여 화물을 운송하는 경우, 화물 운송이 수행되고 ULDs가 취급되는 각 장소에 현행 ULD Regulations (ULDR) 사본, 또는 이에 상응하는 ULD 관련 내용을 담은 OM이 비치되거나 접근 가능하도록 해야 한다. (GM)

▶ 감사관 조치

☐ ULDR 또는 이에 상응하는 ULD 관련 내용을 담은 OM을 화물 운송이 수행되고 ULDs가 취급되는 모든 장소에 배포하는 절차를 확인/평가했다.

☐ 책임 있는 관리 담당자를 인터뷰했다.

☐ ULDR 또는 이에 상응하는 내용을 담은 관련 OM의 배포를 추적했다.

☐ 화물 취급 운송을 관찰했다(중점: 화물 운송이 수행되고 ULDs가 취급되는 장소에서 ULDR 또는 이에 상응하는 내용을 담은 OM의 비치 및 접근성).

☐ 기타 조치(구체적으로 명시)

▶ **가이드라인**

IRM에서 Weight and Balance Manual의 정의를 참고.

ULD는 항공기에 적재될 때 Weight and Balance Manual에 따라 감항성 요건을 충족해야 한다. ULDR을 준수하는 것은 ULD 운송이 Weight and Balance Manual의 요건을 준수하며 수행될 수 있는 한 가지 방법이다(유일한 방법은 아님).

1.7 기록 시스템

CGO 1.7.1 항공사가 화물을 운송하는 경우, 운영 기록의 내용 및 보존이 해당 기관의 요건(해당하는 경우)에 부합하도록 보장하고, 운영 기록에 대해 다음의 표준화된 절차를 적용하는 관리 및 통제 시스템을 갖추어야 한다.

(i) 식별;

(ii) 가독성;

(iii) 유지보수;

(iv) 검색;

(v) 보호, 무결성 및 보안;

(vi) 폐기, 삭제(전자 기록) 및 보관. (GM) ◄

▶ **감사관 조치**

☐ 화물 운송의 운영 기록에 대한 관리 및 통제 시스템을 확인/평가했다(중점: 시스템이 표준에 명시된 표준화된 절차를 포함하는지 여부).

☐ 책임 있는 관리 담당자를 인터뷰했다.

☐ 화물 운송의 운영 기록 사례를 검토했다.

☐ 기타 조치(구체적으로 명시)

▶ **가이드라인**

ISM 제1장에 있는 ORG 2.6.1과 관련된 지침을 참고.

CGO 1.7.2 항공사가 화물을 운송하며 화물 운송 기록의 관리 및 통제를 위해 전자 시스템을 사용하는 경우, 해당 시스템이 백업 기록 파일을 정기적으로 생성하도록 보장해야 한다. (GM) ◂

▶ **감사관 조치**

□ 화물 운송의 운영 기록에 대한 관리 및 통제 시스템을 확인/평가했다(중점: 시스템이 정기적인 파일 백업 일정을 정의하는지 여부).

□ 책임 있는 관리 담당자를 인터뷰했다.

□ 전자 기록에 대한 백업 파일 기록을 검토했다.

□ 기타 조치(구체적으로 명시)

▶ **가이드라인**

ISM 제1장에 있는 ORG 2.6.2와 관련된 지침을 참고.

1.8 (공란)

1.9 품질 보증 프로그램

CGO 1.9.1 항공사가 화물을 운송하는 경우, 항공사가 다음 사항을 보장할 수 있도록 화물 운송 범위 내의 관리 시스템 및 운항 기능에 대해 계획된 간격으로 감사 및 평가를 제공하는 품질 보증 프로그램을 갖추어야 한다.

(i) 해당 규정 및 기준을 준수하고 있는지;

(ii) 명시된 운항 요구를 충족하고 있는지;

(iii) 개선이 필요한 영역을 식별하고 있는지;

(iv) 운항에 대한 위험 요소를 식별하고 있는지;

(v) 안전 위험 통제의 효과성을 평가하고 있는지. [SMS] (GM) ◂

▶ **감사관 조치**

□ 화물 운송 내 품질 보증 프로그램의 역할/조직/구조를 확인/평가했다(중점: 조직

/SMS 내 역할/목적; 감사 프로그램 범위/목표 정의; 관리/운항 영역에 대한 지속적인 감사를 위한 프로그램 요소/절차 설명).

□ 책임 있는 품질 보증 프로그램 관리자를 인터뷰했다.

□ 일부 운항 관리자를 인터뷰했다(중점: 품질 보증 프로그램과의 연관성).

□ 일부 화물 운송 감사 보고서를 검토했다(중점: 감사 범위/절차/조직 연관성).

□ 기타 조치(구체적으로 명시)

▶ 가이드라인

IRM에서 품질보증(Quality Assurance, QA)의 정의를 참고.

유상 및/또는 무상 화물 운송과 관련된 회사의 모든 영역에 적용되는 기업 품질 보증 프로그램도 이 요건을 충족한다.

ISM 제1장에 있는 ORG 2.1.1과 관련된 지침을 참고.

CGO 1.9.2 항공사가 화물을 운송하는 경우, 품질 보증 프로그램에 따라 수행된 감사로 인해 발생한 발견 사항을 다루는 절차를 갖추고, 다음 사항을 보장해야 한다.

(i) 근본 원인의 식별;

(ii) 발견 사항을 해결하기 위한 시정 조치 개발;

(iii) 화물 운송의 적절한 영역에 시정 조치 실행;

(iv) 효과성을 판단하기 위한 시정 조치 평가. (GM) ◄

▶ 감사관 조치

□ 화물 운송 내 품질 보증 감사 발견 사항을 다루는 절차를 확인/평가했다.

□ 책임 있는 품질 보증 프로그램 관리자를 인터뷰했다.

□ 일부 감사 보고서/기록을 검토했다(중점: 근본 원인 식별, 시정 조치 개발/실행, 효과성 평가를 위한 후속 조치).

□ 기타 조치(구체적으로 명시)

▶ 가이드라인

ISM 제1장에 있는 ORG 2.1.7과 관련된 지침을 참고.

CGO 1.9.3 항공사가 화물을 운송하는 경우, 화물 운송 품질 보증 및 위험 관리에서 발생하는 중대한 문제들이 ORG 4.1.1에 따라 경영진 검토 대상이 되도록 보장하는 절차를 갖추어야 한다. [SMS] (GM) ◂

▶ 감사관 조치

□ 화물 운송 품질 보증 문제에 대한 경영진 검토 절차를 확인/평가했다(중점: 품질 보증 프로그램의 지속적인 개선).

□ 책임 있는 품질 보증 프로그램 관리자를 인터뷰했다.

□ 화물 운송 품질 보증 프로그램 문제에 대한 경영진 검토 기록/문서 사례를 검토했다(중점: 품질 보증 프로그램 개선을 위해 식별 및 실행된 특정 문제/변경 사항).

□ 기타 조치(구체적으로 명시)

▶ 가이드라인

ISM 제1장에 있는 ORG 4.1.1 및 4.1.2와 관련된 지침을 참고.

CGO 1.9.4 항공사가 화물을 운송하는 경우, 화물운송에 대한 감사가 다음을 보장할 수 있도록 감사계획 절차 및 충분한 자원을 갖추어야 한다.

(i) 규제 및 관리시스템 요구사항을 충족하기 위한 간격으로 일정이 잡힘;

(ii) 예정된 간격 내에 수행됨. (GM) ◂

▶ 감사관 조치

□ 화물 운송에 대한 품질 보증 감사 계획 절차를 확인/평가했다(중점: 감사가 해당 내부/외부 요구사항에 따라 계획/일정 잡힘/수행되는지 여부).

□ 감사 자원을 확인/평가했다(중점: 감사 계획을 달성하기 위한 충분한 감사관/기타 자원의 가용성).

□ 품질 보증 프로그램 관리자를 인터뷰했다.

□ 계획 준수 여부를 확인하기 위해 감사 계획과 일부 감사 보고서를 교차 확인했다(중점: 감사가 감사 계획에 따라 수행되는지 여부).

□ 기타 조치(구체적으로 명시)

▶ 가이드라인

ISM 제1장에 있는 ORG 2.1.5와 관련된 지침을 참고.

1.10 아웃소싱된 운항 및 제품의 품질 관리

CGO 1.10.1A 항공사가 외부 서비스 제공업체에게 아웃소싱된 화물 운송 기능을 수행하도록 하는 경우, 다음을 보장하는 서비스 제공업체 선정 절차가 마련되어 있도록 해야 한다.

(i) 안전 관련 선정 기준이 수립됨;

(ii) 선정 전에 서비스 제공업체가 이 기준에 따라 평가됨. (GM) ◂

▶ 감사관 조치

☐ 외부 서비스 제공업체 선정 절차를 확인/평가했다.

☐ 화물 운송의 책임 있는 관리자를 인터뷰했다.

☐ 선정 절차 적용을 입증하는 기록/문서 사례를 검토했다.

☐ 모든 운항 영역에서 선정 절차의 이행을 확인하기 위해 조정했다.

☐ 기타 조치 (구체적으로 명시)

▶ 가이드라인

이 규정의 의도는 항공사가 화물 운송 서비스 제공업체의 평가 및 잠재적 선정을 위해 관련 안전 및 보안 기준을 정의하도록 하는 것이다. 이는 외부 서비스 제공업체 관리에 있어 첫 번째 단계이며, 항공사가 제공업체와 계약을 체결하기 전에 이루어진다. 이 절차는 개별 서비스 제공업체를 선정하는 과정에서 한 번만 적용하면 된다.

ORG 1.6.1과 관련된 지침을 참고.

CGO 1.10.1B 항공사가 화물을 운송하고, 외부 서비스 제공업체에게 아웃소싱된 화물 운송 기능을 수행하도록 하는 경우, 해당 외부 서비스 제공업체와 계약 또는 협약이 체결되도록 보장하는 절차를 갖추어야 한다. 계약 또는 협약은 항공기 운항의 안전 및/또는 보안에 영향을 미치는 화물 요구사항이 서비스 제공업체에 의해 충족되고 있는지 항공사가 모니터링 할 수 있는 특정 문서화된 요구사항의 적용을 명시해야 한다. (GM) ◂

▶ 감사관 조치

☐ 아웃소싱된 화물 운송 기능을 수행하는 외부 서비스 제공업체와 계약/협약 체결 절차를 확인/평가했다.

☐ 화물 운송의 책임 있는 관리자를 인터뷰했다.

□ 아웃소싱된 화물 운송 계약/협약 사례를 검토했다(중점: 외부 서비스 제공업체에 적용되는 특정 요구사항 포함 또는 참조 여부).

□ 기타 조치(구체적으로 명시)

▶ 가이드라인

IRM에서 운항기능(항공기 운항)(Operational Function (Aircraft Operations))과 아웃소싱(Outsourcing)의 정의를 참고.

화물 취급 계약 또는 협약에 대한 요구사항은 아웃소싱된 화물 운송 범위 내의 모든 운항 기능에 적용된다. AHM은 표준 지상 조업 협약 및 서비스 수준 협약에 대한 상세한 지침과 예시를 포함하고 있으며, 이들 모두는 화물 운송을 다루기 위해 전체 또는 일부가 사용될 수 있다.

ISM 제1장에 있는 ORG 1.6.2와 관련된 지침을 참고.

CGO 1.10.2 항공사가 화물을 운송하고, 외부 서비스 제공업체에게 아웃소싱된 화물 운송 기능을 수행하도록 하는 경우, 항공기 운항의 안전 및 보안에 영향을 미치는 화물 요구사항이 충족되고 있는지 확인하기 위해 해당 외부 서비스 제공업체를 모니터링하는 절차를 갖추어야 한다. (GM) ◄

참고: 유일한 모니터링 수단으로서 IOSA 또는 ISAGO 등록은, 항공사가 공식 프로그램 채널을 통해 해당 감사 보고서의 최신본을 입수하고 해당 보고서의 내용을 고려하는 경우 수용 가능하다.

▶ 감사관 조치

□ 외부 화물 운송 서비스 제공업체를 모니터링하는데 사용되는 절차를 확인/평가했다(중점: 모니터링 절차가 제공업체가 해당 안전/보안 요구사항을 충족하도록 보장하는지 여부).

□ 화물 운송의 책임 있는 관리자를 인터뷰했다.

□ 화물 운송 서비스 제공업체 모니터링으로 인한 기록/보고서 사례를 검토했다(중점: 모니터링 절차가 제공업체가 해당 안전/보안 요구사항을 충족하도록 보장하는지 여부).

□ 기타 조치(구체적으로 명시)

▶ **가이드라인**

ISM 제1장에 있는 ORG 2.2.1과 관련된 지침을 참고.

CGO 1.10.3 항공사가 화물을 운송하고, 외부 서비스 제공업체에게 아웃소싱된 화물 운송 기능을 수행하도록 하는 경우, CGO 1.10.2에 따라 외부 서비스 제공업체를 모니터링하는 절차에 감사를 포함해야 한다. (GM) ◂

▶ **감사관 조치**

□ 외부 화물 운송 서비스 제공업체 모니터링에 사용되는 감사 절차를 확인/평가했다.

□ 화물 운송의 책임 있는 관리자를 인터뷰했다.

□ 외부 화물 운송 취급 서비스 제공업체에 대해 수행된 감사 보고서 사례를 검토했다.

□ 기타 조치(구체적으로 명시)

▶ **가이드라인**

ISM 제1장에 있는 ORG 2.2.2와 관련된 지침을 참고.

1.11 안전 관리

위험 관리

CGO 1.11.1 운영자가 화물을 운송하는 경우, 운영자는 화물 운송 조직 내에 위험 식별 프로그램을 구현하여야 한다. 이 프로그램에는 반응적 방법과 사전 예방적 방법을 조합한 위험 식별 방법이 포함되어야 한다. [SMS] (GM) ◂

▶ **감사관 조치**

□ 화물 운송 운영의 안전 위험 식별 프로그램을 식별/평가한다(중점: 프로그램이 항공기 운영에 대한 위험을 식별하는지 여부; 안전 데이터 수집/분석 방법을 설명/정의하는지 여부).

□ 범분야 안전 위험 식별 프로그램에서 화물 운송 운영의 역할을 식별/평가한다(중점: 다른 운영 분야와의 참여).

□ 화물 운송 운영의 책임 관리자를 인터뷰한다.

□ 항공기 운영에 대한 위험을 식별하기 위해 화물 운송 운영 데이터 수집/분석을 수

행하는 담당자를 인터뷰한다.

□ 화물 운송 운영 데이터 수집/분석을 통해 식별된 위험의 일부 예시를 검토한다.

□ 기타 조치(구체적으로 명시)

▶ **가이드라인**

IRM(Implementation and Review Manual)에서 위험(항공기 운영) 및 안전 위험의 정의를 참조.

위험 식별은 SMS 프레임워크의 안전 위험 관리 구성 요소 중 하나이다.

ISM(Implementation Standard Manual) 섹션 1에 있는 ORG 3.1.1과 관련된 가이드라인을 참조.

CGO 1.11.2 운영자가 화물을 운송하는 경우, 운영자는 화물운송 조직 내에 안전 위험평가 및 완화 프로그램을 구현하여야 한다. 이 프로그램은 다음을 보장하기 위한 프로세스를 명시하여야 한다:

(i) 위험을 분석하여 항공기 운영에 대한 해당 안전 위험을 결정한다.

(ii) 안전 위험을 평가하여 위험 완화조치가 필요한지 여부를 결정한다.

(iii) 필요한 경우, 화물운송 운영에 위험 완화 조치가 개발되고 실행된다. [SMS] (GM) ◄

▶ **감사관 조치**

□ 화물 운송 운영의 안전 위험 평가 및 완화 프로그램을 식별/평가함(중점: 위험을 식별/정의하기 위해 위험이 분석되었는지 여부; 적절한 조치를 결정하기 위해 위험이 평가되었는지 여부; 위험을 완화하기 위해 조치가 구현/모니터링 되는지 여부).

□ 범분야 안전 위험 평가/완화 프로그램에서 화물 운송 운영의 역할을 식별/평가함(중점: 다른 운영 분야와의 참여/협력).

□ 화물 운송 운영의 책임관리자를 인터뷰함.

□ 화물 운송 운영의 위험 평가/완화를 수행하는 담당자를 인터뷰함.

□ 위험 평가/완화 조치를 보여주는 선택된 기록/문서를 검토함.

□ 기타 조치(구체적으로 명시)

▶ **가이드라인**

IRM(Implementation and Review Manual)에서 위험 등록부(Risk Register), 안전위험(Safety Risk), 안전 위험평가(SRA), 안전 위험관리(Safety Risk Management) 및 안전 위험완화(Safety Risk Mitigation)의 정의를 참조.

위험 평가 및 완화는 SMS 프레임워크의 안전 위험 관리 구성 요소 중 하나이다. 위험의 잠재성은 일반적으로 화물 운송 운영의 다음 측면과 관련이 있다.

- 리튬 배터리 및 기타 특수 화물 운송을 포함한 위험물 접수 및 처리
- 보안 통제 적용
- 불법적인 간섭 행위로부터의 보호
- 대형/초대형, 돌출 및 중량 화물과 같은 특수 화물의 접수 및 처리
- ULD(Unit Load Device) 처리 (예: ULD사용 가능성 확인, 조립/분해, 지상 운송, 환적 및 보관)
- 화물처리장비의 운영 및 사용 가능성
- 시설의 적절성

ISM(Implementation Standard Manual) 섹션 1에 있는 ORG 3.2.1과 관련된 가이드라인을 참조.

운영 보고 (Operational Reporting)

CGO 1.11.3 운영자가 화물을 운송하는 경우, 운영자는 화물 운송 조직 내에 다음을 충족하는 운영안전 보고 시스템을 갖추어야 합니다:

(i) 화물 운송 인력이 안전 위험을 식별하고, 안전 결함을 노출하며, 안전 우려사항을 제기하는 보고서를 제출하도록 장려하고 용이하게 합니다.

(ii) 보고 시스템을 통해 식별된 운영결함, 위험, 사건 및 우려사항을 해결하기 위한 분석 및 화물운송 관리조치를 포함합니다. [SMS] (GM) ◄

▶ **감사관 조치**

☐ 화물 운송 운영의 문서화된 운영 안전보고시스템을 식별/평가함(중점: 시스템이 위험/안전 우려사항 보고를 권장/용이하게 하는지 여부; 보고된 위험/안전 우려사항을 검증/해결하기 위한 분석/조치를 포함하는지 여부).

□ 화물 운송 운영의 책임관리자를 인터뷰함.

□ 화물 운송 운영에서 운영 안전 보고서 검토/분석/후속 조치를 수행하는 담당자를 인터뷰함.

□ 화물 운송 운영에서 운영 기능을 수행하는 인력을 인터뷰함.

□ 효과적인 화물 운송 안전 보고 시스템을 확인하는 데이터(중점: 제출된 보고서의 양/식별된 위험의 양)를 검토함.

□ 선택된 화물 운송 안전 보고서 기록을 검토한다(중점: 보고된 위험/안전 우려사항을 식별하고 해결하기 위한 분석/후속 조치).

□ 기타 조치(구체적으로 명시)

▶ 가이드라인

안전 보고는 SMS 위험 식별 및 위험 관리의 핵심 측면이다.

ISM(Implementation Standard Manual) 섹션 1에 있는 ORG 3.1.2와 관련된 가이드라인을 참조.

CGO 1.11.4 운영자가 화물을 운송하는 경우, 운영자는 화물 운송 조직 내에 비밀 안전 보고 시스템을 구현하여야 한다. 이 시스템은 운영상의 인적요소(human performance)로 인해 발생하거나 이와 관련된 사건, 위험 및/또는 우려사항의 보고를 장려하고 용이하게 하는 방식으로 운영되어야 한다. (GM) ◄

▶ 감사관 조치

□ 화물 운송 운영의 문서화된 비밀 안전 보고 시스템을 식별/평가한다(중점: 시스템이 인적 요인으로 인한 사건/위험/안전 우려사항 보고를 권장/용이하게 하는지 여부; 보고서/보고자가 익명 처리(de-identified)되는지 여부; 보고된 위험/안전 우려사항을 검증/해결하기 위한 분석/조치를 포함하는지 여부).

□ 화물 운송 운영의 책임관리자를 인터뷰한다.

□ 선택된 화물 운송 비밀 안전 보고서 기록을 검토 한다(중점: 보고서/보고자 익명 처리 여부; 보고된 위험/안전 우려사항을 식별/해결하기 위한 분석/후속 조치).

□ 기타 조치(구체적으로 명시)

▶ **가이드라인**

ISM(Implementation Standard Manual) 섹션 1에 있는 ORG 3.1.3과 관련된 가이드라인을 참조.

안전성과 모니터링 및 관리

CGO 1.11.5 운영자가 화물을 운송하는 경우, 운영자는 안전 목표 달성을 모니터링하고 위험 통제의 효과를 검증하는 수단으로서 안전성과 지표(SPIs) 및 해당되는 경우 안전성과 목표(SPTs)를 설정하기 위한 프로세스를 화물 운송 조직 내에 갖추어야 한다. [SMS] (GM) ◀

▶ **감사관 조치**

☐ 화물 운송 운영의 SPI 및 SPT 설정 프로그램을 식별/평가한다(중점: 프로그램이 안전 목표와 일치하는 SPI의 개발 및 구현을 정의하는지 여부).
☐ 화물 운송 운영의 책임관리자를 인터뷰한다.
☐ 선택된 SPI를 검토 한다(중점: SPI와 SPT가 위험 통제의 효과 및 안전 목표 달성을 향한 운영 성과를 모니터링하는 데 사용되고 있는지 여부).
☐ 화물 운송 SPI 및 SPT의 추적을 식별하는 기록/문서를 검토 한다(중점: 추적이 운영 안전 성과를 평가/모니터링하고, 위험 통제효과를 평가/검증하는 데 사용되는지 여부).
☐ 기타 조치(구체적으로 명시)

▶ **가이드라인**

IRM(Implementation and Review Manual)에서 안전 보장(Safety Assurance), 안전 목표(Safety Objective), 안전 성과지표(SPI) 및 안전 성과목표(SPT)의 정의를 참조.

안전 목표와 일치하는 SPI를 설정하는 것은 SMS 프레임워크의 안전 보장 구성 요소 중 하나이다. SPI는 운영자가 안전 목표 달성과 비교하여 운영 성과를 추적하고, 운영 위험 관리 및 관련 규제 요구사항 준수 유지에 있어 조직의 성과에 집중하기 위해 사용된다.

이들은 조직이 안전 목표 달성을 위한 궤도에 올랐다는 확신을 제공하는 '이정표' 역할을 하며, 안전 성과관리 활동의 효과를 검증하는 측정 가능한 방법을 제공 한다.

SPT의 설정은 일반적으로 현실적으로 달성 가능한 것이 무엇인지 고려한 후, 그리고 과거 추세 데이터를 이용할 수 있는 경우 해당 SPI의 최근 성과를 고려하여 수행되는 것이 일반적이다. SPT를 설정하거나 정의하는 것이 항상 필요하거나 적절한 것은 아니며, 특정 SPI는 목표 수치와 비교하기보다는 추세(trend)를 모니터링하는 것이 더 나을 수 있다. 안전 보고는 목표를 설정하는 것이 부적절할 수 있는 한 예시이다.(만약 목표가 특정 수치를 초과하지 않는 것이라면 보고를 단념시킬 수 있고, 목표가 특정 수치에 도달하는 것이라면 사소한 사항까지 보고하도록 유도할 수 있다.)

ISM(Implementation Standard Manual) 섹션 1에 있는 ORG 1.4.1 (안전 목표) 및 ORG 1.4.2 (SPI 및 SPT)와 관련된 가이드라인을 참조.

2.1 교육 프로그램

CGO 2.1.1 운영자가 화물을 운송하는 경우, 운영자는 외부 서비스 제공자의 인력을 포함하여, 운영자를 위해 화물 운송 범위 내의 기능에서 운영 업무를 수행하는 인력이 다음을 이수하도록 보장하는 프로세스를 갖추어야 한다:

(i) 해당 운영 업무를 수행하도록 배정되기 이전에 받는 최초 교육(Initial training);

(ii) 규제 당국의 요구사항에 따른 빈도로, 그러나 CGO 2.2.1, CGO 2.2.2, CGO 2.2.3, 또는 CGO 2.2.4에 명시된 위험물 및 ULD에 대한 정기 교육을 제외하고는 36개월 기간마다 최소 1회 받는 정기 교육(Recurrent training). (GM)

▶ 감사관 조치

□ 화물 운송 인력의 교육 완료를 보장하는 프로세스를 식별/평가한다(중점: 모든 화물 운송 기능의 인력을 포함하는지 여부; 외부 서비스 제공자 인력을 포함하는지 여부).

□ 화물 운송 운영의 책임관리자를 인터뷰한다.

□ 선택된 최초/정기 과정 커리큘럼/요강을 검토 한다(중점: 최초 및 정기 교육 프로그램이 모든 화물 운송 기능을 다루는지 여부).

□ 선택된 인력의 최초/정기 교육 기록을 검토 한다(중점: 최초 및 정기 교육의 완료 여부).

□ 기타 조치(구체적으로 명시)

▶ 가이드라인

화물 운송 범위 내의 기능에 대해서는 본 섹션 시작 부분의 적용 가능성 상자(Applicability box)를 참조.

최초 및 정기 교육에 대한 요구사항은 주 기지 및 다른 모든 장소에서 운영자를 위한 화물 운송 범위 내에서 업무를 수행하는 모든 인력에게 적용된다.

CGO 2.1.2 운영자가 화물을 운송하는 경우, 운영자는 CGO 2.1.1에 따라 화물 운송 인력이 이수한 교육 프로그램이 특정 화물 기능 및 책임과 관련된 업무를 수행하고, 절차를 실행하며, 장비를 운영하는 데 필요한 지식을 제공하도록 보장하는 프로세스를 갖추어야 한다. 이러한 프로그램에는 다음이 포함되어야 한다:

(i) 적용 가능한 규정에 대한 숙지 교육(Familiarization training);

(ii) 정책, 절차 및 운영 관행을 포함한 요구사항에 대한 심층 교육(In-depth training);

(iii) 인적 요인(Human factors) 원칙에 대한 교육;

(iv) 관련 운영 위험에 대한 안전 교육. (GM)

▶ 감사관 조치

□ 화물 운송 인력을 위한 교육 프로그램을 식별/평가한다(중점: 모든 화물 운송 기능의 인력을 위한 프로그램을 포함하는지 여부).

□ 화물 운송 운영의 책임관리자를 인터뷰한다.

□ 선택된 교육 프로그램 기록/문서를 검토 한다(중점: 프로그램이 화물 운송 기능에 적용되는 대로 명시된 모든 교육 영역을 포함하는지 여부).

□ 기타 조치(구체적으로 명시)

▶ 가이드라인

IRM(Implementation and Review Manual)에서 인적요인 원칙(Human Factors Principles)의 정의를 참조.

DGR(Dangerous Goods Regulations) 1.5를 참조.

역량기반 훈련 및 평가(CBTA)를 위한 위험물 교육 가이드라인이 www.iata.org/dangerousgoods에서 이용 가능하며, 여기에는 잘 정의된 직무를 위한 수정된 작업 목록이 포함되어 있다.

CBTA 접근 방식을 채택하고 있는 ULD(Unit Load Device) 교육 요구사항에 대해서는 ULDR(Unit Load Device Regulations) 1.6을 참조.

CGO 2.1.3 (공란)

CGO 2.1.4 운영자가 화물을 운송하는 경우, 운영자는 CGO 2.1.1에 따라 화물 운송 인력이 이수한 교육 프로그램이 검토되고 갱신되어 관련성을 유지하고 최신 상태를 유지하도록 보장하는 프로세스를 갖추어야 한다.

▶ **감사관 조치**

□ 화물 운송 인력이 이수한 교육 프로그램의 검토 및 갱신 프로세스를 식별/평가한다.

□ 화물 운송 운영의 책임관리자를 인터뷰한다.

□ 선택된 교육 프로그램 기록/문서를 검토 한다(중점: 프로그램이 주기적으로 검토되고 갱신되었는지 여부).

□ 기타 조치(구체적으로 명시)

CGO 2.1.5 운영자가 화물을 운송하는 경우, 운영자는 운영자를 위해 화물 운송 범위 내에서 운영 업무를 수행하는 인력에 대한 교육이 다음을 포함하도록 보장하는 프로세스를 갖추어야 한다:

(i) 해당되는 경우, 서면, 구두 또는 실습 수단을 통한 시험 또는 평가;

(ii) 업무 수행, 절차 실행 및/또는 장비 운영을 위한 충분한 지식, 역량 및 숙련도의 입증 요구.

▶ **감사관 조치**

□ 화물 운송 인력을 위한 교육 프로그램을 식별/평가한다(중점: 프로그램이 명시된 대로 시험/평가/입증을 위한 프로세스를 포함하는지 여부).

□ 화물 운송 운영의 책임관리자를 인터뷰한다.

□ 선택된 최초/정기 과정 커리큘럼/요강을 검토 한다(중점: 최초 및 정기 교육 프로그램이 시험/평가/입증을 포함하는지 여부).

□ 선택된 인력의 최초/정기 교육 기록을 검토 한다(중점: 최초 및 정기 교육 동안 명시된 대로 시험/평가/입증이 완료되었는지 여부).

□ 기타 조치(구체적으로 명시)

CGO 2.1.6 운영자가 화물을 운송하는 경우, 운영자는 운영자를 위해 화물 운송 범위 내에서 운영 업무를 수행하는 인력의 필수 교육 완료 기록이 기록되고 CGO 1.7.1에 따라 보존되도록 보장하는 프로세스를 갖추어야 한다.

▶ **감사관 조치**

□ 화물 운송 기록 시스템을 식별/평가한다(중점: 시스템이 화물 운송 업무를 수행하는 인력의 교육 기록을 포함하는지 여부).

□ 화물 운송 운영의 책임관리자를 인터뷰한다.

□ 선택된 인력의 최초/정기 교육 기록을 검토 한다(중점: 기록에 필수 교육 완료 사항이 포함되어 있는지 여부).

□ 기타 조치(구체적으로 명시)

2.2 프로그램 요소

CGO 2.2.1 운영자가 화물을 운송하는 위험물 운송 사업자인 경우, 운영자는 위험물 접수 책임이 지정된 화물 운송 인력이 위험물 교육을 완료하도록 보장하는 프로세스를 갖추어야 한다. 이 교육에는 최초 교육과 이전 위험물 교육 후 24개월 이내에 받는 정기 교육이 포함되어야 한다. (GM)

▶ **감사관 조치**

□ 위험물 교육 프로그램을 식별/평가한다: (중점: 특정 지정 책임/업무 기능에 근거하여 모든 화물 취급 인력에 대한 DG 교육 요구사항을 정의하는지 여부).

□ 화물 운송 운영의 책임관리자를 인터뷰한다.

□ 적용 가능한 최초/정기 위험물 교육 커리큘럼 및 요강을 검토 한다(중점: 특정 책임/업무 기능에 적절한 주제 영역인지 여부).

□ 선택된 인력의 최초/정기 위험물 교육 기록을 검토 한다(중점: 지정된 책임/업무 기능에 적절한 필수 교육의 완료 여부).

□ 기타 조치(구체적으로 명시)

▶ **가이드라인**

화물 운송 인력에 대한 위험물 교육의 커리큘럼은 운영자에 의해 결정되며, 특정 책임 및 업무 기능에 따라 달라질 수 있다.

위험물 정기 교육은 지식이 최신 상태임을 보장하기 위해 이전 교육 후 24개월이 만료되는 유효 기간 내에 완료되어야 한다. 단, 관할 당국이 더 짧은 기간을 정의한 경우는 예외이다. 그러나 이러한 정기 교육이 24개월 유효 기간의 마지막 3개월 이내에 완료되는 경우, 새로운 유효 기간은 정기 교육이 완료된 월부터 현재 유효 기간 만료월로부터 24개월까지 연장될 수 있다. 만약 이러한 정기 교육이 유효 기간의 마지막 3개월 이전에 완료되는 경우, 새로운 유효 기간은 정기 교육이 완료된 월부터 24개월까지 연장될 것이다.

DGR 1.5를 참조.

역량기반 훈련 및 평가(CBTA)를 위한 위험물 교육 가이드라인이 www.iata.org/dangerousgoods에서 이용 가능하며, 여기에는 잘 정의된 직무를 위한 수정된 작업 목록이 포함되어 있다.

CGO 2.2.2 운영자가 화물을 운송하지만, 위험물을 운송하지 않는 경우라도, 운영자는 화물 접수 책임이 지정된 화물 운송 인력이 위험물 교육을 완료하도록 보장하는 프로세스를 갖추어야 한다. 이 교육에는 최초 교육과 이전 위험물 교육 후 24개월 이내에 받는 정기 교육이 포함되어야 한다. (GM)

▶ **감사관 조치**

□ 위험물 교육 프로그램을 식별/평가한다: (중점: 화물 접수/취급 책임이 있는 인력에 대한 DG 교육 요구사항을 정의하는지 여부).

□ 화물 운송 운영의 책임관리자를 인터뷰한다.

□ 선택된 최초/정기 위험물 교육 커리큘럼/요강을 검토 한다(중점: 화물 접수/취급 책임이 있는 인력에게 적절한 주제 영역인지 여부).

□ 선택된 화물 운송 인력의 최초/정기 교육 기록을 검토 한다(중점: 지정된 책임/업무 기능에 적절한 필수 교육의 완료 여부).

□ 기타 조치(구체적으로 명시)

▶ **가이드라인**

운영자가 위험물을 화물로 운송하지 않는 경우 (즉, "운송 불가(no-carry)" 운영자), 화물 운송 인력에게 위험물 교육이 여전히 필요 하다. 이는 신고되었거나 신고되지 않은 위험물을 인식하고 항공기에 접수되거나 적재되는 것을 금지하기 위함이다.

위험물 교육은 화물 운송 인력이 라벨 부착 여부와 관계없이 위험물을 인식하고, 해당 위험물이 항공기에 부주의하게 접수 및/또는 적재 계획되는 것을 방지할 수 있도록 필수적인 지식을 제공하도록 구성되어 있다. 화물 취급 인력에 대한 위험물 교육의 커리큘럼은 운영자에 의해 결정되며, 특정 책임 및 업무 기능에 따라 달라질 수 있다.

DGR 1.5를 참조.

역량기반 훈련 및 평가(CBTA)를 위한 위험물 교육 가이드라인이 www.iata.org/dangerousgoods에서 이용 가능하며, 여기에는 잘 정의된 직무를 위한 수정된 작업 목록이 포함되어 있다.

CGO 2.2.3 운영자가 위험물을 화물로 운송하는 경우, 운영자는 해당화물 취급 책임과 적용 가능한 경우 해당화물을 이용한 ULD 조립(build-up) 책임이 지정된 화물 운송 인력이 위험물 교육을 받도록 보장하는 프로세스를 갖추어야 한다. 이 교육에는 최초 교육과 이전 위험물 교육 후 24개월 이내에 받는 정기 교육이 포함되어야 한다. (GM)

▶ **감사관 조치**

- □ 화물 취급 인력 및 적용 가능한 경우 ULD 조립을 수행하는 인력에 대한 위험물 교육 프로세스를 식별/평가한다.
- □ 화물 운송 운영의 책임관리자를 인터뷰한다.
- □ 화물 취급 인력 및 적용 가능한 경우 ULD 조립을 수행하는 인력에게 적용되는 선택된 최초/정기 위험물 교육 커리큘럼/요강을 검토 한다.
- □ 화물 취급 인력 및 적용 가능한 경우 ULD 조립을 수행하는 인력의 선택된 최초/정기 교육 기록을 검토 한다.
- □ 기타 조치(구체적으로 명시)

▶ **가이드라인**

공인 및 비공인 장치를 모두 다루는 ULD(Unit Load Device)의 정의에 대해서는 IRM을 참조.

위험물 화물 취급 책임과 적용 가능한 경우 ULD 조립 수행 책임이 있는 화물 인력에 대한 위험물 교육 커리큘럼은 운영자에 의해 개발되며, 특정 책임 및 업무 기능에 따라 달라질 수 있다.

DGR 1.5를 참조.

역량기반 훈련 및 평가(CBTA)를 위한 위험물 교육 가이드라인이 www.iata.org/dangerousgoods에서 이용 가능하며, 여기에는 잘 정의된 직무를 위한 수정된 작업 목록이 포함되어 있다.

CGO 2.2.4 운영자가 ULD를 사용하여 화물을 운송하는 경우, 운영자는 외부 서비스 제공자의 인력을 포함하여, 운영자를 위해 ULD를 취급하도록 지정된 인력이 다음을 완료하도록 보장하는 프로세스를 갖추어야 한다:

(i) 해당 운영 업무를 수행하도록 배정되기 이전에 받는 최초 ULD 교육;

(ii) 24개월 기간마다 최소 1회 또는 규제 당국의 요구사항에 따라 받는 정기 ULD 교육. (GM)

주: 운영자는 특정 기능에 대한 자체 안전 위험 평가에 근거하여 더 긴 ULD 정기 교육 간격을 결정할 수 있다. 단, 이러한 정기 교육 간격은 규제 당국의 요구사항을 준수하여야 한다.

▶ **감사관 조치**

□ ULD 교육 프로그램을 식별/평가한다: (중점: 특정 지정 책임/업무 기능에 근거하여 모든 화물 취급 인력에 대한 ULD 교육 요구사항을 정의하는지 여부).

□ 화물 운송 운영의 책임관리자를 인터뷰한다.

□ 적용 가능한 최초/정기 ULD 교육 커리큘럼 및 요강을 검토한다(중점: 특정 책임/업무 기능에 적절한 주제 영역인지 여부).

□ 선택된 인력의 최초/정기 ULD 교육 기록을 검토한다(중점: 지정된 책임/업무 기능에 적절한 필수 교육의 완료여부).

□ 36개월과 다른 정기 교육 기간이 적용되는 경우, 위험 평가 기록을 검토한다.

□ 기타 조치(구체적으로 명시)

▶ **가이드라인**

화물 운송 인력에 대한 ULD 교육의 커리큘럼은 운영자에 의해 결정되며, 특정 책임 및 업무 기능에 따라 달라질 수 있다.

ULD 정기 교육은 지식이 최신 상태임을 보장하기 위해 이전 교육 후 24개월이 만료되는 유효 기간 내에 완료되어야 한다. 단, 관할 당국이 더 짧은 기간을 정의한 경우는 예외이다. 그러나 이러한 정기 교육이 24개월 유효 기간의 마지막 3개월 이내에 완료되는 경우, 새로운 유효 기간은 정기 교육이 완료된 월부터 현재 유효 기간 만료월로부터 24개월까지 연장될 수 있다. 만약 이러한 정기 교육이 유효 기간의 마지막 3개월 이전에 완료되는 경우, 새로운 유효 기간은 정기 교육이 완료된 월부터 24개월까지 연장될 것이다.

CBTA(Competency-Based Training and Assessment) 접근 방식을 위한 ULD 교육 요구사항에 대해서는 ULDR(Unit Load Device Regulations) 1.6을 참조.

CGO 2.2.5 운영자가 화물을 운송하는 경우, 운영자는 화물 운송 운영에서 업무 수행 시 장비를 운영하도록 지정된 인력이 해당 업무와 관련된 장비를 운영할 수 있도록 교육 및 자격을 갖추도록 보장하는 프로세스를 갖추어야 한다.

▶ **감사관 조치**

□ 업무 수행 시 장비를 운영하는 화물 운송 인력이 해당 장비를 운영하도록 교육/자격을 갖추도록 보장하는 프로세스를 식별/평가한다.

□ 화물 운송 운영의 책임관리자를 인터뷰한다.

□ 해당 장비를 운영하는 화물 운송 인력에게 적용되는 선택된 최초/정기 교육 커리큘럼/요강을 검토 한다.

□ 해당 장비를 운영하는 선택된 화물 운송 인력의 교육 기록을 검토 한다.

□ 기타 조치(구체적으로 명시)

2.3 SMS 교육

CGO 2.3.1

운영자가 화물을 운송하는 경우, 운영자는 화물 운송 인력이 SMS 업무를 수행하는 데 교육을 받고 역량을 갖추도록 보장하는 프로그램을 갖추어야 한다. 이러한 교육의 범위는 각 개인이 SMS에 참여하는 정도에 적절하여야 한다. [SMS] (GM) ◄

주: 본 규정의 세부 사항은 화물 운송 범위 내에서 기능을 수행하는 운영자 인력에게 적용 된다.

▶ **감사관 조치**

□ 화물 운송 운영을 위한 SMS 교육 프로그램을 식별/평가한다(중점: 프로그램이 개별 SMS 참여 정도에 적절하도록 운영자 화물 운송 인력에 대한 교육을 보장하는지 여부).

□ 책임관리자를 인터뷰한다.

□ 선택된 최초 및 정기 화물운송 교육커리큘럼을 검토 한다(중점: 개별적으로 관련 있는 SMS 업무/책임에 대한 교육).

□ 선택된 화물 운송 인력 교육 기록을 검토 한다(중점: SMS 교육 완료 여부).

□ 기타 조치(구체적으로 명시)

▶ **가이드라인**

IRM(Implementation and Review Manual)에서 운영 기능(항공기 운영)의 정의를 참조.

SMS 교육은 SMS 프레임워크의 안전 증진(Safety Promotion) 구성 요소 중 하나이다.

ISM(Implementation Standard Manual) 섹션 1에 있는 ORG 4.3.1과 관련된 가이드라인을 참조.

CGO 2.3.2 운영자가 화물 취급 운영 기능을 외부 서비스 제공자에게 아웃소싱하는 경우, 운영자는 외부 서비스 제공자의 인력이 SMS 업무를 수행하는 데 교육을 받고 역량을 갖추도록 보장하는 프로그램을 갖추어야 한다. 이러한 교육의 범위는 운영자의 SMS에 대한 개별 참여 정도에 적절하여야 한다. [SMS] (GM) ◄

▶ **감사관 조치**

□ 화물 운송 운영을 위한 SMS 교육 프로그램을 식별/평가한다(중점: 프로그램이 개별 SMS 참여 정도에 적절하도록 외부 서비스 제공자의 화물 운송 인력에 대한 교육을 보장하는지 여부).

☐ SMS 관리자 및/또는 지정된 관리 담당자를 인터뷰한다.

☐ 선택된 아웃소싱 계약/협정을 검토 한다(중점: 해당 서비스 제공자 인력에 대한 SMS 교육 요구사항 포함 여부).

☐ 서비스 제공자 모니터링을 통해 생성된 선택된 기록/보고서를 검토 한다(중점: 모니터링 프로세스가 서비스 제공자의 해당 인력이 SMS 교육을 완료했는지 보장하는지 여부).

☐ 기타 조치(구체적으로 명시)

▶ **가이드라인**

SMS 교육은 SMS 프레임워크의 안전 증진 구성 요소 중 하나이다.

ISM(Implementation Standard Manual) 섹션 1에 있는 ORG 4.3.2와 관련된 가이드라인을 참조.

3.1 일반 화물 (General Cargo)

CGO 3.1.1 운영자가 화물을 운송하는 경우, 운영자는 운송을 위해 접수된 해당 화물이 다음을 준수하도록 보장하는 프로세스를 갖추어야 한다:

(i) 유상 화물인 경우, CGO 1.6.1에 명시된 OM(Operations Manual)의 표준을 준수 한다;

(ii) 인터라인 화물인 경우, IATA 인터라인 화물 요구사항을 준수 한다;

(iii) 비유상 화물인 경우, CGO 1.6.1에 명시된 OM 또는 이에 상응하는 문서를 준수 한다. (GM)

▶ **감사관 조치**

☐ 운송을 위해 접수된 화물 운송물이 적용 가능한 요구사항을 준수하는지 보장하는 프로세스를 식별/평가한다.

☐ 화물 운송 운영의 책임관리자를 인터뷰한다.

☐ 선택된 품질 관리 검사 보고서를 검토 한다.

☐ 화물 접수 운영을 관찰한다(중점: 화물 운송물이 적용 가능한 요구사항을 준수하는지 보장하기 위한 프로세스).

☐ 기타 조치(구체적으로 명시)

▶ **가이드라인**

화물은 OM(Operations Manual)의 조건에 따라 접수되며, OM은 일반적으로 접수 인력이 다음 방식으로 화물이 포장되었는지 확인하도록 보장하는 절차를 명시한다:

일반적인 취급 시 주의를 기울여 안전하게 운송할 수 있도록;

사람, 화물 또는 재산에 대한 부상이나 손상을 방지할 수 있도록.

또한, 인터라인 화물은 일반적으로 참여하는 모든 운영자의 적용 가능한 요구사항을 준수한다.

인터라인 화물과 관련된 지침에 대해서는 IATA 화물 서비스 회의 결의안 660을 참조.

CGO 3.1.2 (공란)

CGO 3.1.3 운영자가 화물을 운송하는 경우, 운영자는 화물 및/또는 ULD의 중량을 측정하는 데 저울(scales)이 사용되는 경우, 이러한 모든 저울이 주기적으로 점검 및 교정(checked and calibrated)되며, 해당 조치가 기록되고 적용 가능한 규정에 따라 보존되도록 보장하는 프로세스를 갖추어야 한다. (GM)

▶ **감사관 조치**

☐ 화물 및/또는 ULD 중량을 측정하는 데 사용되는 저울이 주기적으로 점검 및 교정되도록 보장하는 프로세스를 식별/평가한다.

☐ 화물 운송 운영의 책임관리자를 인터뷰한다.

☐ 화물 운송물의 중량을 측정하는 데 사용되는 저울의 점검/교정을 나타내는 선택된 기록을 검토 한다.

☐ 화물 접수 및 화물 취급 운영을 관찰한다(중점: 화물 운송물의 중량을 측정하는 데 사용되는 저울의 정확성을 보장하는 프로세스).

☐ 기타 조치(구체적으로 명시)

▶ **가이드라인**

이러한 저울은 계량대(Weigh Bridges)라고도 불릴 수 있다.

화물 중량의 정확성은 중요한 안전요소이며, 많은 국가에서 모니터링 된다. 저울 점검 및 교정 기록은 요청 시 검토를 위해 해당 당국에 일반적으로 제공된다.

지침은 AHM 534 및 ICHM 9.4.6에서 찾을 수 있다.

CGO 3.1.4 운영자가 화물을 운송하는 경우, 운영자는 화물 터미널이 위험물 및 유해 인체 잔여물, 생동물, 부패하기 쉬운 화물, 귀중 화물, 의약품과 같은 기타 특수 화물의 보관에 적절한 시설을 갖추도록 보장하는 프로세스를 갖추어야 한다. (GM)

▶ **감사관 조치**

□ 화물터미널이 특수 화물 운송물의 보관에 적절한 시설을 갖추도록 보장하는 프로세스를 식별/평가한다.

□ 화물 운송 운영의 책임관리자를 인터뷰한다.

□ 화물 취급 운영을 관찰한다. (중점: 위험물 및 기타 특수 화물 운송물의 보관을 위한 시설의 존재 여부).

□ 기타 조치 (구체적으로 명시)

▶ **가이드라인**

이러한 품목들은 해당 IATA 매뉴얼에 명시된 격리/분리 요구사항을 가질 수 있으며, 추가적으로 현지 규칙 또는 규정에 의해 규율될 수 있다. 화물 보관과 관련된 정보는 OM(Operations Manual)에 포함되어 있다.

3.2 위험물 (Dangerous Goods)

CGO 3.2.1 운영자가 위험물을 화물로 운송하는 경우, 운영자는 다음 조건을 충족하는 위험물 접수 점검표(Dangerous Goods Acceptance Checklist)를 갖추어야 한다:

(i) 최신 DGR(Dangerous Goods Regulations)에 포함된 적용 가능한 요구사항을 반영 한다;

(ii) 일단 완료되면, 접수 점검을 수행한 사람을 식별하는 정보를 포함한다. (GM)

▶ **감사관 조치**

□ 위험물 접수 점검표를 식별/평가한다(중점: DGR 요구사항을 포함하는지 여부, 접수 점검을 수행한 사람을 식별하는 정보를 포함하는지 여부).

□ 화물 운송 운영의 책임관리자를 인터뷰한다.

□ 위험물 접수 점검표의 개발/유지보수 프로세스를 검토한다.

□ 화물 접수 운영을 관찰한다(중점: DGR 요구사항에 따른 위험물 접수).

□ 기타 조치(구체적으로 명시)

▶ **가이드라인**

비방사성 화물, 방사성 화물 및 드라이아이스(고체 이산화탄소)에 대한 견본 점검표는 DGR 후면에서 찾을 수 있다.

위험물 접수 점검표를 다루는 지침에 대해서는 DGR 9.1.3을 참조.

CGO 3.2.2 운영자가 위험물을 화물로 운송하는 경우, 운영자는 CGO 3.2.1에 명시된 위험물 접수 점검표의 사용을 보장하여 다음을 확인하는 절차를 갖추어야 한다:

(i) 해당되는 경우, 포장물(Package), 덧포장(Overpack) 또는 화물 컨테이너가 올바르게 표시(marked)되고 라벨이 부착되었는지 여부;

(ii) 필요한 경우, 화주 위험물 신고서(Shipper's Declaration for Dangerous Goods) 또는 기타 문서가 DGR 최신판의 요구사항을 준수하는지 여부. (GM)

▶ **감사관 조치**

□ 위험물 접수 점검표 사용 절차를 식별/평가한다(중점: 점검표가 포장 표시/라벨링, 문서 준수를 확인하는 데 사용되는지 여부).

□ 화물 운송 운영의 책임관리자를 인터뷰한다.

□ 화물 접수 운영을 관찰한다(중점: 위험물 접수 점검표를 사용하여 포장 표시/라벨링, 문서 준수를 확인하는 과정).

□ 기타 조치(구체적으로 명시한다)

▶ **가이드라인**

위험물 접수 점검표의 사용을 다루는 지침에 대해서는 DGR 9.1.3을 참조.

CGO 3.2.3 운영자가 위험물을 화물로 운송하는 경우, 운영자는 완료된 위험물 접수 점검표와 화주 문서(필요한 경우 화주 위험물 신고서 포함), 그리고 기장에게 제공된 정보(information provided to the pilot-in-command, PIC)가 위험물이 운송된 항공편 이후 최소 3개월 동안 보존되도록 보장하는 절차를 갖추어야 한다. (GM)

▶ **감사관 조치**

☐ 위험물 접수 점검표, 화주 문서 및 PIC 정보를 포함하여 모든 해당 위험물 화물 정보를 최소 3개월 동안 보존하도록 보장하는 절차를 식별/평가한다.

☐ 화물 운송 운영의 책임관리자를 인터뷰한다.

☐ 선택된 위험물 운송 기록의 내용을 검토한다.

☐ 화물 접수 운영을 관찰한다(중점: 위험물 운송과 관련된 해당 정보의 보존 절차).

☐ 기타 조치(구체적으로 명시)

▶ **가이드라인**

각 위험물 운송과 관련된 각 문서의 최소 1부 사본은 3개월 동안 파일로 보존되어야 하며, 만약 출발 국가에서 더 긴 기간을 요구하는 경우 해당 기간 동안 보존되어야 한다.

위험물 접수 점검표의 보존을 다루는 지침에 대해서는 DGR 9.8을 참조.

CGO 3.2.4 운영자가 위험물을 화물로 운송하는 경우, 운영자는 위험물을 포함하는 모든 포장물, 덧포장, 화물 컨테이너 또는 ULD가 검사되며, 다음 조건을 충족하지 않는 한 접수되지 않도록 보장하는 절차를 갖추어야 한다:

(i) 적절하게 표시되고 라벨이 부착되었는지 여부;

(ii) 누출이 없는지 여부;

(iii) 무결성이 손상되지 않았는지 여부;

(iv) ULD가 사용 가능(serviceable)한지 여부. (GM)

▶ **감사관 조치**

☐ 운송을 위해 접수되기 전 위험물 운송물 검사 절차를 식별/평가한다.

☐ 화물 운송 운영의 책임관리자를 인터뷰한다.

☐ 화물 접수 운영을 관찰한다(중점: 접수 전 위험물 운송물 검사 절차).

☐ 기타 조치(구체적으로 명시)

▶ **가이드라인**

위험물 접수 및 취급에 대한 상세 지침은 DGR 섹션 9와 방사성 물질에 대한 10.9 하위 섹션에 포함되어 있다. 이 정보는 운영자에게 특정 물품이나 물질을 접수하거나 운송하도록 요구하거나, 특정 물품이나 물질의 운송에 특별한 요구사항을 부과하는 것을 금지하는 것으로 해석되어서는 안 된다.

CGO 3.2.5 운영자가 위험물을 포함하는 ULD에 화물을 운송하는 경우, 운영자는 위험 라벨이 필요한 위험물을 포함하는 ULD가 다음 조건을 충족하는 위험물용 ULD 태그를 갖추도록 보장하는 절차를 갖추어야 한다:

(i) 가시적이고 읽을 수 있는 정보를 포함하며, 보호 태그 홀더에 넣더라도 해당 정보가 계속해서 가시적이고 읽을 수 있도록 유지되는지 여부;

(ii) 해당 위험물의 분류 및/또는 부서 번호가 표시되었는지 여부;

(iii) ULD에 "화물 항공기 전용(Cargo Aircraft Only)" 라벨이 부착된 포장물이 포함된 경우, 해당 ULD가 화물 항공기에만 적재될 수 있음을 나타내는지 여부. (GM)

▶ 감사관 조치

□ 위험물을 포함하는 ULD가 적용 가능한 요구사항에 따른 ULD 태그를 갖추도록 보장하는 절차를 식별/평가한다.

□ 화물 운송 운영의 책임관리자를 인터뷰한다.

□ 화물 접수 및 화물 취급 운영을 관찰한다(중점: 위험물을 포함하는 ULD가 적용 가능한 요구사항에 따라 태그가 부착되도록 보장하는 절차).

□ 기타 조치(구체적으로 명시)

▶ 가이드라인

절차의 필요성은 일반적으로 위험물을 포함하는 ULD에 화물을 접수하는 모든 운영자에게 적용되어 다음을 보장하여야 한다:

ULD에 포함된 위험물의 유형과 관련 제한 사항이 ULD 태그에 정확하게 표시되며, 이는 ULD 외부에 있는 보호 태그 홀더 내에 위치할 수 있다;

ULD가 적재물 및 관련제한사항과 호환되는 항공기에만 적재되도록 한다.

위험물용 ULD 태그를 다루는 지침에 대해서는 DGR 9.3.8 및 AHM 420을 참조.

CGO 3.2.6 운영자가 위험물을 화물로 운송하는 경우, 운영자는 화주 측의 오류 또는 누락으로 인해 위험물 위탁 화물이 접수 점검을 통과하지 못했을 때 해당 문서를 보존하기 위한 프로세스를 갖추어야 한다. 이러한 문서는 접수 점검표 완료 시점 이후 최

소 3개월 동안 보존되어야 한다. (GM)

▶ **감사관 조치**

□ 화주 측의 오류/누락으로 인해 접수 검사를 통과하지 못한 위험물 운송물에 대한 문서 보존 프로세스를 식별/평가한다.

□ 화물 운송 운영의 책임관리자를 인터뷰한다.

□ 화주 측의 오류/누락으로 인해 접수되지 않은 위험물 운송물의 선택된 기록을 검토 한다.

□ 화물 접수 운영을 관찰한다(중점: 화주 측 오류/누락으로 인해 접수되지 않은 위험물 운송물에 대한 문서 보존 프로세스).

□ 기타 조치(구체적으로 명시)

▶ **가이드라인**

이 규정의 의도는 위험물을 포함하는 화물 운송물이 포장, 라벨링, 표지 또는 문서화에서의 (화주 측의) 오류 또는 누락으로 인해(운영자에 의해) 접수되지 않았을 때 운영자가 모든 관련 문서를 보존하도록 하는 것이다.

CGO 3.2.7 (공란)

CGO 3.2.8 운영자가 위험물을 화물로 운송하는 경우, 운영자는 접수 시점 이후에 운송물에서 위험물 라벨 또는 표시가 누락되었거나, 읽을 수 없거나, 분리된 것으로 발견될 경우, 해당 라벨이 화주 위험물 신고서에 제공된 정보에 따라 교체되도록 보장하는 프로세스를 갖추어야 한다. 이러한 표시 또는 라벨 교체 요구사항은 접수 시점에 표시 또는 라벨이 누락되었거나 읽을 수 없는 것으로 발견된 경우에는 적용되지 않아야 한다. (GM)

▶ **감사관 조치**

□ 위험물 표시 및 라벨이 누락되었거나, 읽을 수 없거나, 분리된 것으로 발견될 경우 화주 신고서에 따라 교체되도록 보장하는 절차를 식별/평가한다.

□ 화물 운송 운영의 책임관리자를 인터뷰한다.

□ 화물 접수 및 화물 취급 운영을 관찰한다(중점: 분실/읽을 수 없는/분리된 위험물

표시 및 라벨의 교체 프로세스).

□ 기타 조치(구체적으로 명시)

▶ **가이드라인**

위험물 위험 라벨을 다루는 지침에 대해서는 DGR 섹션 9.3.7을 참조.

CGO 3.2.9 운영자가 국제선 항공편에서 위험물을 화물로 운송하는 경우, 운영자는 이러한 항공편에 대해 출발국에서 요구하는 언어 외에 영어가 위험물 운송과 관련된 표시 및 운송 문서에 사용되도록 보장하는 절차를 갖추어야 한다. (GM)

▶ **감사관 조치**

□ 국제 위험물 운송물의 운송 문서/표시가 영어와 출발국에서 요구하는 언어로 되어 있는지 보장하는 절차를 식별/평가한다.

□ 화물 운송 운영의 책임관리자를 인터뷰한다.

□ 선택된 국제 위험물 운송물과 관련된 운송 문서/표시를 검토한다.

□ 화물 접수 및 화물 취급 운영을 관찰한다(중점: 국제 위험물 운송물의 운송 문서/표시가 영어와 출발국에서 요구하는 언어로 되어 있는지 여부).

□ 위험물 운송물을 접수/취급하는 화물 운송 인력을 인터뷰한다.

□ 기타 조치(구체적으로 명시)

▶ **가이드라인**

IRM(Implementation and Review Manual)에서 출발국(State of Origin)의 정의를 참조.

지침은 DGR 섹션 7 및 8에서 찾을 수 있다.

CGO 3.2.10 운영자가 위험물을 화물로 운송하는 경우, 운영자는 위험물이 공개된 카테고리 제한에 따라 다른 화물 또는 비호환성 물질로부터 분리/격리되도록 보장하는 절차를 갖추어야 한다. (GM)

▶ **감사관 조치**

□ 위험물 취급 절차를 식별/평가한다(중점: 위험물이 공개된 카테고리 제한에 따라

다른 화물 또는 비호환성 물질로부터 분리/격리되는지 여부).

□ 화물 운송 운영의 책임관리자를 인터뷰한다.

□ 화물 취급 운영을 관찰한다(중점: 공개된 제한 사항에 따라 위험물이 다른 화물로부터 분리되는 것을 보장하는 절차).

□ 기타 조치(구체적으로 명시)

▶ **가이드라인**

DGR 9.3.2 및 표 9.3.A에 포함된 적재 요구사항은 주로 항공기에서의 위험물 호환성 제한을 다룬다. 화물 시설 내에 이러한 물질을 보관할 때도 유사한 분리/격리 요구사항이 적용 가능하다.

운송 중 및 항공기 적재/하역 중 위험물 격리에 대한 세부 사항은 GRH 3.4.3에서 찾을 수 있다.

CGO 3.2.11 운영자가 화물을 운송하는 경우, 운영자는 화물 운송물을 접수하는 장소에 위험물 운송에 관한 정보를 제공하는 고지(notice)가 눈에 잘 띄게 게시되며, 배터리를 포함한 위험물의 시각적 예시를 포함하도록 보장하여야 한다. (GM)

▶ **감사관 조치**

□ 화물 운송물이 접수되는 장소에 위험물에 관한 정보를 포함하는 고지가 게시되도록 보장하는 요구사항을 식별/평가한다.

□ 화물 접수 운영을 관찰한다(중점: 위험물 고지의 게시 여부).

□ 기타 조치(구체적으로 명시)

▶ **가이드라인**

화물 접수가 지상 조업 제공자에게 아웃소싱 되는 경우, 위험물 정보 고지 게시의 책임은 제공자에게 있다. 그러나 화물이 운영자에 의해 접수되든 지상 조업 제공자에 의해 접수되든, 위험물 안전 운송에 대한 궁극적인 책임은 항상 운영자에게 남아 있음을 명시하여야 한다.

CGO 3.2.12 운영자가 위험물을 화물로 운송하는 경우, 운영자는 손상되거나 누출되는 것으로 보이는 위험물 운송물에 대해 다음을 보장하는 절차를 갖추어야 한다:

(i) ULD 내부 또는 항공기에 적재되지 않도록 한다;

(ii) 제공자 또는 기타 관련 당국에 의해 ULD(또는 기타 운송 장치)에서 안전하게 제거되고, 안전한 폐기가 마련되도록 한다;

(iii) 누출의 경우, 나머지 운송물이 항공 운송에 적절한 상태인지, 그리고 다른 포장물, 화물, ULD, 기타 운송 장치가 오염되거나 손상되지 않았는지 확인하기 위한 평가가 수행되도록 한다.

▶ **감사관 조치**

□ ULD 및 누출/손상된 위험물 운송물을 처리/대처하기 위한 절차를 식별/평가한다.

□ 화물 운송 운영의 책임관리자를 인터뷰한다.

□ 선택된 기록/문서를 검토한다(중점: 위험물을 포함하는 누출/손상된 ULD의 처리).

□ 화물 취급 운영을 관찰한다(중점: 위험물을 포함하는 손상/누출 ULD를 다루는 절차).

□ 기타 조치(구체적으로 명시)

CGO 3.2.13 운영자가 화물 항공기를 사용하는 항공편에서 위험물을 화물로 운송하는 경우, 운영자는 "화물 항공기 전용(Cargo Aircraft Only)" 라벨이 부착된 위험물 포장물 또는 덧포장물(특별히 제외된 경우 제외)이 다음 중 하나에 따라 화물 항공기로 운송되도록 보장하는 절차를 갖추어야 한다.

(i) 클래스 C 구획(Class C compartment) 내에; 또는

(ii) 관련 당국이 결정한 클래스 C 구획의 인증 요구사항과 동등한 화재 감지/억제 시스템을 갖춘 ULD 컨테이너 내에; 또는

(iii) 위험물을 포함하는 포장물 또는 덧포장물과 관련된 비상 상황이 발생할 경우, 승무원 또는 기타 권한 있는 사람이 해당 포장물 또는 덧포장물에 접근하여 취급할 수 있고, 크기와 중량이 허용하는 경우 다른 화물로부터 분리할 수 있는 방식으로. (GM)

▶ **감사관 조치**

□ "화물 항공기 전용" 라벨이 부착된 운송물 취급을 위한 절차를 식별/평가한다.

□ 화물 운송 운영의 책임관리자를 인터뷰한다.

□ 화물 취급 운영을 관찰한다(중점: "화물 항공기 전용" 라벨이 부착된 운송물이 적용 가능한 요구사항에 따라 화물 항공기로 운송되도록 보장하는 절차).

□ 기타 조치(구체적으로 명시)

▶ 가이드라인

구획 유형의 분류 정의를 포함하는 화물 구획(Cargo Compartment)의 정의에 대해서는 IRM(Implementation and Review Manual)을 참조.

CGO 3.2.14 운영자가 위험물을 화물로 운송하는 경우, 운영자는 항공편에 적재될 위험물에 대한 정보가 하중 통제(Load Control)를 담당하는 적절한 사람에게 전달되도록 보장하는 절차를 갖추어야 한다. 전달되어야 할 정보는 다음을 포함하여야 한다:

(i) 해당되는 경우, 항공운송장(Air Waybill) 번호;

(ii) 정확한 운송 이름(Proper shipping name) 및 UN/ID 번호;

(iii) 등급 또는 부서 및 부착된 라벨에 해당하는 부속 위험(subsidiary hazards), 그리고 클래스 1의 경우 호환성 그룹(compatibility group);

(iv) 해당되는 경우, 포장 그룹(packing group);

(v) 비방사성 물질의 경우, 포장물 수, 정확한 적재 위치 및 해당되는 경우 각 포장물의 순량 또는 총중량. 단, 다음은 예외이다:

(a) UN 1845, 고체 이산화탄소(드라이아이스)의 경우: 운영자의 선택에 따라 UN 번호, 정확한 운송 이름, 분류, 각 항공기 화물칸의 총량 및 하역 공항만 요구된다;

(b) UN 3480 (리튬 이온 배터리) 및 UN 3090 (리튬 금속 배터리)의 경우: 운영자의 선택에 따라 UN 번호, 정확한 운송 이름, 등급, 각 적재 위치의 총량, 그리고 포장물이 화물 전용 항공기로 운반되어야 하는지 여부만 요구된다. 국가 면제 하에 운반되는 UN 3480 및 UN 3090은 항목 (iv) 및 (v)에 명시된 모든 요구사항을 충족하여야 한다.

(vi) 방사성 물질의 경우, 포장물, 덧포장 또는 화물 컨테이너의 수 및 범주, 정확한 적재 위치 및 해당되는 경우 운송 지수(transport index) 및 각 포장물의 치수;

(vii) 화물 항공기 전용 운송에 대한 모든 제한 사항;

(viii) 하역 공항(Airport of unloading);

(ix) 해당되는 경우, 국가 면제 하에 운송된 위험물;

(x) 해당되는 경우, ULD 식별 코드. (GM)

▶ **감사관 조치**

☐ 위험물 정보를 하중 통제에 전달하기 위한 절차를 식별/평가한다.

☐ 화물 운송 운영의 책임관리자를 인터뷰한다.

☐ 화물 취급 운영을 관찰 한다(중점: 위험물 화물 정보가 하중 통제 시스템의 적절한 사람에게 전달되도록 보장하는 절차).

☐ 기타 조치(구체적으로 명시)

▶ **가이드라인**

IRM에서 하중통제(Load Control)의 정의를 참조.

화물로 운반되는 특정 위험물은 PIC에게 제공되는 정보에 나타날 필요가 없을 수 있다. DGR 표 9.5.A를 참조.

CGO 3.2.15 ~ 3.2.16 (공란)

CGO 3.2.17 운영자가 화물을 운송하는 경우, 운영자는 다음 사항에 대해 운영자 국가 및 발생 국가의 해당 당국에 해당 당국의 보고 요구사항에 따라 보고서가 제공되도록 보장하는 프로세스를 갖추어야 한다:

(i) 위험물 사고 또는 위험물 준사고;

(ii) 화물 또는 우편물에서 발견된 신고되지 않거나 오신고된 위험물. (GM)

▶ **감사관 조치**

☐ 위험물 사고, 위험물 준사고, 신고되지 않거나 오신고된 위험물 보고를 위한 프로세스를 식별/평가한다.

☐ 화물 운송 운영의 책임관리자를 인터뷰한다.

☐ 선택된 위험물 사고/준사고/신고되지 않은/오신고된 보고서를 검토 한다.

☐ 기타 조치(구체적으로 명시)

▶ **가이드라인**

지침은 DGR 9.6.1 및 9.6.2에서 찾을 수 있다.

CGO 3.2.18 운영자가 화물을 운송하는 경우, 운영자는 다음 상황 발생 시 해당 국가의 적절한 당국에 위험물 보고서가 제출되도록 보장하는 프로세스를 갖추어야 한다:

(i) 위험물이 DGR의 규정에 따라 적재, 격리, 분리 및/또는 고정되지 않은 채 운송된 것으로 발견되었을 때;

(ii) CGO 3.2.14에 명시된 정보가 PIC(기장)에게 제공되지 않은 채 위험물이 화물로 운송된 것으로 발견되었을 때. (GM)

▶ **감사관 조치**

□ (명시된) 위험물 불일치(discrepancy) 보고를 위한 프로세스를 식별/평가한다.

□ 화물 운송 운영의 책임관리자를 인터뷰한다.

□ 위험물 불일치 보고서를 검토 한다(중점: 보고서가 명시된 대로 적절한 당국에 제출되는지 여부).

□ 기타 조치(구체적으로 명시)

▶ **가이드라인**

지침은 DGR 9.6.4에서 찾을 수 있다.

3.3 생동물, 부패성 화물 및 헬스케어 운송물

CGO 3.3.1 운영자가 생동물 및/또는 부패성 화물 및/또는 헬스케어 제품을 화물로 운송하는 경우, 운영자는 이러한 화물이 OM(Operations Manual)에 명시된 표준에 따라 접수 및 취급되도록 보장하는 절차를 갖추어야 한다. (GM)

▶ **감사관 조치**

□ 생동물/부패성 화물/헬스케어 화물 운송물의 접수/취급을 위한 절차를 식별/평가한다.

□ 화물 운송 운영의 책임관리자를 인터뷰한다.

□ 화물 접수 및 화물 취급 운영을 관찰한다(중점: OM에 따른 생동물/부패성 화물/헬스케어 화물의 접수/취급).

□ 기타 조치(구체적으로 명시)

▶ **가이드라인**

IRM(Implementation and Review Manual)에서 CITES(멸종 위기에 처한 야생 동식물종의 국제 거래에 관한 협약)의 정의를 참조.

생동물/부패성 화물/헬스케어 운송물의 취급 절차와 필수 문서, 접수, 포장, 동물 복지, 온도 관리 요구사항 준수, 모든 규정 준수, 보관 및 적재, 책임에 관한 운영자의 구체적인 책임은 LAR(Live Animals Regulations), PCR(Perishable Cargo Regulations) 또는 TCR(Temperature Control Regulations)에서 다루어지고 있다. 출발국, 도착국 및/또는 CITES에 의해 추가 요구사항이 의무화될 수 있다.

CGO 3.3.2 운영자가 생동물을 화물로 운송하는 경우, 운영자는 다음을 보장하는 절차를 갖추어야 한다:

(i) 생동물의 접수 및 취급이 생동물 규정(LAR)의 요구사항에 따라 이루어지도록 한다;

(ii) 생동물 운송물의 접수에 IATA 생동물 접수 점검표 또는 이에 상응하는 문서가 사용되도록 한다. (GM)

▶ **감사관 조치**

□ 생동물 화물 운송물의 접수/취급을 위한 절차를 식별/평가한다.

□ 화물 운송 운영의 책임관리자를 인터뷰한다.

□ 화물 접수 및 화물 취급 운영을 관찰한다(중점: LAR에 따른 생동물 화물 접수/취급; 접수 점검표가 사용되는지 여부).

□ 기타 조치(구체적으로 명시)

▶ **가이드라인**

IATA 생동물 접수 점검표는 운송인, 대리인 및 운영자가 생동물 운송물을 항공 운송을 위해 준비하는 데 도움을 주는 효과적인 참고 자료로 권장되어 있다.

CGO 3.3.3 운영자가 부패성 화물을 화물로 운송하는 경우, 운영자는 이러한 화물의 접수 및 취급이 부패성 화물 규정(PCR) 및 기타 적용 가능한 규정의 요구사항에 따라 이루어지도록 보장하는 절차를 갖추어야 한다. (GM)

▶ **감사관 조치**

☐ 부패성 화물 운송물의 접수/취급을 위한 절차를 식별/평가한다.

☐ 화물 운송 운영의 책임관리자를 인터뷰한다.

☐ 화물 접수 및 화물 취급 운영을 관찰한다(중점: PCR 및 기타 적용 가능한 요구사항에 따른 부패성 화물 접수/취급).

☐ 기타 조치(구체적으로 명시)

▶ **가이드라인**

부패성 화물 취급 절차와 문서화, 포장 및 분류에 관한 운영자의 구체적인 책임은 PCR에서 다루어지고 있다. 현지 규정에 의해 추가 요구사항이 의무화될 수 있다.

CGO 3.3.4 운영자가 생동물을 화물로 운송하는 경우, 운영자는 생동물이 화주 인증서(shipper's certification) 또는 이에 상응하는 문서 및 기타 필수 문서를 동반하도록 보장하는 절차를 갖추어야 한다. (GM)

▶ **감사관 조치**

☐ 생동물 화물 운송물의 접수 절차를 식별/평가한다.

☐ 화물 운송 운영의 책임관리자를 인터뷰한다.

☐ 화물 접수 운영을 관찰한다(중점: 생동물 화물 운송물이 화주 인증서/기타 필수 문서를 동반하도록 보장하는 접수 절차).

☐ 기타 조치(구체적으로 명시)

▶ **가이드라인**

생동물 운송에 필요한 문서에는 화주 인증서, 항공운송장, 그리고 일부 상황에서는 CITES(멸종 위기에 처한 야생 동식물종의 국제 거래에 관한 협약)가 포함된다. 일부 국가에서는 건강 증명서, 수출 또는 수입 허가를 포함하는 추가 요구사항이 있을 수 있다. LAR 2.2에 포함된 지침을 참조하여야 한다.

CGO 3.4.2 (의료 제품 및 의약품 운송) 운영자가 의약품을 포함한 의료 제품을 운송하는 경우, 해당 화물의 접수 및 취급이 온도 관리 규정(TCR) 및 기타 적용 가능한 규정의 요건에 부합하도록 보장하는 절차를 보유해야 한다. (GM)

▶ **감사관 조치**

☐ 특수 화물 운송의 접수/취급을 위한 절차를 식별/평가함(초점: 시간/온도 의료 제품에 대한 절차가 포함되었는지).

☐ 화물 운영 부서의 책임 관리자와 면담함.

☐ 화물 접수 및 화물 취급 운영을 관찰함(초점: 운영 매뉴얼(OM)에 따라 접수/취급 절차가 수행되는지).

☐ 특수 화물을 접수/취급하는 화물 운영 담당자와 면담함.

☐ 기타 조치(구체적으로 명시)

▶ **가이드라인**

온도 관리 규정(TCR)의 정의는 IRM(참고 자료 매뉴얼)을 참조하십시오.

의료 제품 운송을 위한 취급 절차 및 문서화, 포장, 분류와 관련된 운영자의 구체적인 책임은 TCR에 명시되어 있다.

추가적인 요건은 현지 규정(예: EU GDP, US Pharmacopeia)에 의해 의무화될 수 있다.

3.4 기타 특수 화물

CGO 3.4.1 (기타 특수 화물 운송) 운영자가 인간 유해를 포함한 기타 특수 화물을 운송하는 경우, 해당 화물의 접수 및 취급이 운영 매뉴얼(OM)에 명시된 기준에 따라 이루어지도록 보장하는 절차를 보유해야 한다. (GM)

▶ **감사관 조치**

☐ 특수 화물 운송의 접수/취급을 위한 절차를 식별/평가함.

☐ 화물 운영 부서의 책임 관리자와 면담함.

☐ 화물 접수 및 화물 취급 운영을 관찰함(초점: 기타 특수 화물의 접수/취급이 OM에 따라 이루어지도록 보장하는 절차).

☐ 특수 화물을 접수/취급하는 화물 운영 담당자와 면담함.

☐ 기타 조치(구체적으로 명시)

▶ **가이드라인**

항공 화물 운임 및 규정(TACT)의 정의는 IRM을 참조.

인간 유해 취급에 대한 지침은 IATA 인도적 운송 매뉴얼(CTM), TACT 규정, 그리고 공항 핸들링 매뉴얼(AHM)에서 찾아볼 수 있다.

사전 준비 및 특정 취급 요건은 일반적으로 모든 유형의 특수 화물에 적용되며, 본 조항에 명시된 품목뿐만 아니라 응급 의료 용품, 생체 장기, 외교 화물을 포함하여 OM에 통합되어 있다.

CGO 3.4.2 (시간 및 온도에 민감한 의료 제품 운송) 운영자가 시간 및 온도에 민감한 의료 제품(예: 의약품)을 운송하는 경우, 해당 화물의 접수 및 취급이 온도 관리 규정(TCR) 및 기타 적용 가능한 규정의 요건에 부합하도록 보장하는 절차를 보유해야 한다. (GM)

▶ **감사관 조치**

☐ 특수 화물 운송의 접수/취급을 위한 절차를 식별/평가한다(초점: 시간/온도 의료 제품에 대한 절차가 포함되었는지 확인한다).

☐ 화물 운영 부서의 책임 관리자와 면담한다.

☐ 화물 접수 및 화물 취급 운영을 관찰한다(초점: 운영 매뉴얼(OM)에 따라 접수/취급 절차가 수행되는지 확인한다).

☐ 특수 화물을 접수/취급하는 화물 운영 담당자와 면담한다.

☐ 기타 조치 사항을 명시한다.

▶ **가이드라인**

온도 관리 규정(TCR)의 정의는 IRM(참고 자료 매뉴얼)을 참조.

시간 및 온도에 민감한 상품 취급을 위한 절차 및 문서화, 포장, 분류와 관련된 운영자의 구체적인 책임은 TCR에 명시되어 있다.

추가적인 요건은 현지 규정(예: EU GDP, US Pharmacopeia)에 의해 의무화될 수 있다.

3.5 단위 탑재 장치(ULD)

CGO 3.5.1 (ULD 관련 운영) 운영자가 단위 탑재 장치(ULD)를 사용하여 화물을 운송하는 경우, 운영자는 ULD 조립/해체, 지상 운송, 환적, 보관 및 정비성 점검을 포함하되 이에 국한되지 않는 ULD 관련 운영이 공항 내부 또는 외부에서 수행되더라도,

운영 매뉴얼(OM), 또는 ULD 규정(ULDR)에 명시된 요건 및 IATA 화물 취급 매뉴얼(ICHM)에 포함된 작업 지침, 또는 탑재 중량 및 균형 매뉴얼(WBM)의 적용 가능한 항공기 운항 제한 사항을 초과하지 않음을 보장하기 위해 당국이 수용 가능한 다른 수단에 따라 수행되도록 보장하는 절차를 보유해야 한다. (GM)

▶ 감사관 조치

☐ ULD 관련 운영이 OM, 또는 ULDR 및 ICHM, 또는 당국이 수용 가능한 다른 수단에 따라 WBM을 준수하여 수행됨을 보장하는 절차를 식별/평가한다.

☐ 화물 운영 부서의 책임 관리자와 면담한다.

☐ 화물 취급 운영을 관찰한다(초점: ULD 관련 운영이 OM, 또는 ULDR 및 ICHM, 또는 기타 적용 가능한 요건에 따라 수행됨을 보장하는 절차).

☐ 기타 조치(구체적으로 명시)

▶ 가이드라인

모든 ULD는 항공기에 적재될 때 탑재 중량 및 균형 매뉴얼을 준수하는 감항성(airworthiness) 요건을 충족해야 한다. ULDR을 준수하는 것은 ULD 운영이 탑재 중량 및 균형 매뉴얼의 요건을 준수하며 수행될 수 있는 하나의 수단(유일한 수단은 아니다)이다.

ULD 운영의 필수 구성 요소는 일반적으로 다음을 포함한다:

- ULDR에 규정된 최소 교육 요건
- 운영 중 ULD의 지속적인 감항성 유지
- ULD에 적용되는 제한 사항
- 모든 ULD 운영에 대한 적절한 감독 및 관리

지침은 ULDR의 해당 장에서 찾을 수 있다.

CGO 3.5.2 (ULD 안전 요건) 운영자가 단위 탑재 장치(ULD)를 사용하여 화물을 운송하는 경우, 운영자는 운송을 위해 ULD가 접수 및/또는 취급될 때 탑재 중량 및 균형 매뉴얼(WBM)을 준수하도록 운영 매뉴얼(OM) 또는 ULD 규정(ULDR)에 명시된 안전 요건을 충족하도록 보장하는 절차를 보유해야 한다. (GM)

▶ **감사관 조치**

□ ULD 접수 및 취급이 안전 요건을 충족함을 보장하는 절차를 식별/평가함.

□ 화물 운영 부서의 책임 관리자와 면담함.

□ 화물 취급 운영을 관찰함(초점: 적용 가능한 안전 요건에 따라 ULD 접수 및 취급을 보장하는 절차).

□ 기타 조치(구체적으로 명시)

▶ **가이드라인**

안전한 ULD 운영을 위한 세부 운영 요건은 ULDR 및 항공기 팔레트/네트, 항공기 컨테이너, 구속 스트랩 및 기타 ULD 액세서리 등의 사용을 다루는 ICHM의 작업 지침에 명시되어 있다.

각 국가(state)는 추가적이거나 다른 규정 및 사양을 가질 수 있다.

CGO 3.5.3 (ULD 보관 시설) 운영자가 단위 탑재 장치(ULD)를 사용하여 화물을 운송하는 경우, 운영자는 화물 터미널이 ULD 보관에 적합한 시설을 갖추고 있는지 확인하는 프로세스를 보유해야 한다. (GM)

▶ **감사관 조치**

□ 화물 터미널이 ULD 보관에 적합한 시설을 갖추고 있는지 확인하는 프로세스를 식별/평가함.

□ 화물 운영 부서의 책임 관리자와 면담함.

□ 화물 취급 운영을 관찰함(초점: ULD 보관 시설의 존재 여부; ULD는 지면에 직접 놓이거나 보관되어서는 안 됨).

□ 기타 조치(구체적으로 명시)

▶ **가이드라인**

ULD 보관 요건에 대해서는 ULDR 섹션 9.3을, ULD 보관 장비 요건에 대해서는 AHM 942/AHM 911을 참조하십시오. ULD 보관에 대한 추가 요건은 현지 규칙이나 규정(예: 공항 당국)에 의해 규제될 수 있습니다. ULD 보관과 관련된 정보는 OM에 포함되어 있습니다.

3.6 특수 화물(Special Loads)

CGO 3.6.1 (특수 화물 접수 및 취급) 운영자가 오프셋/돌출/초과 크기(oversized)/과중량/날카롭거나 뚫는/특이한 모양/집중 하중/바퀴 달린/높이가 높은 단단한 화물 및/또는 CLS(화물 구속 시스템)로 구속되지 않은 ULD(플로팅 팔레트)와 같은 특수 화물을 운송하는 경우, 운영자는 해당 화물의 접수 및 취급이 운영 매뉴얼(OM)에 명시된 기준에 따라 이루어지며 탑재 중량 및 균형 매뉴얼(WBM)의 요건을 준수하도록 보장하는 절차를 보유해야 한다. (GM)

▶ 감사관 조치

☐ 특수 화물 운송의 접수/취급을 위한 절차를 식별/평가함.

☐ 화물 운영 부서의 책임 관리자와 면담함.

☐ 화물 접수 및 화물 취급 운영을 관찰함(초점: 특수 화물 접수/취급이 OM에 따라 이루어지며 WBM을 준수하도록 보장하는 절차).

☐ 특수 화물 운송을 접수/취급하는 화물 운영 담당자와 면담함.

☐ 기타 조치(구체적으로 명시)

▶ 가이드라인 (특수 화물 관련)

'특수 화물(Special Load)'은 형식증명(TC)/추가형식증명(STC)에 의해 승인된 항공기 비행 매뉴얼(AFM)/탑재 중량 및 균형 매뉴얼(WBM)에 명시된 제한 사항 내에서 특별한 취급 및 고정/구속 절차를 요구하는 화물을 말합니다. CLS(화물 구속 시스템)에 의해 구속된 인가된 ULD 이외의 1차 구속 장치가 화물을 구속하는 데 사용될 때마다, 해당 화물은 '특수 화물(Special Load)'로 분류됩니다. '특수 화물(Special Load)'은 IATA에서 선호하는 용어이지만 (아직 IATA 화물 간행물에 정의되어 있지는 않음), FAA AC 120-85B에 정의된 '특수 화물(Special Cargo)'과 유사함.

초과 크기(outsized), 돌출 및/또는 과중량 화물은 ULD 및 항공기 화물 탑재 시스템(CLS)으로 완전히 구속될 수 있는 것보다 더 크거나, 길거나, 무거운 품목을 말합니다. 이러한 품목의 취급 및 구속에 대한 기준과 절차는 OM에 명시되어 있으며, 이는 항공기의 탑재 중량 및 균형 매뉴얼을 준수해야 한다.

특수 화물 평가 및 구속 계획의 설계/설치/검증에 대한 지침은 적용 가능한 항공기 운항 제한 사항이 초과되지 않도록 보장하기 위해 OM에 포함되어야 한다.

3.7 보안

CGO 3.7.1 (화물 시설 보안 조치) 운영자가 화물을 운송하는 경우, 운영자는 적용 가능한 민간 항공 보안 프로그램의 요건에 따라 화물 시설에 보안 조치가 이행되도록 보장해야 한다. (GM)

주: 이 조항은 화물 접수 및/또는 화물 취급 작업이 운영자 또는 운영자를 위한 외부 서비스 제공자에 의해 수행되는 모든 시설에 적용된다.

▶ **감사관 조치**

□ 화물 시설에 보안 조치 이행을 보장하는 프로세스를 식별/평가함(초점: 절차가 현지 민간 항공 보안 프로그램에 부합하는지 확인).

□ 책임 관리자와 면담함.

□ 화물 취급 운영을 관찰함(초점: 적용 가능한 보안 요건에 따라 화물 시설에 대한 접근 통제 조치 이행).

□ 기타 조치(구체적으로 명시)

▶ **가이드라인**

화물 시설(Cargo Facility)의 정의는 IRM을 참조.

본 조항의 의도는 운영자 또는 운영자를 위한 외부 서비스 제공자에 의해 화물 운영이 수행되는 모든 시설의 보안을 운영자가 보장하도록 하는 것이다.

차량 및 인력에 대한 육상 및 공항 지역 시설 접근 통제와 불법 간섭 행위를 방지하기 위한 화물 보호를 다루는 보안 조치는 일반적으로 적용 가능한 민간 항공 보안 프로그램에서 찾아볼 수 있습니다. 이러한 조치에는 적용 가능한 규제 당국 및 공항 당국의 요건이 포함된다.

화물 보안 조치가 운영자가 감독할 수 없는 주체(예: 공항 당국, 법 집행 기관)의 통제 하에 있는 장소에서는, 운영자는 이러한 협의 사항과 접근 통제 조치의 세부 사항을 인지해야 한다.

CGO 3.7.2 (인원 및 차량 보안 통제)

운영자가 화물을 운송하는 경우, 운영자는 적용 가능한 민간 항공 보안 프로그램의 요건에 따라 인원에 대한 검색 및 차량에 대한 보안 통제 절차가 마련되도록 보장해야

한다. 이러한 절차는 다음 인원 및 차량에 적용되어야 한다:

(i) 통제 하에 있으며 보안 제한 구역(화물이 있는)에 비동반 접근 권한이 있는 인원 및 차량;

(ii) 통제 하에 있지 않으나 운영자에 의해 승인되어 해당 구역에 비동반 접근 권한이 있는 인원 및 차량. (GM)

▶ 감사관 조치

□ 보안이 유지되는 화물에 접근하는 비동반 인원/차량에 접근 통제 절차가 적용됨을 보장하는 프로세스를 식별/평가한다.

□ 책임 관리자와 면담한다.

□ 화물 취급 운영을 관찰한다(초점: 확인된 화물에 접근하는 비동반 인원/차량이 검색/보안 통제를 받도록 보장하는 절차).

□ 기타 조치(구체적으로 명시)

▶ 가이드라인

확인된 화물(Known Cargo)의 정의는 IRM을 참조.

본 조항의 의도는 운영자가 화물이 있는 보안 제한 구역(즉, 이미 검색되었거나 보안 통제가 적용되었고/또는 불법적인 간섭을 방지하기 위해 보호를 받고 있는 화물)에 접근하는 인원 및 차량에 보안 절차가 적용되도록 보장하는 것이다.

화물 보안조치가 운영자가 감독할 수 없는 주체(예: 정부 기관, 공항 당국, 법 집행 기관)의 통제 하에 있는 장소에서는, 운영자는 이러한 협의 사항과 접근 통제 조치의 세부 사항을 인지해야 한다. 그러나 운영자는 이러한 조치의 이행에 직접적으로 관여할 필요는 없다.

CGO 3.7.3 (공란)

CGO 3.7.4 (화물 접수 프로세스) 운영자가 화물을 운송하는 경우, 운영자는 다음과 같은 화물 접수를 위한 프로세스를 보유해야 한다:

(i) 선별 또는 기타 보안 통제 적용이 관련 당국이 승인한 규제 대리인 또는 주체에 의해 확인되거나 입증될 수 있는 화물(확인된 화물)에 대해서는, 해당 화물이 다음 사항을 보장하는 프로세스를 보유해야 한다:

(a) 규제 대리인, 관련 당국이 승인한 주체의 지정된 대표, 또는 운영자의 기지정 대표에 의해 전달된다.

(b) 변조의 흔적이 전혀 없다.

(c) 보안 상태를 상세히 설명하는 문서(예: 위탁 보안 신고서)를 포함하여, 전달되는 화물에 해당하는 필수 정보(서류 또는 전자 문서)가 모두 첨부된다.

(d) 화물이 보안 상태를 획득한 시점부터 전체 보관 관리 체인에 걸쳐 무단 간섭으로부터 보호된다.

(e) 위험 평가에 따라 요구되는 추가 보안 통제를 받는다.

(ii) 선별 또는 기타 보안 통제 적용이 규제 대리인 또는 관련 당국이 승인한 주체에 의해 확인되거나 입증될 수 없는 화물(미확인 화물)에 대해서는, 해당 화물이 해당 국가에서 수용되는 바에 따라 선별 또는 기타 보안 통제를 받도록 보장하는 프로세스를 보유해야 한다. (GM)

▶ 감사관 조치

□ 화물 접수를 위한 프로세스를 식별/평가한다(초점: 프로세스가 확인된 화물과 미확인 화물을 모두 다루는지 확인).

□ 책임 관리자와 면담한다.

□ 선정된 화물 운송 접수 문서를 검토한다.

□ 화물 접수 운영을 관찰한다(초점: 확인된 화물의 보안 상태를 확인하고, 미확인 화물에 대한 선별/보안 통제 적용을 보장하는 접수 프로세스).

□ 기타 조치(구체적으로 명시)

▶ 가이드라인

확인된 화물(Known Cargo), 화물보안대행업체(Regulated Agent) 및 미확인 화물(Unknown Cargo)의 정의는 IRM을 참조한다.

IATA 보안 매뉴얼은 상업용 여객 항공편으로 운송되는 모든 확인된 화물(Known Cargo)의 기본 접수를 다루는 구체적인 조항들을 개략적으로 설명한다.

이 조항에 사용된 "관련 당국이 승인한 주체(entity that is approved by the relevant authority)"라는 용어는 특정적이지 않지만, 예를 들어 운영자를 위한 화물 서비스 제공자 또는 특정 경우에는 운영자 자신을 포함할 수 있다. 명시된 바와 같이,

그러한 주체는 관련 당국의 승인을 받아야 한다.

운영자에게 항공기 운송을 위해 제시된 확인된 화물은 정의상 규제 대리인, 승인된 주체 또는 운영자에 의해 선별(screening) 또는 적절한 보안 통제를 거친 화물이다. 운영자는 최소한, 운송물이 접수된 시점부터 항공기에 최종적으로 적재될 때까지 운송물의 "기지정" 상태를 유지하거나 보호하기 위해 이 조항에 명시된 단계를 이행한다.

선별 또는 보안 통제의 적용이 규제 대리인 또는 승인된 주체에 의해 확인되고 입증된 모든 화물 운송물은 보안 상태를 명시하는 문서(예: 위탁 보안 신고서)를 전자 또는 서류 형태로 동반해야 한다.

화물이 운영자에 의해 접수되기 전에 규제 대리인 또는 승인된 주체에 의해 요구되는 선별 또는 기타 보안 통제를 거친 경우, 운영자는 다른 보호 조치 외에도 일반적으로 문서(예: 위탁 보안 신고서)를 검토하고 항공기에 적재하기 전에 운송물에 변조의 증거가 있는지 확인한다.

EU 국가로 향하는 화물의 경우, EU 독립 검증인(EU Independent Validator)이 발행한 최신 RA3 인증을 보유한 규제 대리인에 의한 선별 또는 기타 보안 통제의 적용은 해당 대리인이 관련 당국의 승인을 받았다는 증거이다.

어떤 이유로든 운송물이 그 기지정 상태에서 적절하게 유지되거나 보호되지 못하는 경우, 해당 운송물은 미확인 화물(Unknown Cargo)로 되돌아간다. 이러한 경우, 운영자는 운송물을 확인된 화물 상태로 되돌리기 위해 해당 운송물이 다시 선별 또는 기타 보안 통제를 받도록 보장해야 한다.

추가적인 지침은 IATA 보안 매뉴얼에서 찾을 수 있다.

CGO 3.7.5 (공란)

CGO 3.7.6 (화물 보호) 운영자가 화물을 운송하는 경우, 운영자는 모든 항공편으로 운송되는 화물이 선별 또는 보안 통제가 적용된 후 접수 시점부터 목적지 공항에 도착할 때까지 무단 간섭으로부터 보호되도록 보장하는 프로세스를 보유해야 한다. (GM)

▶ 감사관 조치

□ 접수 후 화물 운송물을 무단 간섭으로부터 보호하기 위한 프로세스를 식별/평가한다.

□ 책임 관리자와 면담한다.

□ 화물 취급 운영을 관찰한다(초점: 접수 후 확인된 화물을 무단 간섭으로부터 보호하는 프로세스).

□ 기타 조치(구체적으로 명시)

▶ **가이드라인**

운영자는 화물이 접수 시점 및 선별 후(또는 보안통제 적용 후)부터 출발을 위해 항공기에 적재될 때까지, 그리고 목적지 공항에서 항공기에서 하역된 후까지 무단 간섭으로부터 보호되도록 보장할 책임이 있다. 이러한 요건은 급유 또는 기술적 경유를 포함한 모든 중간 경유지에도 적용된다. 이 조항의 의도는 화물이 화물 운영 기능을 수행하는 인력의 보관 관리 하에 있는 동안 항상 이러한 보호가 제공되도록 하는 것이다.

화물 운영 범위 내의 기능에 대해서는 이 섹션 시작 부분의 적용 가능성 상자를 참조한다.

CGO 3.7.7 (환적 화물 보안 통제) 운영자가 화물을 운송하는 경우, 운영자는 환적 화물(Transfer Cargo)이 국제선 항공편으로 운송되기 전에 관련 당국의 요건에 따라 적절한 보안 통제를 받았음을 보장하는 프로세스를 보유해야 한다. (GM)

주: 적절한 보안 통제는 원래 탑재된 지점에서 이미 적용되었을 수 있다.

▶ **감사관 조치**

□ 환적 화물에 보안 통제가 적용됨을 보장하는 프로세스를 식별/평가함.

□ 책임 관리자와 면담함.

□ 선정된 환적 화물 기록을 검토함(초점: 보안 통제가 적용되었는지 확인).

□ 화물 취급 운영을 관찰함(초점: 환적 화물에 적절한 선별/보안 통제가 적용되었는지 확인하는 프로세스).

□ 기타 조치(구체적으로 명시)

▶ **가이드라인**

환적 화물 및 우편물(Transfer Cargo and Mail)의 정의는 IRM(참고 자료 매뉴얼)을 참조.

제6장

항공화물 보안운영 실무

제6장

항공화물 보안운영 실무

제1절 항공 화물보안의 개념

1. 항공화물 보안 목적과 보안동선

항공화물 보안의 목적은 항공화물과 관련된 인원, 시설이나 물품에 대한 의도적인 불법방해행위를 사전에 방지하며, 화물운송 수단인 항공기 특성상 육상화물 운송에 비해 더 높은 수준의 보안이 요구되어 국가에서 법규로 보안 절차를 정하고 있다.

항공화물 보안의 원칙은 항공 보안법을 기준으로 보안을 통제하며, 해당 국가의 보안 관련 법규를 기본으로 통제하며, 미국으로 운송되는 화물의 경우에는 한-미 상호 보안 협약(CSP)[1]을 준수하고, 미국 TSA ACISP[2]에 따라 화물에 대한 보안 통제를 한다. 또한 항공사별로 국가 항공 보안계획에 따른 항공사 자체보안계획을 준수하며 자체 항공보안 수준관리지침을 준수하여야 한다.

---

1) CSP란(National Cargo Security Program) 미국 교통보안청(TSA) 운영하는 항공화물 보안 프로그램

2) ACISP이란 항공화물 보안 개선 프로그램(Air Cargo Security Improvement Program)의 약칭으로, 대한민국 국토교통부와 미국 교통보안청(TSA) 간의 협력 프로그램

항공운송 사업자의 승객 및 항공화물 등의 보안동선은 그림과 같이 큰 축에서 보면 승객 보안동선과 화물, 기내식, 저장품[3] 등에 대한 보안동선으로 구분한다.

일반적으로 승객이 공항에 도착하여 탑승수속에서 항공권을 발권하여 항공기에 탑승하기까지 보안 통제를 받는 이동구간을 여객의 보안동선이라고 하며, 다른 보안동선은 항공화물 및 기내식 등의 보안동선으로 화물과 기내식 및 저장품이 항공기에 탑재되기까지 보안 통제를 받는 이동구간을 말한다.

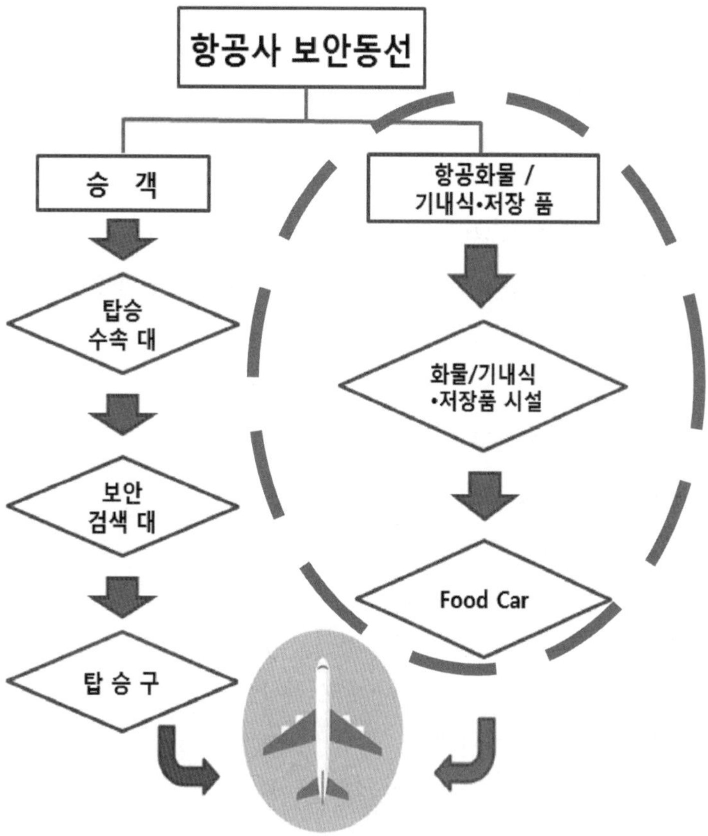

항공사 보안동선

항공화물이나 기내식 및 저장품 등이 항공기에 탑재되기까지 보안 통제를 받는 이동

3) '기내식 및 저장품'은 항공기 운항 중 승객에게 제공되는 식사, 음료, 간식 등의 기내식(in-flight meal)과 항공기 내부에 비치되어 승객에게 판매되거나 서비스되는 물품이나 재고를 의미하는 기내 저장품(in-flight stores)을 함께 일컫는 표현이다.

구간 상에서의 보안대책으로 9·11 테러에서 밝혀진 바와 같이 테러범이 항공기를 납치해 테러의 수단으로 이용하고자 한다면 테러범은 여객기나 화물기를 가리지 않고 항공기를 납치하기 위해 폭발물이나 무기 등의 위해물품을 반입하고자 일반승객이나 공항 상주직원, 항공운송사업자 또는 기내식사업자 소속 신분으로 항공화물이나 기내식 보안 동선을 이용하여 항공기에 탑승하거나 은밀히 테러 물품을 반입을 시도할 것이다.

항공보안의 핵심은 항공사의 항공기와 승객을 보호하는 것이므로, 보안동선 상의 보안 통제 지점에서 보안 통제가 잘 이행되어야 테러 또는 항공보안 사고를 사전에 차단할 수 있어서 이러한 보안 동선에 따른 보안대책이 세밀하게 수립하여야 한다.

항공화물의 취급 시 기본원칙은 다음과 같다.

가. 예방이 사고수습보다 우선

나. 모든 항공화물은 불법방해행위로부터 안전하게 보호

다. 항공화물 운송경로의 보안 확보

라. 물품이 항공운송사업자에서 전달되기 전 보안 확보 필요

2. 항공화물 보안체계

가. 항공화물 관련 국제기구 등은 아래와 같다.

(1) 국제민간항공기구(ICAO)

(2) 국제항공운송협회(IATA)

(3) 세계무역기구(WTO)

(4) 세계관세기구(WCO)

(5) 미국 교통보안청(TSA)

나. 국제기구별 항공화물보안기준

(1) 국제민간항공기구(ICAO) 항공화물 보안기준은 아래와 같다.

* 부속서 17(항공보안) 항공화물 보안 관련 기준 명시(제4장 6절)
* 항공기 탑재 물품 보안 통제/보안 검색 요구
* 보안 통제구역 반입 물품 보안 조치 이행(분류, 경비)
* 반입 물품 항공기 탑재 때 전체 단계의 보안 확보 강조
* 항공 화물보안 교육교재 활용(보안 검색/출입 통제/우편물 취급 방법)

(2) 국제항공운송협회(IATA) 항공화물 보안기준은 아래와 같다.

* IATA 위험물 규정(DGR)을 근거하여 작성되었으며, 다른 사람의 건강, 안전과 재산 또는 환경에 피해를 줄 수 있는 물질 등을 안전하게 항공기로 운송할 수 있도록 수립한 규정이다.
* 위험물의 특성별로 운송 규정을 다르게 적용되기도 한다.
* 긴급상황 등으로 항공운송이 불가피한 경우에는 출발국 및 도착 국이나 항공사의 승인하에 위험물 규정에 적용받지 않고 위험물을 운송할 수 있는 경우가 명시되어 있다.

(3) 세계무역기구(WTO)

* 1995년도부터 세계 경제질서를 규율해가고 있는 국제기구이며, UN 산하 기구는 아니고 UN 협력기구로써 세계 각국의 무역장벽을 낮추고 무역 협상의 기반을 제공함으로써 원활하고 자유로운 무역을 지원하기 위한 목적으로 출범하였고 가입국은 164개국이며, 스위스 제네바에 있다.
* 직접적인 화물보안을 목표로 하고 있지는 않지만, 세계관세기구의 화물보안 수단을 보완하는 보조역할을 수행하고 있다.
* 관세 무역에 관한 일반협정의 제8조에서는 세관 서류들의 행정 간소화를 위한 전자화 절차와 물류에 대한 위험관리기법과 화주들에게 사전 권한을 부여하는 등이 포함되어 있다.

(4) 세계관세기구(WCO) 항공화물 보안기준은 아래와 같다.

* 1953년도에 설립된 세계관세기구는 관세 기술 및 관세 법규의 국제적 수준에서의 단순화 및 품목 분류평가에 관한 조약적용 등을 목적으로 설립되었으며, 본부는 벨기에 브뤼셀에 있다.
* 전 세계 총 178개국 회원국이 참여하고 있으며, 관세에 관한 국제협약을 개발하고 상품분류와 물류 공급망의 안전 및 국제무역 원활화와 세관 현대화를 위한 능력개발 등의 임무를 수행하는 국제기구이다.
* 화물보안 표준체계를 2006년도에 제정해 적용해 오고 있고, 이러한 세관 화물보안 표준체계의 주요 내용으로는 모든 운송 수단에 적용되는 통합공급망 관리체계와 고위험화물에 대한 적발 능력 향상을 위한 세관 당국 간 협력을 강화하도록 하고 있다.

(5) 미국 교통보안청(TSA)의 항공화물 보안기준은 아래와 같다.

* TSA에서는 공항에서 모든 항공사의 여객기에 탑재되는 항공화물을 대상으로

100% 보안 검색을 시행하도록 하고 있다

* 여객기에 선적되어 운송되는 화물은 TSA 기준에 충족할 수 있도록 자세히 조사가 이루어져야 하며, 모든 항공운송사업자는 승인된 보안 검색 방법과 보안검색기술을 사용하여 항공화물을 검사해야 한다.
* TSA는 2차 검색이 필요한 고위험 항공화물을 찾아내기 위하여 무작위로 선별하여 검사를 시행해야 하며, 이러한 검사 활동을 수행하는 감독관들은 항공화물에 대한 보안규정 준수 여부를 확인하기 위한 지속적인 평가활동을 수행하도록 요구하고 있다.

(6) 국가별 화물 보안체계

* 미국 : 공항운영자, 항공운송사업자, 외국 항공사 등 각 운영 주체가 항공보안체계를 수립하여 시행하고 있다.
* 유럽 : 공항, 항공기, 승객/휴대물품 및 위탁수하물, 항공화물 등 대상 주체 위주로 항공보안체계를 수립하여 시행하고 있다.

(7) 항공화물 보안체계는 항공보안협의회와 공항이나 항공기 보안, 항공기 내 보안 등 총 5개의 부분으로 분류하고 있다.

* 국토교통부 항공보안정책 : 국가항공보안계획 수립 등
* 공항/항공기 보안 : 보호구역 지정, 출입통제, 보안검색 운영 등
* 항공기내 보안 : 위해물품 휴대 금지, 승무원 보안역할 수행 등
* 항공보안 장비 운용 : 교육훈련/보안검색 기록유지 등
* 항공보안 위협 대응 : 정보제공, 우발계획, 감독규정 등

(8) 항공화물 보안표준

* 항공화물 보안표준은 일반화주와 상용화주 제도가 있으며, 이중 일반화주에 의한 화물은 화주가 화물대리점을 통해 항공운송 사업자에게 의뢰하면 여객기에는 X-ray 검색 장비로 검색된 화물을 탑재시키고 있다.

제2절 화물터미널 보안대책

1. 화물터미널 개념

(1) 항공화물 운송

가. 공항의 화물터미널을 거쳐 항공기의 화물 적재 공간에 탑재한 화물을 다른 공항까지 운송해 주는 일련의 서비스를 의미한다.

나. 항공화물의 운송을 담당하는 공항의 항공 화물터미널에서 수행하는 기능으로는 수출입 항공화물에 대한 화물정보처리 전산망이 구성되어 있어서 화물 및 항공사와 세관 및 출입국관리소 등의 관련 업체나 기관들이 화물 정보시스템을 공유한다.

다. 공항 화물터미널의 전산망을 통하여 항공화물에 대한 운송예약과 운송 중인 화물에 대해서 위치추적이 가능하다.

라. 화물터미널에서는 화물의 목적지나 품목 및 수취자 별로 구분하여 분류할 수도 있으며 화물의 수출입 관련 행정이나 시설관리 업무를 수행하는 기능도 가지고 있다.

마. 항공화물 운송은 공항의 화물터미널을 거쳐 항공기의 화물 적재 공간에 탑재한 화물을 다른 공항까지 운송해 주는 일련의 서비스를 의미한다.

바. 항공화물의 운송을 담당하는 공항의 항공 화물터미널에서 수행하는 기능으로는 수출입 항공화물에 대한 화물정보처리 전산망이 구성되어 있어서 화주 및 항공사와 세관 및 출입국관리소 등의 관련 업체나 기관들이 화물 정보시스템을 공유할 수 있다.

(2) 항공 화물터미널 유형 공용터미널

가. 공용터미널 : 타인 임대 목적 설비

나. 공용터미널은 해당 공항에서 전용 터미널을 운영할 정도의 물량이 되지 않는 타인에게 임대할 목적으로 설비를 갖춘 터미널을 말한다.

다. 운영하는 주체에 따라서 공항 당국에서 직접 운영하거나 항공사 또는 공동 운영의 유형으로 구분되기도 한다.

라. 공항 당국에 의한 운영은 대표적으로 독일 AG에서는 독일 루프트한자 항공과 우리나라 대한항공과 중국의 남방항공 등에 대한 화물을 처리해 주고 있다.

마. 인천국제공항에 있는 대한항공 제2 화물터미널의 경우 운영 주체는 대한항공이지만 대한항공과 계약한 외국 항공사들의 화물을 처리해 줌으로써 공용터미널 개념으로 운영되고 있다.

(3) 항공 화물터미널 유형 전용 터미널

가. 전용 터미널 : 항공사 등 자사 사업 목적을 위해 운영한다.

나. 전용 터미널은 대한항공, 에어제타, 국제우편물류센터, DHL 등이 운영하는 형태로써 일차적으로 자사의 사업에 주로 이용하고자 설치한 터미널이지만 자사에 대한 물량 처리를 하고도 남는 여유 설비를 타인에게 임대하기 위한 목적으로 운영되기도 한다.

2. 화물터미널 출입통제

(1) 출입통제 원칙

가. 화물터미널에는 출입구가 많으므로 인가된 인원이나 차량만 허용된 출입을 이용하도록 해야 한다.

나. 비인가자의 출입이 금지되도록 철저히 통제해야 하며, 또한 출입이 인가된 인원들은 보안에 필요한 임무를 이해하고 수행할 수 있도록 보안 교육을 이수하여야 한다.

(2) 출입통제 방식

가. 항공경비요원 등을 포함한 모든 출입인원은 출입증을 식별 확인할 수 있도록 패용하여야 하며, 항공경비요원은 출입자에 대한 출입증 패용여부를 반드시 확인하여야 한다.

나. 터미널을 운영하지 않는 시간대에는 출입구를 폐쇄하거나 잠금 조치를 해야 하며, 24시간 운영되는 화물터미널의 경우에는 CCTV 및 순찰 등 심야 감시체제가 이루어져야 한다.

화물터미널 내 직원전용 출입구 화물투입구는 직원 출입 금지

(3) 화물접수 시 보안 조치사항

가. 항공화물에 대한 운송을 의뢰하는 화주 또는 상용화주가 포장한 화물을 화물기에 탑재하기 위해서 공항의 화물터미널에서 접수한 화물에 대해서는 반드시 보안 조치가 이루어져야 한다.

나. 항공화물 취급대상자는 신원조사를 거쳐 보안 교육을 이수한 직원이 취급하도록 해야 하고, 보안을 총괄할 수 있는 보안책임자를 지정하여야 한다.

다. 화물과 관련되는 모든 보안서류는 비인가자가 접근하지 못하도록 잠금장치가 있는 서류함에 보관 관리하고, 항공사 직원이나 허가된 항공사 대리인만이 취급할 수 있도록 하여야 한다.

(4) 항공화물 보안대책

가. 항공화물에 대한 보안대책은 9·11테러 이후 승객 및 위탁수하물에 대한 보안대책이 강화됨에 따라 불법행위를 시도하려는 테러 조직들이 항공화물을 테러에 이용하기 시작하면서 강화되었다.

나. 항공화물은 운송하는 과정에서 철저한 보안대책이 마련되어 있어야만 화물을 안전하게 운송할 수 있다.

다. 항공화물을 항공기에 안전하게 탑재하기 위해서는 분류하고 포장하는 과정에서부터 위해물품이 반입되거나 은닉되지 않도록 보안대책이 강구되어야 한다.

라. 화물의 분류 및 포장 작업은 반드시 지정된 장소에서만 이루어져야 하고, 작업장에는 CCTV 카메라를 설치하여 모든 작업 과정을 감시할 수 있는 보안 조치가

이루어져야 한다.

마. 포장이 완료된 화물을 항공기에 탑재하기 위하여 운송하는 도중에도 위해물품이 반입되지 않도록 랩이나 그물망 등을 이용하여 위해물품 은닉방지 조치가 이루어져야 한다.

CCTV 보안상황실

화물운송 보안 차량

바. 이러한 위해물품에 대한 은닉 방지를 위해 컨테이너 등과 같은 밀폐된 용기에 포장하여 반드시 인가된 보안 차량을 이용해서 운송되도록 한다.

사. 대형화물의 경우에는 운송되는 화물 중에서 일정 비율을 무작위로 선정하여 화물용 X-ray 검색 장비 등에 의해 보안검색을 실시하여야 한다.

컨테이너 보안검색 장비

아. 화물대리점이나 국제물류 주선업체에 위임되어 화물에 대한 분류 및 포장 업무를 수행하는 대리점도 항공사에서 시행하는 화물보안 규정과 동등한 수준 이상

의 보안대책을 이행하여야 한다.

자. 보안 통제가 완료된 항공화물은 관세청의 인가를 받은 보세운송 사업자의 차량이나 국토교통부 장관의 허가를 받은 화물자동차 운송업자의 소속 차량으로 운송하여야 한다.

보세 운송사업자 차량

경비요원 배치

(5) 보안검색 완료 화물보관 때 보안 조치

가. 보안검색이 완료된 화물을 보관할 때 보안 조치사항으로는 비인가자의 출입이 통제되는 지역에 화물을 보관하고 외부침입자가 침입되지 않도록 보관하여야 한다.

나. 화물의 접수 및 보안검색이 완료된 시점부터 항공기가 출발하기 전까지는 항공경비요원에 의해 경비 및 순찰 등으로 보안활동이 수행되어야 한다.

다. 모든 화물은 보호구역 안에서 지정된 화물보관장소 외의 다른 장소 또는 감시가 불가한 지역에 방치되지 않도록 하여야 한다.

보안 통제지역에 보관된 항공화물

화물계류장에 보관된 항공화물

라. 방치된 화물이 발견되면 해당 화물에 대하여 즉시 보안검색을 실시해서 위해 물질에 대한 반입 여부를 확인하여야 한다.
마. 보안검색이 완료된 화물은 외부로부터 공항의 보호구역 또는 항공기내로 이동시킬 때 폭발물 등의 위해물품이 반입되지 않도록 잠금장치 설치되었거나 보안상태가 감시되는 탑 차량 또는 컨테이너 전용 차량으로 운송하여야 한다.
사. 단위화물 탑재 용기와 화물 처리장비에 대한 점검 및 보관요령으로 화물 작업 전에는 컨테이너 및 팔레트와 화물 처리장비에 위해물품이 없는지를 확인하여야 한다.
아. 화물탑재 전에는 비인가자의 출입이 통제되는 보안구역 내에 보관하여야 한다.

탑 차량

컨테이너 운반 차량

(6) 화물터미널 보안 통제기준

가. 항공 보안법 제16조에 따라 공항에서의 화물터미널에 대한 보안 통제기준인 항공화물에 대한 보안 통제기준을 마련하여 항공화물에 대한 보안을 확보하고 있다.
나. 화물보안 통제기준에서는 공항의 항공 화물터미널 운영자 및 보호구역 내에서 이동하는 인원, 차량과 장비 및 시설에 적용하도록 명시하고 있다.
다. 화물터미널 운영자는 화물터미널 내의 보호구역에 대한 출입통제 및 보안검색을 위하여 화물터미널 내에 인가되지 않은 인원 차량에 대한 출입을 통제하여야 한다.
라. 화물터미널 내에서 지정된 보호구역으로 출입하는 출입자나 물품에 대해서 보안검색을 실시하여야 한다.
마. 계류장 출입구에서 출입통제 시스템에 의한 출입통제 시에는 화물터미널 진입 때 이미 보안검색을 실시하면 보안검색을 생략할 수도 있다.
바. 화물터미널 운영자는 터미널 내의 보안검색이 완료된 구역 등은 정해진 보안 절차를 이행해야 한다.

사. 변색 또는 퇴색되거나 식별이 불분명한 표지는 신속하게 도색을 하여 선명함을 유지하여야 한다.

아. 보안검색 완료 구역에 대한 표지 위치는 다음 그림과 같다.

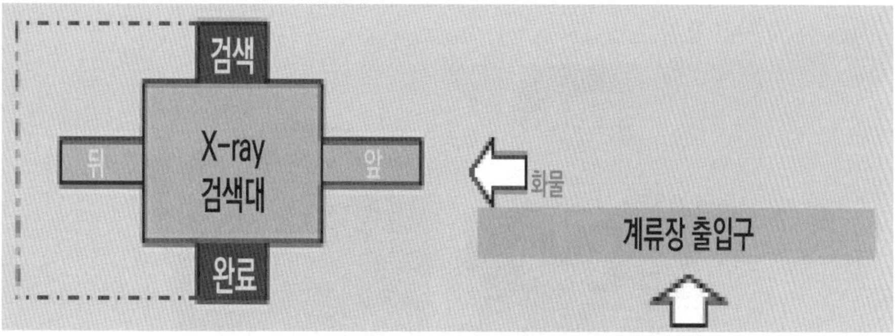

자 화물터미널 내 X-ray 보안검색 장비 앞쪽과 뒤쪽 사이를 기점으로 표시된 적색선과 같이 좌우를 연결한 선으로 한다.

차. 고정 펜스가 설치되어 있는 바닥은 보호구역 표지를 생략할 수도 있으며, 보안검색 완료 구역의 표지는 적색 실선으로 표시하고 적색선 폭은 30㎝로 한다.

카. 계류장 출입구 표지의 위치는 계류장 출입구 바닥에 표시하고, 표지의 색상은 황색 실선이며, 선폭은 30㎝로 한다.

타. 사람의 출입 통로 표지는 화물터미널 내 보호구역 출입구의 통로 바닥에 표시하며, 사다리 형태의 백색실선으로 표시하고 선폭은 15㎝로 한다.

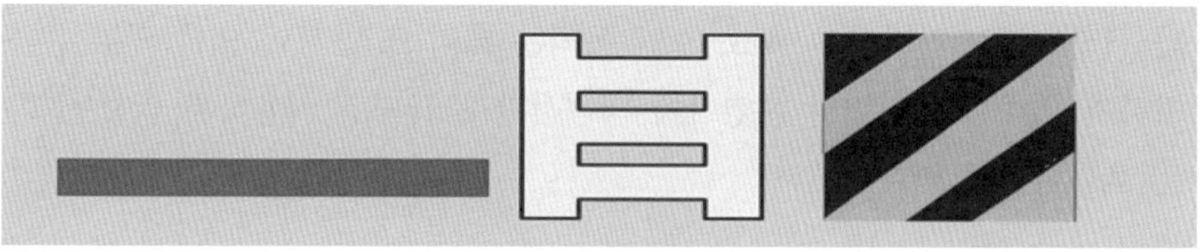

파. 화물터미널 내 시설물 보호 표지는 이동 또는 운반 차량과 장비로부터 시설물을 보호하기 위하여 각종 시설물을 대상으로 표시하며, 표지 형태는 황색과 흑색의 교차 빗금 실선으로 하고 선폭은 15㎝ 또는 50㎝로 한다.

(7) 보호구역 내 보안 동의 착용

가. 보안 동의는 보호구역 내에서 업무를 수행하는 직원들과 출입이 인가되지 않은 사람들과 출입이 인가되지 않은 사람들을 출입이 인가되지 않은 사람들을 쉽게 구분하기 위하여 착용하는 소매 없는 조끼 등을 말한다.

나. 공항의 화물터미널 운영자는 화물터미널 내 보호구역에서 소속 직원이나 화물터미널 상주, 업체 직원들이 회사 유니폼을 착용하도록 해야 하고, 대리점 직원 등의 출입이 허가된 외부 출입자도 보안 동의를 착용할 수 있도록 관리하여야 한다.

다. 보안 동의를 착용하는 경우, 변색 또는 퇴색되었거나 식별이 불분명한 회사의 유니폼과 보안 동의는 교체 사용하여야 한다.

라. 화물터미널 내에서 착용하는 회사의 유니폼 및 보안 동의는 업체별로 같은 규격과 색상으로 제작되어야 하고, 보안 동의는 테러 조직 등에 의한 외부 유출을 방지하기 위해 화물터미널 운영자에 의해서만 보급되고 사용하지 않으면 회수 또는 폐기하여야 한다.

(8) 화물보안 통제직원 자격

가. 화물터미널에서 보안 통제를 담당하는 자의 자격 기준으로 경찰관서의 신원조사를 의뢰하여야 하고, 신원조사 결과 범죄와 마약 또는 알코올중독 경력이 없어야 하며, 다만 경범죄 및 업무상 과실 또는 중대한 과실이 아닌 교통사고 등은 제외한다.

나. 항공화물의 보안 통제를 담당하는 대상자로는 상용화주업체의 보안업무 감독자

와 보안업무 감독자로부터 위임받아 항공화물을 통제하는 직원도 자격이 있으며, 또한 항공화물 관리지역으로 접근하거나 출입하려는 자를 통제하는 항공경비요원과 보안검사 및 탐지 장비를 사용해 보안검색이라는 보안검색 요원과 항공화물을 직접 가지고 운반하는 사람도 보안 통제업무 대상으로 포함이 된다.

(9) 보호구역 설정

가. 화물터미널의 보호구역 설정을 위하여 공항테러대책협의회 등 관계기관과 협의하여야 하며, 관할 지방항공청장의 승인을 받아 보호구역을 지정받아야 한다.

나. 보안 구역은 보안 울타리 또는 장벽 등을 설치하여야 하며, 보호구역 안의 보안 울타리 또는 장벽을 정상적인 상태로 유지하여야 하며, 화물선 적 등을 위한 조업 구역 등은 일반지역과 보호구역 간의 경계가 구분될 수 있도록 적색선으로 표시한다. 다만, 화물조업에 필요한 최소한의 경우는 예외로 할 수 있으며 이 경우 경비를 통해 보안 통제를 시행하여야 한다.

항공 화물터미널

다. 보호구역 안으로 진입하는 출입구에는 물리적 방어기능을 갖춘 장벽 또는 이와 유사한 시설물을 설치하여야 한다. 다만, 화물조업에 필요한 최소한의 경우는 예외로 할 수 있으며 이 경우 경비를 통해 보안통제를 시행하여야 한다.

라. 화물터미널의 보호구역으로 출입하려는 모든 인원, 차량, 장비, 물품 등에 대하여 신원확인 및 보안검색을 실시하여야 하며, 보안검색을 거부할 때는 출입을 금지하고 국토교통부 및 보안 관련기관에 통보하여야 한다.

마. 출입증 소지자는 보호구역으로 진입하거나 보호구역 내에 있는 경우에 출입증이 상체 전면 또는 외부로 노출되도록 잘 보이게 패용하여야 한다.

바. 화물터미널 보안검색 요원과 항공경비요원 등은 보호구역으로 출입하려는 자에 대하여 출입증을 확인하여야 하며, 문형금속탐지기, 휴대용금속탐지기, X-ray 검색 장비, 폭발물 흔적 탐지기 등을 사용하여 위해물품의 반입을 통제하여야 한다.

사. 화물터미널은 출입구역 등 보호구역을 상시 확인이 가능하도록 CCTV 카메라, 항공경비요원 순찰 등 적절한 감시체계로 운영되어야 한다.

인천공항 화물터미널 전경

(10) 화물터미널 출입통제

가. 출입통제 원칙

1) 화물청사에는 인가된 인원 또는 차량만 출입하도록 하여야 한다.
2) 비인가자의 출입은 철저히 통제하여야 한다.
3) 인가된 인원들은 보안에 필요한 임무를 이해하고 수행할 수 있도록 보안 교육을 받아야 한다.

나. 출입통제 방식

1) 상주직원을 포함한 모든 출입인원은 출입증을 확인할 수 있도록 잘 보이도록 항상 패용하여야 한다.
2) 비 운영시간에 출입구 폐쇄 또는 잠금장치를 실시하여야 한다.
3) 24시간 운영되는 화물청사의 경우, 심야 감시체제(CCTV 24시간 감시 및 항공

경비요원 순찰 등)를 운영하여야 한다.

인천국제공항 화물계류장과 화물터미널

다. 화물터미널 출입통제

보호구역 내에서 인가받은 정규출입증을 패용하지 않은 모든 인원은 비인가자로 간주하고 발견한 직원은 신원확인을 실시하여야 하며, 허가되지 않은 자로 판명 시에는 보안 관계기관에 즉시 신고하여야 한다.

1) 화물터미널 보안 통제구역은 비인가 인원이나 차량의 출입이 통제되어야 한다.
2) 조업직원 및 청소용역 인원을 포함한 모든 보호구역 출입자는 보호구역 출입증을 잘 보일 수 있는 곳에 패용 한다.
3) 화물터미널 비운영 시간에는 출입구를 폐쇄하고 열려 있는 구역에는 반드시 항공경비요원을 배치하여 감시하도록 한다.
4) 화물터미널을 24시간 운영하는 경우 CCTV와 항공경비요원 등의 감시체계를 이용하도록 한다.
5) 주기 중인 항공기 보안 통제는 관할 국가 보안 관련 규정에 따라 주기 중 화물기 출입자 통제 및 화물탑재 전 화물칸 점검이 필요한 경우에 해당국 보안규정에 따라야 한다.

(11) 화물에 대한 접근통제

가. 화물보관 통제대책

1) 보안검색이 완료된 화물은 비인가자의 출입이 통제되는 지역에 보관하여 외부침입으로부터 보호하여야 한다.
2) 화물의 접수처 및 보안검색이 완료된 시점부터 항공기 출발 전까지 보안 활동이 보장되어야 한다.
3) 모든 화물은 보호구역 안에서 지정된 화물 보관장소 외의 다른 장소나 감시가 불가 지역에 방치하여서는 안 된다.
4) 방치된 화물이 발견되면 해당 화물에 대하여 보안검색을 실시하는 등 보안 조치를 시행하여야 한다.

나. 지상 이동 통제대책

보안검색이 완료된 화물은 외부로부터 공항보호 구역 또는 항공기내로 이동시키는 경우 폭발물 및 불법 위해물품이 반입되지 않도록 잠금장치가 설치되거나 보안상태가 감시되는 차량 또는 컨테이너로 운송한다.

다. 단위화물 탑재용기(ULD) 및 화물처리 장비점검 방법

1) 화물 작업전 컨테이너 또는 팔레트, 화물처리 장비는 위해 물질이 없음을 확인하여야 한다.
2) 화물탑재를 위한 컨테이너나 팔레트, 화물처리 장비는 비인가자의 출입이 통제되는 보안 구역에 보관하여야 한다.

라. 항공화물 접근통제

1) 보안검색을 완료한 화물은 비인가자의 접근이 통제되는 지역에 보관하여야 하며, 항공사 직원 및 항공경비요원에 의하여 출입이 통제되며 CCTV를 통하여 24시간 감시되어야 한다.
2) 보안검색이 완료된 화물은 보안검색이 완료되지 않은 화물과 혼재되지 않도록 하고, 항공기 탑재 전까지 불법방해행위가 발생하지 않도록 통제하여야 한다.
3) 항공기에 탑재하기 위하여 이동 시 외부에서 위해 물질이 반입되지 않도록 이동 운반자는 감시를 철저히 하여야 한다.

4) 항공기 탑재를 위하여 항공기에 근접한 지역에 화물을 운반할 시에는 비인가자가 접근할 수 없도록 주변 경계를 철저히 하여야 한다.

항공 화물터미널 보호구역 출입통제

마. 항공 화물시설 보안 통제방안

1) 항공 화물시설은 비인가자 접근을 통제하여야 한다.
2) 보안검색을 완료한 화물은 비인가자의 접근이 통제되는 지역에 보관하여야 한다.
3) 보안검색이 완료된 화물은 보안검색이 완료되지 않은 화물과 혼재되지 않도록 하고 항공기에 탑재 전까지 위해 물질이 반입되지 않도록 통제하여야 한다.
4) 보안검색이 완료된 화물을 항공기에 탑재하기 위하여 이동 시 외부에서 위해 물질이 반입되지 않도록 이동 운반자는 최종 탑재되기 전까지 감시를 철저히 하여야 한다.
5) 화물탑재 관련 기기를 작동하는 자는 항공기 탑재를 위하여 항공기에 근접한 지역에 화물 운반 시에 비인가자가 접근할 수 없도록 주변 경계를 철저히 하여야 한다.
6) 출입증을 가슴 상단에 보이게 착용하지 않은 어떠한 인원도 비인가자로 간주하고 먼저 발견한 직원이 바로 신원확인을 실시하여 허가되지 않은 자로 판명되면 즉시 보안 관계기관에 신고 조치를 하여야 한다.

보안검색 완료 화물의 항공기 탑재

바. 항공 화물보안 관련 벌금 및 과태료 조항

항공 보안법에서 항공화물 보안과 직접 관련한 벌금 및 과태료 조항은 별도로 없으며, 다만 승객 및 휴대물품, 위탁수하물 등에 관한 규정을 적용받는다.

1) 제50조 4항 : 보호구역 진입자에 대한 보안검색을 하지 않거나 소홀히 한 사람 3천만 원 이하의 벌금
2) 제51조 1항 1호 : 승인받은 자체보안계획을 이행하지 아니한 자 1천만 원 이하의 과태료
3) 제51조 1항 5호 : 보안검색 실패 등 보고사항을 국토교통부에 보고하지 아니한 자 1천만 원 이하의 과태료

제3절 항공화물 보안검색 절차

1. 항공화물 보안검색 관련 법규

항공 보안법에서 항공화물 보안과 관련한 법령 조항을 살펴보면 다음과 같다.

가. 제15조 3항 : 화물에 대한 보안검색의 주체

나. 제16조 2항 : 화물터미널 내 보호구역으로 진입하는 사람 또는 물품의 보안검색 주체

다. 제17조의 2 : 상용화주
라. 제19조 : 보안검색 실패 등에 대한 대책
바. 제27조 : 항공 보안장비 성능 인증 등
사. 제28조 : 보안검색 관련 교육훈련
아. 제29조 : 보안검색 기록의 유지

또한 국가항공보안계획에서 항공화물에 대한 보안검색 시 유의 사항은 다음과 같다.
가. 보안검색 대상 화물 및 우편물은 포장 단위별로 나누어 검색한다.
나. 신고 선적서류 상 화물 출, 도착지, 접수자 서명 등 누락 시 접수 거절한다.
다. 정규적으로 거래를 하지 않은 화주 또는 운송업체의 화물접수 시 반드시 신분 확인 후 접수한다.
라. 고위험화물 또는 우편물로 분류된 경우는 개봉검색 등 추가 조치한다.
마. 운송의뢰 대리점의 등록 여부 확인 물품 정책 기본법에 따른 국제물류 주선업 등을 말한다.

항공 보안법에 따라 항공화물 보안검색 방법은 여객기와 화물기에 탑재되는 항공화물에 따라 보안검색 방법을 별도로 정하고 있으며 다음과 같다.
가. 여객기 탑재화물 : X-ray 검색 장비로 보안검색을 한다.
나. 화물기 탑재화물 : X-ray 검색, 개봉검색, ETD[4]검색. 폭발물탐지견, 압력실 등 5가지 방법 중에서 실시한다.

4) 폭발물 흔적 탐지 장비(ETD, Explosive Trace Detection) : 보안검색 대상물에 묻어있는 화학 성분을 흡입하여 화학적인 이온 분석 방법 등을 이용하여 폭발물 및 폭약 성분의 흔적을 탐지하는 장비를 말한다.

X-Ray 검색	개봉 검색 (OPEN INSPECTION)	폭발물 탐지기 검색 (ETD)	폭발물 탐지 견 검색 (K-9)	압력 실을 사용한 검색 (CHAMBER)

다. 특별보안 검색 : 개봉검색, 서류검색, ETD 검색 등이 있다.

(1) 골수/혈액/조혈모세포 등 인체조직 관련 의료품

(2) 유골/유해

(3) 이식용 장기

(4) AVI/의료 및 과학용 필름

(5) 본래의 형질이 손상/변질할 수 있는 것 등으로서 국토교통부 장관의 허가를 받아야 한다.

(6) 생물학적 제재/유전자 재조합 의약품/세포배양 의약품/세포치료제/유전자치료제 및 이와 유사한 바이오의약품 등을 말한다.

2. 유형별 보안검색 방법

(1) 여객기 탑재화물 보안검색

가. X-ray 검색 장비 : 보안검색이 완료된 화물만 탑재한다.

나. 개봉검색을 해야 하는 경우

- X-ray 검색 장비 미설치, 비정상 작동 시
- X-ray 검색 장비 검색 결과 내용물 판독 불가 시
- 무기류/위해물품 은닉이 의심될 때
- 항공보안 위협증가 등 특별한 사유 발생 시

다. 폭발물 탐지 장비, 폭발물 흔적 탐지 장비(ETD) 검색을 해야 하는 경우
- X-ray 또는 개봉검색 후 폭발물 의심되는 경위
- 위탁수하물 소유 승객 미탑승 때 탑재 및 운항 불가

화물검색용 X-Ray 검색 장비

(2) 화물기 탑재화물 보안검색

가. X-ray 검색 장비 검색

나. 포장된 화물 개봉검색

다. 폭발물흔적탐지장비 검색(ETD)

라. 탐지견 검색

마. 압력실 사용 검색

(3) 상용화주 화물 보안검색

가. 화물기 탑재 및 항공화물보안기준 갖춘 화물

나. 보안검색 책임 및 절차 등 상호협약 체결 때 보안검색을 신뢰하는 경우 항공운송 사업자는 별도 보안검색 생략

(4) 항공화물 보안검색 절차

1) 1단계 : 화물 접수증(반입서)을 접수하여 물건 수량을 확인한 후에, X-ray 검색을 시행한다.

2) 2단계 : X-ray 장비를 사용하여 보안검색을 실시하고 화물에 이상이 없다고 판단되면 개봉검사를 생략한다.

3) 3단계 : 2단계 검색 결과 판독이 불가하거나, 의심스러운 화물에 대해서는 개봉검색을 시행하여야 하며, X-ray 이미지 판독 결과 의심스러운 물품 발견 또는 판독이 불가할 때 컨베이어 벨트를 멈추고, 정밀 검색을 시행한 후에 항공사 직원을 통해 대리점(화주)을 호출하고 대리점(화주) 입회하에 보안검색 요원은 말로 질문을 하고 양해를 구하고 해당화 물을 개봉 검색하여야 한다.
4) 4단계 : 3단계 검색 결과, 육안 확인이 불가한 화물 또는 전자제품, 폭발물로 의심될 때는 폭발물탐지기(ETD) 장비를 사용하여 보안검색을 실시한다.
5) 5단계 : 폭발물로 판명되면 보안 관련기관에 즉시 신고하고 화물 주변의 인원을 대피시키고 현장을 보존한다.
6) 보안 검색과정에서 안보 위해물품 또는 기타 법령에 위배되는 물품을 인지 또는 적발하였을 때는 즉시 감독자에게 보고하여 지시에 따라 처리하고 개인행동을 해서는 안 된다.

화물검색용 X-Ray 검색 장비

(5) BUP[5] 및 환적 화물 보안검색 기준(TSA 규정)

1) 여객기 탑재 통과화물은 TSA에서 요구하는 출발지에서 보안검색 기준이 충족되지 않는 한 100% 보안검색을 실시한다.
2) 여객기 탑재 우편물은 100% X-ray 검색을 시행한다.
3) 여객기 탑재 우편물 이외는 X-ray 검색, ETD 검색, 개봉검색 중 적절한 방법을 사용하여 보안검색을 실시한다.
4) 보안검색을 실시한 통과화물은 보안검색 결과를 기록한다.
5) Piece 단위[6]의 보안검색을 기본으로 하며, ULD 단위 보안검색은 조건이 갖추어지지 않는 한 불가하므로, ULD 단위의 보안검색 요청이 있으면 출발지에서의 보안검색 완료 증빙서류를 확인한 후에 보안검색을 실시한다.
6) 통과화물 분야에서 보안검색을 요청할 때는 즉시 보안검색을 실시한다.

항공화물 운송용 장비

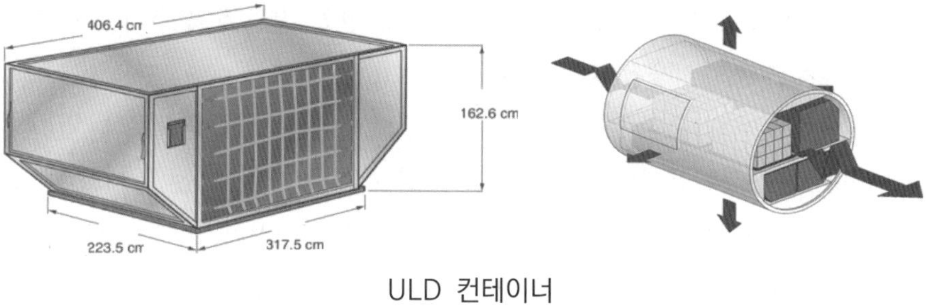

ULD 컨테이너

5) BUP(Bulk Utilization Program) 화물과 환적(Transfer/Transit) 화물은 항공화물의 효율성과 보안을 위해 별도의 보안검색 기준을 적용받는다.
6) Piece 단위는 물류 및 운송 분야에서 '개별' 또는 '낱개'를 의미한다. 주로 화물의 개수를 셀 때 사용되는 용어로, 전체 컨테이너나 팔레트와 같은 큰 단위가 아닌 개별 상자나 포장단위를 말한다.

(6) 반입화물 및 보호구역 출입자 보안검색 기준

1) 화물 보안검색의 기본 장비는 X-ray 검색 장비이며, 반입화물의 예약이 여객기/화물기를 구분치 말고 X-ray 장비에 투입이 가능한 화물은 모두 X-ray 검색을 시행한다. 단, 반입장소의 혼잡을 방지하기 위하여, 화물기 예약화물 중에 반입장소에 도착한 화물이 같은 형태의 Skid[7]는 10개 이상일 경우 10~20% 정도 무작위로 X-ray 검색을 시행하고 나머지는 ETD 검색을 시행한다.
2) 특송화물, 전자상거래 화물, 직물 Roll, 다량의 마대에 담긴 화물, 긴급 선박수리 물품 등은 반드시 X-ray 검색을 시행하며, X-ray 장비에 투입이 불가한 초과 화물은 개봉검색을 시행한다.

(7) ETD 보안검색 운영요령

1) X-ray 판독 불가 또는 폭발물로 의심되는 경우 ETD를 이용하여 보안 검색한다.

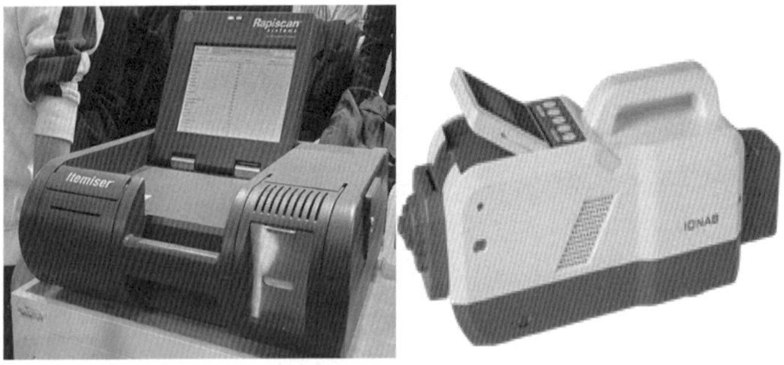

폭발물 흔적 탐지기(ETD)

2) 한꺼번에 모든 화물을 ETD로 검색하지 말고, 반입 속도에 맞추어 3~4개 정도의 여유를 가지고 보안검색을 실시한다.
3) ETD 운영요원은 ETD로 보안검색이 완료된 화물이 보호구역으로 반입될 때까지 항상 해당 화물 주변에서 보안검색이 완료된 화물에 대한 보안 통제를 해야 한다.
4) 한꺼번에 너무 많은 화물을 ETD로 보안 검색하면 적절한 보안 통제가 불가능하므로 보안검색 요원의 시야 및 동선이 허용하는 범위 내의 화물만을 ETD 검색하고 보안 통제를 한다.

---

7) '스키드(Skid)'란 물류 및 운송 분야에서 사용되는 용어로, 지게차를 이용해 물건을 쉽게 옮길 수 있도록 만든 평평한 운반대를 의미하며, '팔레트(Pallet)'와 유사하지만, 차이점이 있다.

5) ETD 검색이 진행되고 있는 전면부의 보호구역 Line 상의 항공경비요원은 보조개념으로 ETD 보안검색이 완료된 화물에 대하여 불법방해행위 혹은 비인가자의 접근을 통제해야 한다.

(8) 여객기 탑재 예약화물의 보안검색

1) 크기 및 중량으로 인해 X-ray 통과가 불가한 물품의 경우
   가) 보안검색 감독자 입회하에 보안검색 요원과 화물 개봉검색 한다.
   나) 개봉검색 이후 ETD를 이용하여 재검색을 시행한다.
2) 기존과 마찬가지로 X-ray 통과 검색 가능한 물품은 100% X-ray 검색한다.
3) 보안검색 완료 화물의 표식 : 연두색 야광 스티커 부착한다.

(9) 특별 보안검색 물품 현장 보안점검 및 호송

1) 특별 보안검색 물품[8]은 별도의 현장 보안점검과 호송 절차를 거쳐야 한다.
   가) 특별 보안검색을 요청할 때 보안검색 요원을 정해진 일시까지 해당 업체로 파견하여 포장 단계부터 물품 확인 및 화물터미널까지 호송하며 X-ray 검색은 면제한다.
2) 화물기 예약/운송 온도조절 필요 의약품은 품목이 의약품인지를 관련 서류로 확인하고, 반입된 컨테이너 Door를 개방하지 않은 상태로 컨테이너 4개면 및 Door 양쪽 틈새 지역을 ETD를 사용하여 보안검색을 실시한다.

① X-ray 검색(판독)

→

② 검색 완료 화물 보호

→

③ 항공기 탑재

항공화물 보안검색 절차

8) '특별 보안검색 물품'이란 일반적인 보안검색 방법으로는 안전성을 확인하기 어렵거나, 보안 검색 과정에서 손상될 수 있는 특수한 물품을 의미한다.

3. 보안검색 기준

(1) 화물 단계별 보안검색 기준

가. 화물 보안검색의 원칙: 항공기(여객기)에 탑재되는 모든 화물(우편물 포함)은 보안검색을 실시한다.

나. 보안검색 기준

1) 화물에 대한 보안검색 시 신고된 서류와 실제 화물의 일치 여부를 반드시 확인한다.
2) 여객기에 탑재하는 화물은 전량(100%) X-ray 검색을 기본으로 한다.
3) 여객기에 예약된 화물 중 Size가 X-ray 투입구를 초과하거나 혹은 중량이 X-ray 검색기의 허용 중량을 초과하여 X-ray 검색이 불가능한 화물은 여객기로 운송할 수 없다. 다만, 보안검색 감독자 입회하에 보안검색원과 화물을 개봉하고 육안 확인 후 폭발물 흔적 탐지기(ETD)로 재검색을 시행하여 이상이 없으면 탑재할 수 있다.
4) X-ray 검색과정에서 폭발물의 의심이 있는 경우 폭발물 흔적 탐지기로 검색한다.
5) 화물기에 탑재하는 화물은 아래 3가지 보안검색 방법 중 적절한 방법을 선택하여 검색할 수 있다.
   - X-ray 검색, 폭발물 흔적 탐지기 검색, 개봉검색
6) 같은 화주의 같은 품목으로 형질이 균일한 화물의 경우 ULD(Container)에 작업하여 ULD 단위의 X-ray 검색을 할 수 있다.
7) X-ray 검색 시 아래의 물품은 개봉검색 혹은 서류확인 등을 이용한 "특별보안 검색 방법"으로 검색하여야 한다.
   - 골수, 혈액 등 인명구조용 의료품
   - 이식용 장기
   - 생동물 : Cage가 분리 가능한 경우에는 Cage의 X-ray 검색을 시행
   - 상기 품목과 유사한 것으로 국토교통부 장관의 허가를 받은 품목
8) 우편물(Mail), 사내문서(Co-Mail) 및 사내 물품(COMAT)의 운송 시 보안검색은 일반화물의 보안검색 기준과 같은 방법으로 실시한다.

항공화물 X-ray 보안검색

4. 항공화물의 보호구역 반입

1) 모든 화물은 보안검색이 완료되어야만 보호구역 안으로 반입할 수 있다.
2) 여객기에 탑재하는 화물은 전량 X-ray 검색을 시행한다.
3) 국내선 화물의 경우에는 개별 검색을 완료한 화물을 컨테이너에 적재한 후, 검색 완료를 기재한 별도의 TAG를 'TAG'란 물류 및 운송 분야에서 사용되는 용어로, 일반적으로 '화물표(Cargo Tag)'를 의미한다. 화물에 부착되어 해당 화물의 정보를 식별하고 추적하는 데 사용되는 표식입니다.
4) 작성하여 검색 완료 표식을 한 후 컨테이너 외부에 부착한다.
5) 운송장이 발행되지 않은 화물의 선 보안검색 요청 시, 화주 또는 대리인은 '국내 항공화물 보안검색 요청서'를 작성하여 보안검색실에 제출한다.

5. 항공화물의 보관

1) 보안검색이 종료되어 보호구역에 반입된 화물은 항공기 탑재 전까지 인가자 이외의 출입이 통제되는 지정된 보호구역 내에 보관하여야 한다.
2) 상기 지정된 보호구역은 인가자 이외의 출입이 통제되는 지역으로, 항공사 직원이나 보안경비원에 의하여 출입이 통제되며 CCTV를 통하여 24시간 감시되어야 한다.
3) 보안검색이 완료된 화물이 지정된 보호구역 이외의 장소나 항공사 직원이나 보안

경비원의 감시를 받지 않는 지역에 방치되는 것을 금지하며, 방치된 화물을 작업하기 위해서는 화물 반입 보안검색 절차를 다시 수행하여야 한다.

6. 항공화물의 이동

1) 보안검색이 완료되어 이상 없음이 판명된 화물에 대해서만 해당 편 항공기로의 이동이 가능하다.
2) 화물의 이동 전 다시 한번 화물의 작업 상태, Net 및 Tie-Down[9]의 상태, 컨테이너 잠금장치, Seal, 비닐 커버 등의 상태를 점검
3) 만약 상기 점검 중 변형 및 훼손의 의심이 있으면 즉시 보안업체의 보안 검색요원에게 연락하여 휴대용 폭발물탐지기로 재검색을 시행한다.

7. 항공화물의 탑재

1) 보안검색이 완료되어 해당 편 여객기로 이동이 종료된 화물은 탑재 절차에 따라 항공기에 탑재한다.
2) 화물탑재 후 최종 점검 시 보안 관련 문제가 발견되었을 경우 즉시 보안감독자에게 통보해야 한다.

8. 보안검색에서 상황 발생 시 대처방안

1) X-ray 검색 중 폭발물 의심물품 발견 시 조치사항

가. 최초 발견자는 폭발물로 의심되는 물품이 포함된 화물로부터 주변 인원을 대피시킨 후, 일정 구역을 통제하고 보안감독자에게 즉시 보고한다.

나. 폭발물로 의심되는 물품이 포함된 화물은 폭발물탐지기로 재차 확인한다.

다. 2차 확인에도 폭발물로 의심이 되는 경우 방폭담요를 조치하도록 지시하여 피해 예방 조치를 취한다.

라. 공항별 종합상황실에 신고한 후, 폭발물 처리반이 해당 화물을 격리 주기장으로 이동시킬 수 있도록 에어사이드까지 통로를 통제하여 확보한다.

---

9) 'Net (그물망)과 Tie-Down (화물 고정 장치)'는 항공 화물 운송의 안전성을 확보하기 위한 핵심적인 장비 및 절차입니다. 이들은 화물이 운송 중 흔들리거나 움직이는 것을 방지하여 항공기 안전 운항과 화물 손상 방지에 필수적이다.

2) X-ray 검색 중 폭발물 발견 시 조치사항

가. X-ray 2차 검색 및 폭발물탐지기로 재확인한 후 방폭 담요를 조치하도록 지시하고 피해 예방 조치를 한다.

나. 즉시 주변인 원을 대피시키고 일정 구역을 통제하며 종합상황실이나 보안감독자에게 보고한다.

다. 폭발물처리반이 해당 화물을 격리주기장으로 이동시킬 수 있도록 에어사이드까지의 통로를 통제하여 확보한다.

9. 항공화물 보안검색 절차

가. 항공보안 관련법령, 규정 및 지침

1) 항공보안법, 시행령, 시행규칙
2) 국가민간항공보안 교육훈련지침
3) 국가항공보안수준관리지침
4) 국가항공보안교육훈련지침
5) 항공보안감독관 업무규정, 항공화물 보안기준
6) 공항 건설 및 유지보수에 관한 보안지침
7) 공항 폭발물 등에 관한 처리기준
8) 국가보안시설이나 보호장비 관리지침
9) 기타 국제협약 등

나. 항공보안 관련 사규 및 지침

1) 자체 보안계획
2) 항공보안 교육훈련규정
3) 보안용역 계약관리 절차
4) 보호구역 출입 및 관리절차

다. 화물 및 우편물 보안검색 시 유의사항

1) 화물운송 의뢰 대리점은 등록 확인 후 접수한다.
2) 부정기적 화주/운송업체 화물은 화주 신분 확인 후 접수한다.
3) 화물접수 때 신고된 선적서류 확인, 화물의 출발. 도착지, 접수자 서명 등의 빠지

면, 화물접수 거절한다.

4) 보안검색 대상 화물은 포장 단위별 검색한다.
   * 화물 전체를 검색할 수 있는 장비가 있는 경우는 예외

5) 고위험화물 등 분류 때 개봉검색 등 추가 보안 조치한다.

라. 보안검색 완료 화물보안 조치

1) 탑재 전까지 지정장소 보관/비인가자 접근통제, 항공경비요원 배치로 인가된 직원만 출입을 허용한다.
2) 외부 ☞ 공항 보호구역/기내로 이동 때 항공경비요원 호송 또는 사건 컨테이너 보관·운송 등 보안 통제절차를 이행한다.
3) 화물처리 장비/ULD ☞ 비인가자 접근통제, 화물 적재 작업전 내·외부에 위해물품 존재 여부를 확인한다.
4) 보안검색 완료 화물 및 우편물은 전자문서 형태의 보안 증명서/보안표식을 이용해 최종 도착지까지 검색 완료 상태임을 확인한다.

마. 통과 및 환적 화물 보안검색을 제외하는 경우

1) 동일편명 항공기로 중간 경우지 미 하기한 화물
2) 단위화물 탑재 용기(ULD)로 이동되는 화물
3) 같은 항공운송사업자 항공기로 운송되는 화물
   * 해외 공항은 각 국가 또는 관계기관 보안규정 준수

바. 상업서류 송달업자의 접수 물품 보안검색

1) 상업 서류송달업 ☞ 소량화물 취급 업체

사. 보안검색 예외 시 조치사항(개봉 or 입증서류 확인)

1) 인명구조용 의료품, 이식용 장기 : 병원, 연구소 등 서류
2) 유골, 유해 : 사망확인서, 장의 증명서 등 서류
3) 기타 보안검색 장비 등에 의한 검색 때 손상, 변질 대상은 국토교통부 장관 허가받은 경우
4) 여객기로 운송되는 타 항공사로부터 접수된 통과화물은 단위화물 탑재 용기로 이동되지 않는 경우 보안검색

아. 비인가 된 폭발물 또는 위해물질 발견 때 조치사항

1) 대상 화물에 대한 통제 및 격리한다.
2) 각 지점 비상 연락망으로 관계기관 통보한다.
3) 의심 화물 화주가 운송 요청한 화물은 다른 화물과 격리보관 및 관계기관에 신고한다.

자. 보안검색 실패 때 보고 절차

1) 보안검색 장비 비정상 작동상태 검색 및 미흡 사실을 알게 된 경우
2) 비인가자. 물품이 보호구역/기내로 반입된 경우
3) 법정 교육훈련 미이수자가 보안검색을 실시한 경우
4) 보안검색 실패된 화물 등이 기내 탑재된 사실 인지 때
   * 보안감독자나 책임자 ☞ 관계기관 바로 통보

차. 우편물 보안검색

1) 항공사 협약 체결된 국제우편물류센터가 보안검색 한다.
2) 연 1회 이상 우편물 검색 이행실태 확인한다.
3) 우편물 보안검색 수준은 항공 보안등급 적용한다.
4) 보안검색 미완료된 화주 화물/우편물 운송 금지한다.

인천국제공항 국제우편물류센터

10. 보안 관련 문서 작성 및 관리

가. 문서 및 서류

1) 비행 서류가 함은 탑재된 화물의 항공보안 관련 사항을 확인할 수 있는 서류를 정한다.
2) 기본적인 비행서류는 화물운송장[10](M/AWB), 화물탑재 명세서[11](MFST), 기장신고서(NOTOC) 시행한다.
3) 비행 서류의 보관과 관리
   (가) 비행서류 관리는 지점 보안감독자가 정기적으로 보관상태를 관리 감독한다.
   (나) 비행 서류는 문서보관소에 보관하며, 업무시간이 종료되면, 시건하여 불필요한 출입을 통제한다.

나. 보안 관련 각종 발송/수신 문서 및 서류

1) 보안 교육 관련 기록 이외의 보관 및 관리가 필요한 보안 관련 서류
   (가) 보안 관련 내/외부기관의 불시, 정기 점검 사항 및 관련 자료
   (나) 조업사 및 보안검색/경비 용역사의 보안관련 개선지시 명령, 업무지침 통보
   (다) 보안검색/경비 용역사의 계약서 및 인원 교육, 자격 기록
   (라) 회사 내/외부의 각종 보안 관련 통보 및 정보문서
   (마). 지점 내 보안점검 및 관리 서류
   (바) 보안 관련 사내/사외 협의 및 회의기록
   (사). 그 밖에 항공보안 관련 사항의 서류들

다. 보안 관련 문서 및 서류의 보관과 관리

1) 보안 관련 문서 및 서류의 보관은 지점의 보안책임자가 수행한다.
2). 보안 관련 문서 및 서류의 관리는 지점의 보안책임자가 자체 수행하며, 사내/사외의 정기 및 불시 점검을 통하여 관리 받는다.
3) 보안검색 기록은 전자문서 등의 방법으로 1년 이상 보존

---

10) 화물운송장은 영어로 Waybill이라고 하며, 운송인이 화물을 인수하고 지정된 목적지까지 운송하겠다는 계약을 증명하는 비 협상 성(Non-Negotiable) 운송 서류를 총칭한다.

11) 화물탑재 명세서는 항공화물 운송에서 Load Sheet (로드 시트) 또는 때로는 일반적인 의미로 화물 명세서(Cargo Manifest)를 의미할 수 있으며, 이 두 용어는 용도와 기능이 다릅니다. 항공기 운항 안전과 직결된 중요한 의미의 화물탑재 명세서는 Load Sheet 있다.

(가) 보안검색 업무를 수행한 보안검색 요원, 감독자의 성명 및 근무시간

(나) 항공 보안장비의 점검 및 운용에 관한 사항

(다) 통과, 환적 화물에 대한 최종 출발지 국가의 보안통제 표식이나 확인 서류

(라) 무기 등 위해물품 적발 시 적발 현황과 처리결과

(마) 항공보안 검색요원에 대한 현장 교육 처리결과

(바) 그 밖에 보안검사 수행 중에 발생한 특이사항

4) 보안검색 기록은 전자문서 등의 방법으로 1년 이상 보존

(가) 보안검색 업무를 수행한 항공보안검색요원, 감독자의 성명 및 근무시간

(나) 항공 보안장비의 점검 및 운용에 관한 사항

(다) 통과, 환적 화물에 대한 최종 출발지 국가의 보안통제 표식이나 확인 서류

(라) 무기 등 위해물품 적발 시 적발 현황과 처리결과

(마) 항공보안 검색요원에 대한 현장 교육 처리결과

(바) 그 밖에 보안검사 수행 중에 발생한 특이사항

5) 항공화물 우편물의 보안검색 기록은 전자문서 등의 방법으로 60일 이상 보존

(가) 운송장 번호

(나) 보안 검색된 화물의 수

(다) 보안검색 방법

라. 보안검색 기록 및 관리

1) 보안검색 기록은 전자문서 등의 방법으로 1년 이상 보존한다.

2) 보안검색 업무를 수행한 보안검색 요원, 감독자 성명 및 근무시간을 작성한다.

3) 항공 보안장비의 점검 및 운용에 관한 사항

4) 국내 통과. 환적화물에 대한 최종 출발지 국가의 보안통제 표식이나 확인 서류

5) 무기 등 위해물품 적발 시 적발 현황과 처리결과

6) 항공보안 검색요원에 대한 현장 교육 처리결과

7) 그 밖에 보안검색 수행 중에 발생한 특이사항

제4절 비상상황 발생 시 대응 방안

1. 불법방해행위 발생 시 조치요령

가. 불법 상황 발생 시 신속하게 초동 조치를 하여야 하며, 신속히 현장에 출동하여 처리하는 요령은 다음과 같다.

1) 현장 통제 조치를 시행한다.
2) 관계자 외 출입을 엄격히 통제하며 현황을 보고한다.
3) 현장에 경찰 등 관계기관 도착 시 상황을 인계한다.
4) 관련기관의 요청사항을 지원한다.

나. 불법행위 발생 시 정확하고 신속하게 보고하여야 하며, 보안 위해 상황의 기준은 다음과 같다.

1) 항공기 테러 위협 관련 전화 및 편지의 접수 혹은 다른 경로를 통하여 협박을 인지했을 때
2) 공항 내 폭발물 의심 물품이나 폭발물 발견 등 위해 상황 발생 시
3) 기타 항공기의 정상적인 운항을 저해하는 보안상황 발생 시

다. 테러 위협 전화접수 시 전화 응대 방법은 다음과 같다.

1) 가능하면 전화음성 녹음장치가 되어 있는 전화기로 이동하여 응대하며 녹음을 한다.
2) 테러 위협 전화접수 응대 요령에 따라 천천히 질문을 하며 가능한 많은 대화를 시도하고 중요한 사항은 기록한다.
3) 내 발신자 표시 및 전화 음성 녹음장치가 되어 있는 전화기 관리는 감독자로 정한다.
4) 테러 위협 전화접수 응대의 기본 질문항목은 다음 표와 같다.

테러위협 전화접수 응대의 기본적인 질문항목

	기본 질문항목
테러 위협 전화접수	- 우리가 폭탄이 어디에 있는지 찾을 수 있도록 정보를 줄 수 있습니까? - 폭발 메커니즘의 유형을 설명해 주실 수 있습니까? - 폭탄을 폭발시키기 위한 특별한 시간 장치하고 있습니까? - 폭발까지는 시간이 얼마나 남았습니까? - 당신은 왜 항공기의 죄 없는 사람들을 다치고 죽게 하려고 합니까? - 당신은 왜 폭탄을 설치하게 되었습니까? - 당신은 무엇 때문에 항공기를 폭파하려고 합니까? - 어떤 폭발물이 사용되었습니까? - 당신은 누구이고 어느 조직에 속해 있는지 말해 줄 수 있습니까? - 당신의 계획대로 폭탄이 터질 것으로 생각하십니까? - 가족이 있습니까? 가족들이 이 사실을 안다면 어떨 것이라고 생각하십니까? - 당신의 감정을 표현하기 위하여 왜 이 방법을 택하였습니까? - 당신은 항공기를 폭파시키는 것이 당신의 문제나 분노를 해결할 수 있다고 생각하십니까? - 당신은 다른 사람들의 생명과 재산을 파괴하려 한다는 것을 알고 계십니까?

다. 테러위협 전화접수 후 후속 조치

1) 최초의 전화 접수자는 해당 항공편의 출발 · 도착하지, 보안감독자에게 유·무선으로 통보한다.

2) 이후 내부보고(보안감독관)를 한 이후에 외부기관 순으로 보고를 하며, 외부기관은 관련 보안 기관을 지칭한다.

3) 보고의 방법은 전화, 문자 메시지, e-mail 및 모사전송 등 가능한 모든 방법을 동원하여 신속하게 전파하여야 한다.

2. 화물에 위해물품 은닉 및 발견 시 조치요령

가. 폭발물 위협

1) 폭발물을 이용하여 공항시설, 항공기, 인원을 위협 폭발물의 3대 효과 : 열 효과, 파편 효과, 폭풍효과

2) 폭발물을 이용한 대량 살상 물을 암시

3) 시설, 항공기 내 불특정 다수 목표

4) 최근 IED(Improvised Explosive Devices) Home Made Bomb [12]등의 제조 방법과 재료 취득이 쉬워 짐 (실현 가능성 증가)

나. 위협의 형태

1) 전화, E-mail, SNS 등, 익명성

다. 보안검색 중 폭탄/폭발물로 의심되는 화물처리 절차

1) 폭발물 여부 확인

2) 폭발물로 확인 시

(가) 폭발을 경고한다.

(나) 즉시 주변 인원을 대피시켜야 한다(접근통제).

(다) 보안기관에 연락하여야 한다.

(라) 폭발물 이동통로를 확보해야 한다.

3) 폭발물 탐지 장비가 없는 경우

(가) 폭발물로 확인 시 같은 절차를 수행한다.

라. 폭발물 위협 관련 국내외 규정

1) 국내 규정

(가) 항공보안법 제45조(공항 운영 방해죄) 거짓된 사실의 유포, 폭행, 협박 및 위계로써 공항 운영을 방해한 사람 : 5년 이하 징역 또는 5천만 원 이하의 벌금에 처한다.

(나) 제48조(운항 방해정보 제공죄) 항공 운항을 방해할 목적으로 거짓된 정보를 제공할 사람 : 3년 이하 징역 또는 3천만 원 이하 벌금 처한다.

2) 해외 규정

(가) 미국 내 외국 국적 항공사가 Bomb threat 협박 접수 시 기장은 아래와 절차를 말하며, 항공기 지상에 있는 경우 즉각 보안점검 절차를 따르거나 보안검색을 실시한다.

12) 'IED(Improvised Explosive Device)'란 급조 폭발물을 의미하며, 일반적인 군사용 폭탄이 아닌 재활용되거나 쉽게 구할 수 있는 재료로 만들어진 비정형 폭발물을 뜻한다.

- 항공기가 미국 내 영토로 운항 중이면 협박 접수 시 즉각 보안 검색하여 응급조치를 시행한다.
- 상기 사항에 해당하면 미국 내 공항 등 관련 당국에 위협 사실을 즉각 통보해야 한다.

마. 폭발물 위협 대응

1) 국가 항공보안 우발계획 제3절

(가) 위협 대상(공항시설, 항공기)과 위협 형태(전화, 메일, 목격 등)분석 후 관계기관 및 항공 보안팀에 연락하고, 해외는 해당 보안 기관 및 항공보안팀에 연락한다.

(나) 관계기관 보고 후 후속대책에 따른 적극 협조 및 조업사와 직원(캐빈. Cockpit, Ramp, 정비) 전파 철저한 보안통제가 이루어지도록 한다.

폭발물 위협 대응절차

바. 폭발물 위협 대응절차

1) 항공기 운항 전인 경우 : 항공기 내 외부 경비, 승객 동향감시 철저, 화물 감시 등 기관과 공조한다.

2) 항공기 운항 중인 경우 : 사내망을 통하여 기장에 연락하고, 항공기 회항 시 별도 보안관련기관에 업무를 협조한다.

3) 위협(폭파 등) 전화접수 시

(가) 음성녹음자 또는 발신자 표시장치 즉시 작동한다.

(나) 침착하게 협박자 LEAD → 답변을 자세하게 하도록 통화 최대한 길게 유지한다.

(다) 설치여부(폭파 위협 물)이 사실 여부 질문한다(직업/실제 설치여부/사유/가족인지 여부/실행 시 욕구가 해소되는지?)

(라) 해당 공항지점장은 현지 공항 보안기관에 즉시 신고한다.

(마) 항공기 출발 · 도착 공항지점장에게 우선 알리고 공항 보안기관/항공보안팀에 보고한다.

(바) 보안기관 인터뷰 시 자체우발계획 별표 6 폭발물 위협 진위여부 분석 방법을 참고하여 최대한 자세하게 상황을 설명한다.

사. 폭발물 위협 전화접수 시 질문내용

1) 누구십니까? 어디에서 무엇을 하시는 분이십니까?

2) 이 통화내용은 녹음과 발신 번호 추적이 가능하며, 법에 따라 처벌받을 수 있습니다.

3) 국내의 경우 협박 전화는 최대 5년의 징역 또는 5천만 원 벌금형에 해당하는데, 그래도 손님의 말씀 하신 내용이 사실입니까?

4) 사실이 아니면 이런 전화를 하시는 이유가 따로 있습니까?

5) 가족은 있으신가요?

6) 언제, 어디서 그런 일이 발생합니까?

7) 무슨 무기를 사용하실 겁니까? 성능은 어느 정도입니까?

8) 그런 일이 성공하시리라고 믿습니까?

아. 화물 내 폭탄/폭발물로 의심되는 화물처리 절차

1) 폭발물 탐직 등 폭발물을 확인할 수 있는 장비가 있는 경우

(가) 폭발물 여부를 확인한다.

(나) 폭발물로 확인 시

- 즉시 주변 인원 대피시킬 것
- 보안기관에 연락한다.
- 폭발물 이동통로를 확보한다(폭발물 처리반의 신속한 처리 협조).

(다) 폭발물 확인 장비가 없는 경우

- 폭발물로 확인 때와 동일한 절차 이행

ETD를 이용한 폭발물 탐지

(라) 화물 내 보안장비

- 방탄조끼, 방폭 매트/담요 한다.
- 방폭 링(Safety Circle)

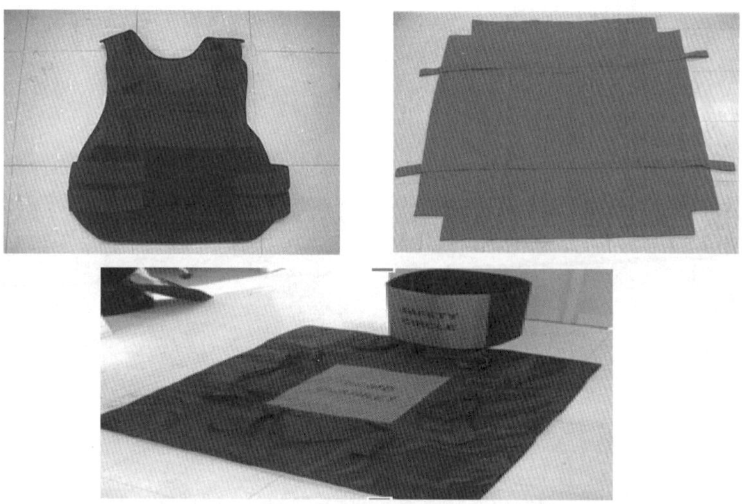

보안장비(방탄조끼, 방폭 매트, 방폭 링)

3. 우편물 테러 대응 요령

가. 테러 의심 우편물 식별요령

1) 알지 못하는 사람이 보낸 우편물
2) 발송자나 우체국 접수 날인 표시가 없는 우편물
3) 부피보다 너무 무겁게 느껴지거나 과대 포장된 우편물
4) 내용물 중 금속류/전선 등으로 느껴지는 우편물
5) 일반적이지 않고 독특한 냄새 나는 우편물
6) 봉투 및 포장 종이에 기름 자국 묻은 우편물

* 발견 시 개봉 및 이동금지, 111(국정원) or 112(경찰)신고

나. 사제폭발물 이용 우편물 테러 주요 사례

1) 2018.10.22.~24 美 전직 대통령 등 유력인사 대상 폭발물 소포 배달
2) 2017.3 프랑스 파리 IMF 지부로 배달된 우편물 폭발, 직원 1명 부상
3) 2015.9 중국 광시오족 자치구에 '웨이인융'이 가져다 놓은 소포폭탄이 18차례 연쇄 폭발, 10명 사망, 51명 부상

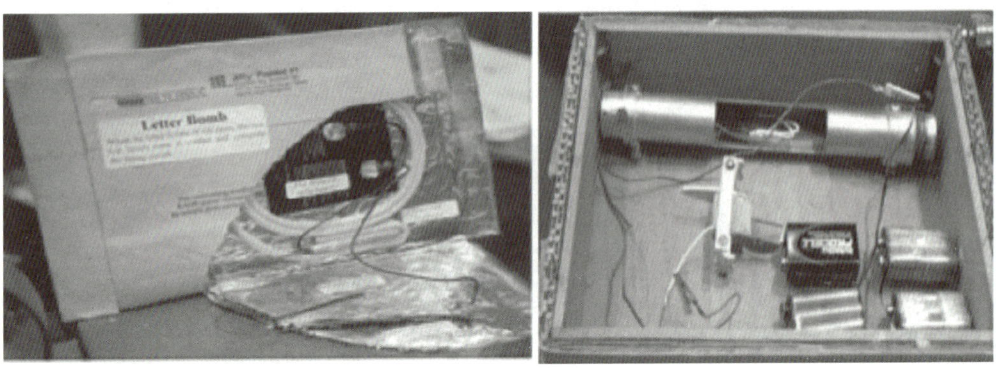

우편물 폭발물

다. 의심 우편물 식별요령

1) 우편물 겉면에 기재 내용이 부실한 경우
2) 수취인이 주요 인사로, 친정, '본인 개봉 요망' 등이 표시된 경우
3) 우표를 과도하게 붙였거나 테이프를 불필요하게 많이 붙인 경우
4) 외국으로부터 온 예기치 못한 우편물

라. 의심 우편물 발견 시 대체 요령

1) 던지거나 흔드는 등의 충격을 주지 않는다.
2) 냄새를 맡거나 맨손으로 만지지 않는다.
3) 외부로 노출된 얇은 줄이나 전선을 잡아당기지 않는다.
4) 가루, 약체 등 내용물이 화생방 물질이 의심되면 외부 누출 방지를 위해 비닐백 등에 넣는다.
5) 주변 사람들을 대피시키고, 경찰 등 관계기관에 신고한다.
6) 실수로 우편물을 개봉한 경우, 침착하게 우편물로부터 즉시 떠나 안전한 곳으로 대피하고 경찰 등 관계기관에 신고한다.
7) 총기, 도검류 동봉 우편물
   (가) 발송인 추적을 위해, 만지지 말고 원상태로 보존한다.
   (나) 이후 경찰 등 관계기관에 신고한다.

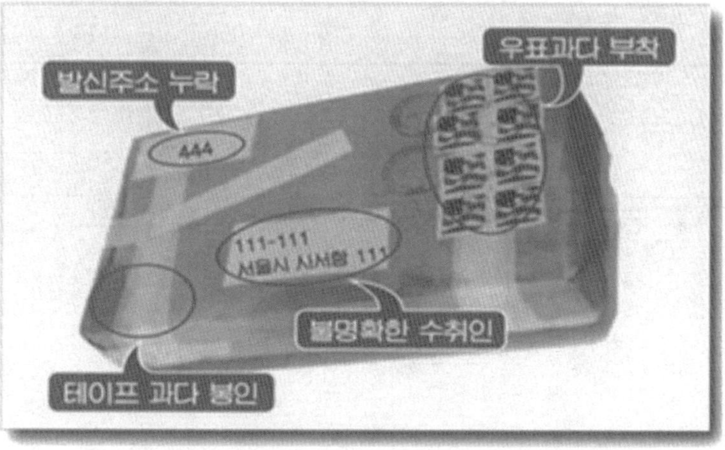

의심 우편물 식별방법

부록

항공보안지침서

상용화주 항공화물보안기준

부록1

ICAO 항공보안지침서 첨부

부록 30 항공화물 보안공급망

국가는 항공화물 보안공급망 원칙에 따라 화물접수, 취급 및 보안검색 업무를 수행하는 직원을 지원하기 위해 다음 부록에 포함된 지침을 고려해야 한다.

a) 항공화물 보안공급망 절차 흐름도

b) 항공화물 인수양식 - 보안

c) 관세 당국 수출입안전관리우수업체(AEO)와 항공보안 제도상 화물보안대행업체(RA)/상용화주(KC) 프로그램 연계지침

Air Cargo Secure Supply Chain

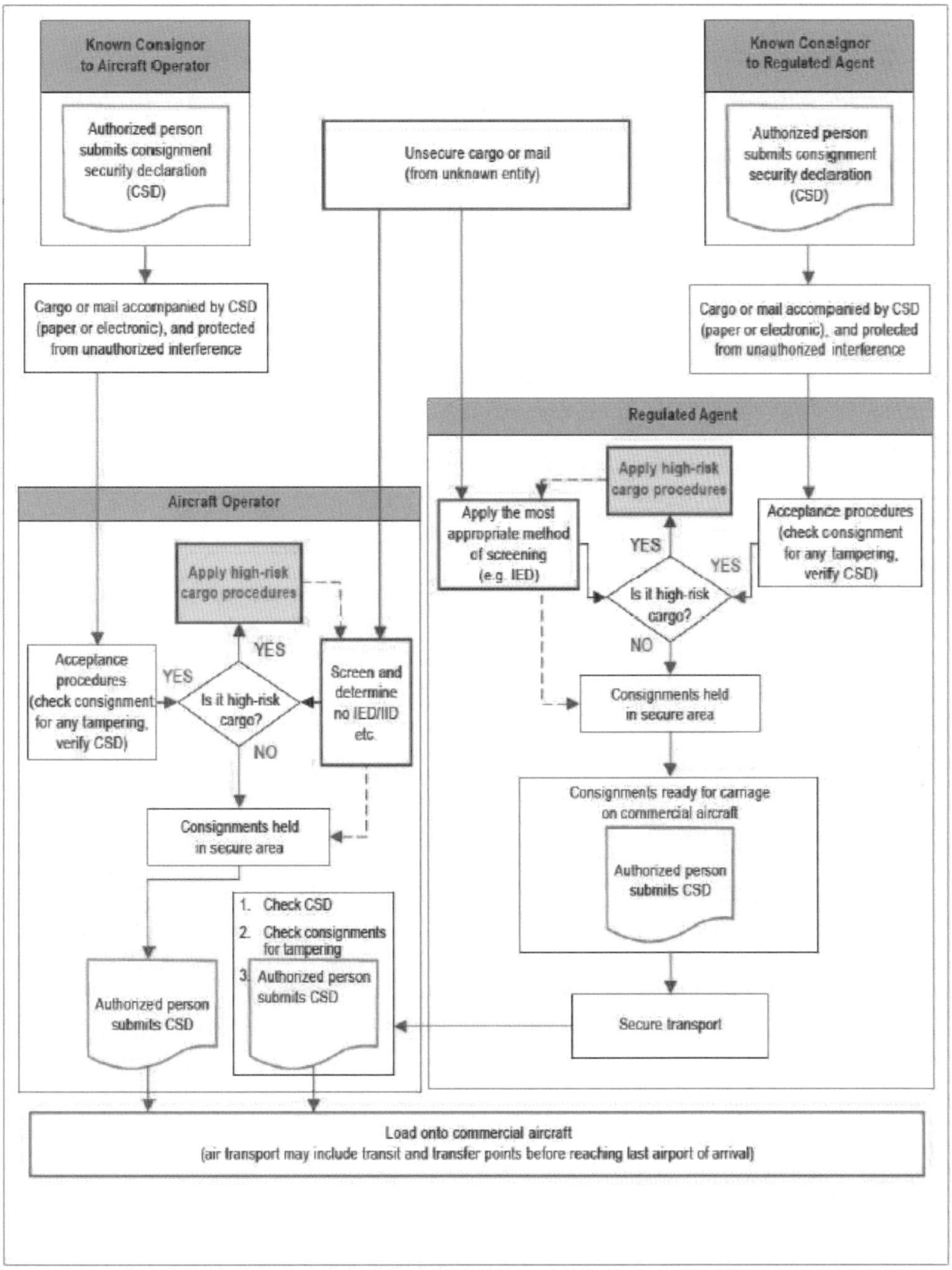

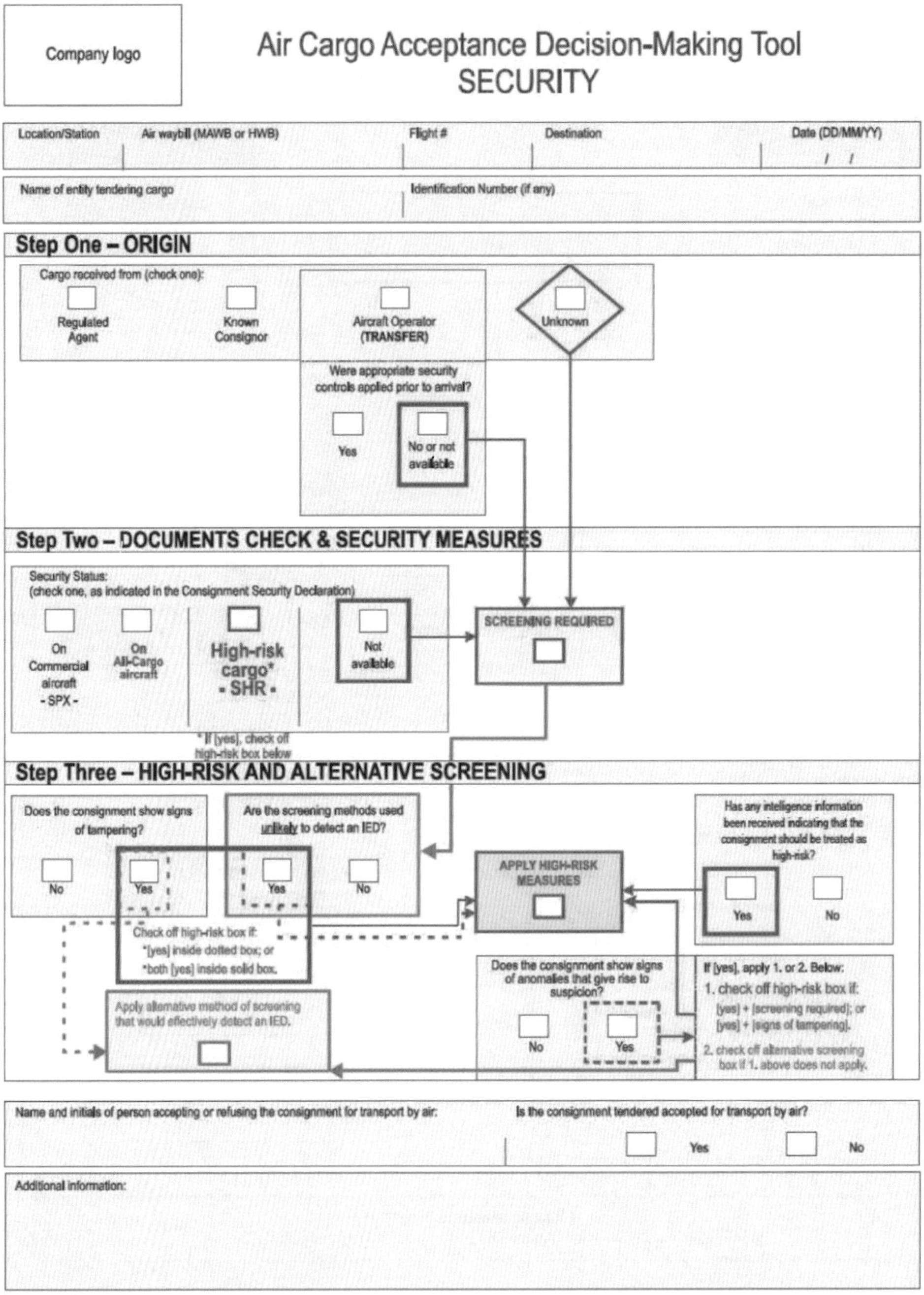
Company logo
Air Cargo Acceptance Decision-Making Tool
SECURITY
Location/Station
Air waybill (MAWB or HWB)
Flight #
Destination
Date (DD/MM/YY)
Name of entity tendering cargo
Identification Number (if any)
Step One – ORIGIN
Cargo received from (check one):
Regulated Agent
Known Consignor
Aircraft Operator (TRANSFER)
Unknown
Were appropriate security controls applied prior to arrival?
Yes
No or not available
Step Two – DOCUMENTS CHECK & SECURITY MEASURES
Security Status:
(check one, as indicated in the Consignment Security Declaration)
On Commercial aircraft - SPX -
On All-Cargo aircraft
High-risk cargo* - SHR -
Not available
SCREENING REQUIRED
* If [yes], check off high-risk box below
Step Three – HIGH-RISK AND ALTERNATIVE SCREENING
Does the consignment show signs of tampering?
No
Yes
Are the screening methods used unlikely to detect an IED?
Yes
No
APPLY HIGH-RISK MEASURES
Has any intelligence information been received indicating that the consignment should be treated as high-risk?
Yes
No
Check off high-risk box if:
*[yes] inside dotted box; or
*both [yes] inside solid box.
Apply alternative method of screening that would effectively detect an IED.
Does the consignment show signs of anomalies that give rise to suspicion?
No
Yes
If [yes], apply 1. or 2. Below:
1. check off high-risk box if:
[yes] + [screening required]; or
[yes] + [signs of tampering].
2. check off alternative screening box if 1. above does not apply.
Name and initials of person accepting or refusing the consignment for transport by air:
Is the consignment tendered accepted for transport by air?
Yes
No
Additional information:

관세당국 수출입안전관리우수업체와 항공보안 제도상 화물보안대행업체 / 상용화주프로그램 연계지침

목표

1. 이 지침 문서는 자국의 관세 및 항공보안(AVSEC) 보안 공급망 프로그램의 유사점을 평가하고자 하는 국제민간항공기구(ICAO) 회원국 및 세계관세기구(WCO) 회원국을 지원하고, 나아가 이러한 프로그램들을 연계하여 중복을 피하고 자원을 더욱 효율적으로 활용하며 공급망 보안을 강화하는 것을 목표로 한다.

배경

2. 국제민간항공기구와 세계관세기구는 모두 보안 공급망이 무역을 촉진하는 동시에 항공을 통한 안전한 상품 이동을 용이하게 한다는 점을 인식하고 있다.

3. ICAO에서 항공화물 보안 공급망은 화물에 대한 보안검색 또는 기타 보안통제가 적용되는 시점부터 환승 및 환적지점을 포함하여 최종 도착 공항에 도착할 때까지 해당 화물의 무결성을 유지하기 위해 적용되는 일련의 상호 연결된 보안절차를 의미한다. 부속서 17에 명시된 바와 같이, 보안검색 및 기타 보안통제는 화물보안대행업체(RA_regulated agent)[1] 및 상용화주(KC_known consignor)로 정의되는 관련당국에 의해 승인된 기관이 적용해야 한다. 보안 공급망은 더욱 효율적인 화물 흐름을 유도하며, 기존 장비로는 보안 검색이 어려운 화물에 대한 해결책을 제공한다.

4. 세계관세기구(WCO)의 안전규범(SAFE FoS)[2]은 '공인된 공급망'을 국제 무역거

---

1) 우리나라에서 regulated agent 제도를 운영하지 않고 있어 항공보안당국으로부터 정부로부터 승인받아 화물검색, 화물운송, 화물보안통제 역할을 수행하는 것으로 "화물보안대행업체"라고 저자가 명명한 것이며, 다만 상용화주(known consignor) 개념과는 다른 의미임.

2) SAFE FoS(안전규범_SAFE Framework of Standards)는 세계관세기구(WCO)에서 만든 국제 표준 프레임워크로, 국제 무역의 안전을 강화하고, 테러와 같은 위협으로부터 무역망을 보호하며, 무역 촉진을 목표로 하며, 이 프레임워크는 9/11 테러 이후 만들어졌고 무역 관련기관과 기업들이 국제 무역보안을 위해 준수해야 할 원칙과 기준을 제시한다.

래의 모든 참여자들이 물품 및 관련 정보의 보안 취급에 관한 특정 기준을 준수하는 것으로 세관에 의해 승인받는 개념으로 정의한다. 이러한 참여자들을 수출입안전관리우수업체(AEO)[3]라고 부른다. AEO는 세관이 보안 책임을 이해관계자들과 공유하는 동시에 여러 추가적인 편의 혜택을 제공함으로써 WCO 회원국들에게 핵심 프로그램이 되었다. 무역업체와의 파트너십 프로그램을 통해 세관은 기존 자원으로 더 많은 것을 달성할 수 있으며, 여러 추가적인 인센티브를 통해 지속 가능하고 장기적인 규정 준수를 보장하는 것을 목표로 한다.

5. 두 시스템 간에 차이점들이 있지만 유사점들도 많다. 세계관세기구(WCO)와 국제민간항공기구(ICAO)는 세관 및 항공보안당국 간의 협력을 강화하고, 두 공급망 보안프로그램 간의 조화와 시너지를 촉진하기 위해 협력해 왔다. 이는 궁극적으로 절차를 간소화하고 중복되는 보안 요건과 통제를 근절하여 당국과 업계에 이익을 가져다줄 것이다.

6. 항공보안지침서는 수출입안전관리우수업체(AEO) 지위가 있거나 취득하려는 기업을 화물보안대행업체(RA) 또는 상용화주(KC)로 승인하는 것에 대한 지침을 포함한다. WCO(세계관세기구)의 안전규범(SAFE FoS) 표준3, 핵심3은 국제 공급망 보안 강화를 위해 마련된 다양한 프로그램들의 조화를 권장한다. 협력은 신청 및 초기 평가절차, 신청자에 대한 이용 가능하고 적절한 정보의 교환, 그리고 허가가 부여된 후의 준수 및 후속조치들의 조율과 같은 분야를 포함할 수 있다. 나아가, 일부 국가 및 지역 당국들은 법률에 조율하는 원칙을 명시하고 있다.

보안 공급망 프로그램을 조정하는 잠재적 기회와 이점

7. 항공산업내 많은 업체(예: 화주, 운송업체, 항공운송사업자)는 수출입안전관리우수업체(AEO)와 화물보안대행업체(RA) 또는 상용화주(KC) 프로그램 모두에 신청

3) AEO(수출입안전관리우수업체, Authorized Economic Operator)는 2005년 6월 세계관세기구(WCO) 총회에서 채택된 국제규범(SAFE Framework)상 민·관 협력제도이며, 화물이동과 관련된 주체들 중 세관 당국에 의해 신뢰성과 안전성을 공인받은 업체를 말하며, 관세청에서 법규준수, 내부통제시스템, 재무건전성, 안전관리의 공인기준의 적정성 여부를 심사하여 공인한 우수업체를 뜻한다.

할 자격이 있으며, 이미 신청했을 수도 있다.

8. 이러한 이유로 세관 및 항공보안 공급망 프로그램을 조율하는데 다음과 같은 몇 가지 이점이 있다.
   a) 상호 보완하는 규정은 업계가 실행하기 더 쉽기 때문에 조율은 규정 준수수준을 높일 수 있다.
   b) 조율은 업계의 행정부담을 줄일 수 있다. 왜냐하면 신청 및 감독 체계에 대해 공동 접근법이나 더 조화된 접근법이 채택될 수 있기 때문이다.
   c) 신청처리, 관련절차, 유효성 검사 및 재검증 활동의 조율 또한 당국의 행정부담을 줄일 수 있다.
   d) 결과적으로, 조율은 당국과 업계의 인적 및 예산 배분을 최적화할 수 있다.
   e) 이러한 프로그램들의 더 나은 조율은 참여하는 업계 이해 관계자들의 보안을 극대화하는 데 도움을 줄 수 있다.
9. 동시에 조율은 필요한 보안 수준을 훼손하거나 각 당국의 책임을 대신해서는 안 된다.

보안 공급망 프로그램을 성공적으로 조정하기 위한 지원요소

10. 세관 및 항공보안 공급망 프로그램을 성공적인 조율을 가능하게 하는 핵심요소는 다음과 같다.
    a) 정치적 의지
    b) 경영진 약속
    c) ICAO 부속서 17 및 세계관세기구 SAFE FoS 준수
    d) 자금지원을 포함한 적절한 자원
    e) 항공보안 및 세관당국 간의 소통 및 조율
    f) 모든 관련 이해관계자들과의 소통 및 조율

공급망 보안 프로그램을 조율하는 프로세스

11. 세관 및 항공보안 공급망 프로그램을 조율을 시작할 때 권장되는 단계들은 다음과 같다.

1단계: 조율을 위한 정치적 의지와 경영진의 약속이 있는지 확인하라

12. 조율과정은 시간과 자원을 필요로 하며, 법률 개정이 필요할 수도 있다. 이는 세관과 항공보안 양측 모두의 관점에서 이를 위한 정치적 의지가 있을 때에만 가능하다. 양 당국은 정치적 수준뿐만 아니라, 관리 및 기술전문가 수준에서도 동등하게 참여해야 한다.

13. 관련당국은 의도와 마련된 준비사항들을 공식적으로 기록하는 것을 고려할 수 있다. 예를 들어, 협정, 양해각서 또는 서신 교환의 형태로 말이다.

2단계: 부속서 17과 세계관세기구 SAFE FoS 준수를 보장하라

14. 세계관세기구(WCO)와 국제민간항공기구(ICAO) 회원국 중 세관 및 항공보안 공급망 프로그램들을 조율하려는 국가는 각각 부속서 17과 세계관세기구 안전규범(SAFE FoS)를 준수하는지 확인해야 한다. 만약 이전 ICAO 항공보안 감사 중에 확인된 국가의 화물보안대행업체 및 상용화주 프로그램과 관련된 문제가 있는 경우 개선되어야 한다.

3단계: 프로젝트 팀을 구성하고, 합리적이고 실현 가능한 일정을 정하며, 성과물에 대해 합의하라.

15. 프로젝트 팀은 세관 및 항공보안당국 양측의 전문가들로 구성되어야 한다. 팀원들은 승인절차, 보안요건 및 감독체계를 포함하여, 각각 AEO 와 RA/KC의 모든 측면에 대해 지식이 있어야 한다. 당국의 조직 방식에 따라, 다른 부서의 전문가들(예: 정책 및 운영 전문가 모두)을 포함시킬 필요가 있을 수도 있다.

16. 합의된 일정과 성과물은 과정을 간소화하는 데 기여할 것이다.

4단계: 법률을 교환하고 서로의 절차에 대한 이해를 해라.

17. 두 프로그램의 비교 및 평가(5단계 및 6단계 참조)는 조율 프로세스의 핵심요소

이다. 이를 수행하려면 모든 관련국가 및 국내외 법률을 교환하는 것이 필수적이다.

18. 법률과 관련 절차에 대한 이해를 확실히 하기 위해 프로젝트 팀원들은 각자의 전문 분야에 대해 발표하고 다른 전문가들을 현장 감사나 검증에 참여할 수 있다.
19. 이 단계에서 프로젝트 팀은 업계, 협회 대표뿐만 아니라, 이미 공인된 일부 수출입안전관리우수업체(AEO)와 화물보안대행업체(RA) 또는 상용화주(KC) 관계자들을 참여시킬 수도 있다. 두 보안공급망 프로그램에 모두 참여하는 기업들의 경험은 이들을 이해하는 데 도움이 될 수 있으며, 조율이 업계에 어떻게 이익을 줄 수 있는지에 대한 유용한 통찰력을 제공할 수 있다.

5단계: 서류 비교는 두 시스템의 법률을 면밀히 분석하는 과정이다.

20. 비교표를 사용하면 두 프로그램의 국내 법률을 평가할 수 있다. 이 비교는 수출입안전관리우수업체(AEO)와 화물보안대행업체(RA) 또는 상용화주(KC)가 되고자 하는 업체에 대한 모든 요건을 다루어야 한다. 여기에는 다음의 내용이 포함된다.
    a) 두 프로그램의 범위와 적용 대상(예: 어떤 운영이 포함되는지)
    b) 당국이 신청서를 검토하기 전에 업체가 충족해야 하는 요건(예: 부가가치세(VAT) 번호 소유, 특정 유형의 운영)
    c) 업체가 당국에 제출해야 하는 서류(예: 신청서, 자체 평가서, 보안 프로그램)
    d) 서류 제출이 요구되는 과거 기간
    e) 충족해야 하는 보안요건(접근통제, 신원조회, 시설 및 운송보안, 보안검색장비, 직원교육, 서류 보안 등)
    f) 당국이 요건 충족여부를 확인하는 방법(예: 서류 검토, 시설 검사)
    g) 승인 유효기간
    h) 승인기간 동안의 모니터링 및 감독활동
    i) 재검증 절차
    j) 이의제기 절차
    k) 승인이 중단되거나 취소될 수 있는 조건

21. 비교는 두 가지 방식으로 수행할 수 있다. 첫 번째 방법은 한 프로그램의 요건을 시작점으로 삼고 다른 프로그램의 요건을 이에 대비해 비교하는 것이다. 이 경우, 첫 번째 프로그램에 존재하는 요건만 고려하지 않고, 다른 프로그램의 모든 요건도 반드시 고려해야 한다. 두 번째 방법은 세계관세기구(WCO)와 국제민간항공기구(ICAO)의 각 표준 및 요건을 기반으로 미리 정의된 요소들을 가지고 두 프로그램을 모두 비교하는 것이다.

22. 비교를 수행할 때는, 유사한 요건이 두 프로그램에서 다르게 표현될 수 있고, 유사한 표현이 다른 의미를 가질 수 있다는 사실에 주의해야 한다.

6단계: 두 프로그램의 호환성 평가

23. 서류상 비교는 각 국가 프로그램에 어떤 요건이 존재하는지 명확하게 보여준다. 이 정보를 통해 두 프로그램의 유사점과 차이점에 대해 평가하고, 차이점이 프로그램 조율에 문제가 될 수 있는지 여부를 판단할 수 있다.

24. 평가는 프로그램 전체가 아닌, 개별 요소들에 초점을 맞춰야 한다. 이렇게 하면 어떤 형태의 조율을 할 것인지에 대한 의사결정에 도움이 될 것이다. 단순히 평가결과를 기록하는 것뿐만 아니라, 그 배경이 되는 이유도 함께 포함하는 것이 좋다.

25. 각 요소에 대해 다음과 같은 결론을 내릴 수 있다.
  a) 두 프로그램의 유사한 요건을 가지고 있다.
  b) 두 프로그램의 요건은 다르지만 이에 조율에 문제가 될 가능성이 낮다.
  c) 두 프로그램의 요건은 다르며 이에 조율에 문제가 될 가능성이 크다.

7단계: 실질적 비교를 통해 평가를 확인하라

26. 이론과 실제는 항상 일치하지 않을 수 있으며, 서류상 비교의 요소들이 오해될 수도 있다. 따라서 합동검증의 형태로 실질적인 비교를 수행하여 평가를 확인하는 것이 좋다.

27. 합동 프로젝트 팀은 수출입안전관리우수업체(AEO)이며 화물보안대행업체(RA) 또는 상용화주(KC)인 업체를 공동으로 방문하여 발견사항을 검증할 수 있다. 또한, 프로젝트팀은 검증과정에 업체, 협회를 직접 참여시키고 그들의 경험과 전문 지식을 활용하는 방안을 선택할 수도 있다.

28. 필요한 경우 서류상 비교 또는 평가는 조정되어야 한다.

8단계: 가능한 조율방안에 대한 결론을 내리고 정치적 지원을 확보하라.

29. 평가를 바탕으로 프로젝트 팀은 어떤 방식의 조율이 가능한지, 어떤 방식이 바람직한지, 그리고 조율을 달성하기 위해 무엇이 필요한지에 대해 결론을 내려야 한다. 여기에는 법률, 지침문서, 절차, 서류요건, 신청양식 등의 변경이 포함될 수 있다.

30. 매우 가능성 높은 결론은 두 프로그램이 서로 호환되어, 세관 당국이 항공보안당국이 수행한 현장검증을 인정하고 그 반대의 경우도 가능하다는 것이다. 이 원칙은 이미 항공보안지침서와 세계관세기구 SAFE FoS에 명시되어 있다.

31. 세관 수출입안전관리우수업체(AEO)와 항공보안 화물보안대행업체(RA) 및 상용화주(KC) 프로그램을 조율할 수 있는 다른 방법들이 있을 수 있다. 가능한 조율 영역들은 다음과 같다.

a) 신청절차

1) 두 당국이 서로에게 새로운 신청을 알린다.

2) 신청양식이 통일된다.

3) 하나의 신청으로 두 프로그램 모두에 신청할 수 있는 단일창구(single window) 방식이 채택된다.

4) 핵심 모듈 보안 프로그램이 개발된다.

b) 서류 검증

1) 신청자, 조직구조 및 위험 행위자에 대한 관련 정보/데이터 교환;

c) 현장 검증

1) 현장 검증활동 조정한다.

2) 현장 검증활동 공동으로 수행한다.

d) 승인 절차

1) 평가결과에 대해 상호 인정한다,

2) 각자의 데이터베이스에 대한 상호접근을 허용한다.

e) 기존 승인에 대한 모니터링

1) 감독 및 모니터링 활동결과를 공유한다.

2) 현장 방문일정을 조정한다.

3) 모니터링 활동을 공동으로 수행한다.

4) 자격정지, 취소 또는 철회에 대한 정보를 공유한다.

f) 커뮤니케이션 및 홍보

1) 웹사이트를 업데이트하여 동일한 유형의 정보를 포함하고, 상대방 프로그램에 대한 참조를 포함한다.

2) 업체를 위한 공동정보 또는 교육세션을 구성한다.

9단계: 법률, 규정 및 프로그램을 변경한다.

32. 평가결과와 조율에 대한 결정에 따라 법률, 규정 및 프로그램에 대한 변경이 필요할 수 있다. 이는 다음을 포함할 수 있다:

a) 기본 법률

b) 하위 규정

c) 국가항공보안계획

d) 지침문서

e) 교육 프로그램

f) 웹사이트

g) 양식

h) 보고서 형식

33. 그러한 결정이 법률 및 규정의 변경을 필요로 할 때, 이해 관계자들이 예상되는 변경사항에 대해 의견을 제시할 기회가 주어져야 한다.

34. 하위규정이나 프로그램의 변경은 비교적 짧은 시간 안에 이루어질 수 있는 반면, 공식적인 법률 개정은 국회 승인절차를 포함하기 때문에 더 많은 시간이 걸릴 수 있다. 상위 법률을 변경해야 할 필요가 있다면, 의사 결정자들은 그 사이에 덜 광범위한 형태의 조화를 일시적으로 확립하기 위해 하위 법률이나 프로그램을 변경할 수 있는지 고려해야 한다.

10단계: 법률 변경사항을 업체에 알린다.

35. 새로운 변경사항이 발효되기 전에, 업체 관계자들에게 정보를 알리고 예상되는 변경사항에 대해 그들과 협의하는 것이 매우 중요하다. 영향을 받는 업체의 수와 변경의 영향에 따라 당국은 다음의 다양한 방법들을 함께 사용할 수 있다.
  a) 서신, 이메일 또는 기타 전자통신 형태를 통해 업체에 알리기
  b) 이메일, 웹사이트 또는 무역 포털을 통해 새로운 정보를 게시함으로써 업체, 협회, 항공운송사업자 및 공항에 알리기
  c) 기업들이 자격을 신청하거나 갱신할 때 정보를 제공하기
  d) 워크숍 개최하기

36. 당국은 원스톱 보안협정 또는 기타 관련협정을 맺은 국가에도 알릴 수 있다.

부록 31
화물보안대행업체 제도체계

화물보안대행업체 제도를 시행할 때, 국가들은 국가항공보안계획에 이 부록의 다음 첨부파일에 포함된 지침을 포함시키는 것을 고려해야 한다.

a) 부록 31의 첨부 A - 화물보안대행업체 승인절차 모델

b) 부록 31의 첨부 B - 화물보안대행업체에 대한 보안요건

c) 부록 31의 첨부 C - 화물보안대행업체 보안프로그램 양식

부록 31의 첨부 A
화물보안대행업체 승인절차 모델

1. 일반

1.1 이 지침 자료는 국가들이 화물보안대행업체 프로그램을 시행하는데 도움을 주기 위해 마련되었다. 여기에는 신청자가 화물보안대행업체로 승인받기 위해 충족해야 하는 절차와 요건들이 기술되어 있다. 그림 A31-1의 흐름도는 화물보안대행업체 자격신청 절차를 요약하고 있다.

1.2 현장점검(검증)을 포함한 승인절차는 국가의 해당 기관이나 해당 기관의 요건에 따라 그 기관을 대신해 집행하도록 허가된 주체에 의해 수행되어야 한다.

2. 기준

2.1 화물보안대행업체 지정을 위한 기준은 국가별로 명확하게 확립되어야 하며, 다음을 수행할 수 있는 업체 역량을 포함하되 이에 국한되지 않는다.

a) 접수, 보안통제 적용(보안검색 포함 가능), 보안검색을 통과한 항공 화물 위탁물의 보관, 그리고 해당될 경우 보안 지상운송을 위한 보안 시설을 제공할 것.

b) 국가요건에 따라, 운영에 필요한 충분한 인원의 관리 및 운영인력(내부직원 또는 계약직)을 적절하게 모집, 선발 및 교육할 것.

c) 해당기관이 정한 화물보안대행업체에 대한 보안요건을 지속적으로 준수함을 입증할 것.

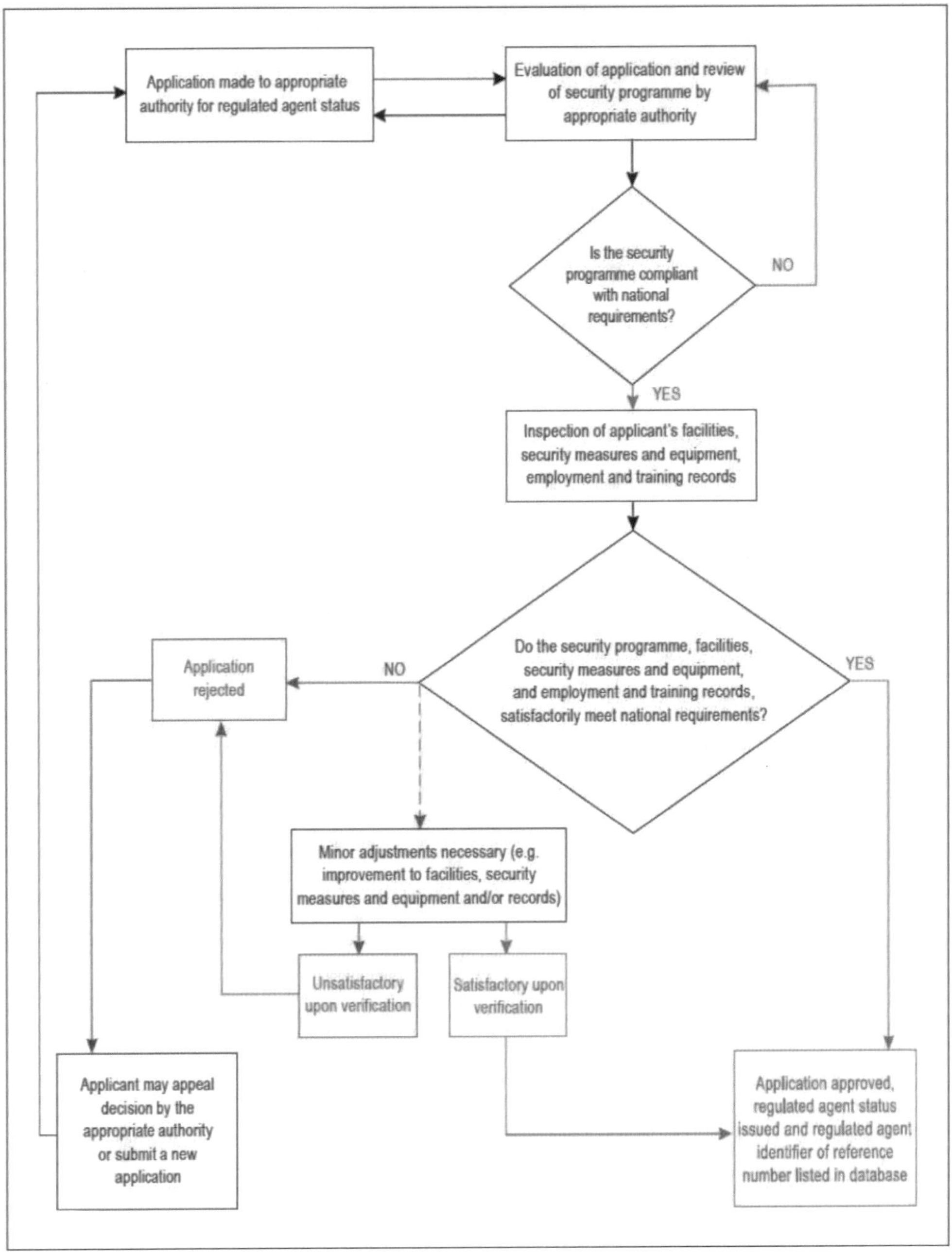

Figure A31-1. Model approval process for regulated agent status

2.2 화물보안대행업체 승인 절차는 현장 별로 이루어져야 한다.

3. 신청

3.1 화물보안대행업체 지정을 신청하는 모든 기업은 해당기관이 승인한 신청서를 작성해야 하며, 이 신청서는 해당업체의 책임있는 고위 관리자가 서명해야 한다.

3.2 신청서에는 최소한 다음 내용이 포함되어야 한다.

a) 업체명 및 등록번호

b) 해당되는 경우 세금 등록번호

c) 사업자 등록주소

d) 전화번호 및 팩스번호 및 이메일 주소를 포함한 연락처 정보

e) 업체 소유권 세부정보

f) 업체의 핵심사업 또는 활동을 포함한 업체에 대한 설명

g) 보안 책임자의 이름, 직위 및 연락처 정보

h) 제공된 정보가 정확하다는 동의 및 허위정보를 제공시 자격이 취소된다는 데 동의

i) 책임있는 고위 관리자 서명

j) 신청 날짜

3.3 화물보안대행업체 지정을 위한 신청서에는 해당 업체가 시행할 정책, 절차 및 조치를 상세히 기술한 화물보안대행업체 보안프로그램이 첨부되어야 하며, 여기에는 모집, 선발 및 교육요건이 포함되어야 한다.

3.4 국가는 화물보안대행업체 지정을 신청하는 업체에게 추가정보를 제출하도록 요구할 수 있다. 예를 들어, 해당 업체가 등록되거나 사업을 수행하는 국가의 관련기관이 발급한 법인 설립증명서나 신청을 뒷받침하는 기타 참고자료 등이 이에 해당한다.

3.5 국가는 신청 접수 또는 거부를 포함하여 모든 신청관련 내용을 정확하게 기록유지해야 한다. 신청이 승인된 경우, 해당 업체가 유효한 자격을 보유하는 기간과 그 자격이 종료된 후 최소 1년 동안 기록을 파일로 보관해야 한다.

3.6 거부된 신청서는 명시된 기간, 일반적으로 최소 1년 동안 파일로 보관되어야 합니다.

4. 신청서 검토

4.1 국가는 모든 신청서와 첨부서류의 유효성 및 정확성을 철저히 검토해야 한다. 신청서에 기재된 신청인에게 직접, 전화 또는 이메일로 연락하거나, 신청서에 첨부된 증명서 또는 서신이 유효하고 진본인지 관련 발급기관을 통해 확인함으로써 이를 확인할 수 있다.

4.2 보안 프로그램들은 국가요건을 준수하는지, 그리고 프로그램에 명시된 절차들이 직원들이 수행하기 충분한 정보와 지침을 제공할 만큼 깊이 있게 다뤄지는지 확인하기 위해 검토되어야 한다.

4.3 만약 화물보안대행업체가 확인된 위탁자를 지정하거나 승인할 권한을 부여받는다면, 국가는 해당 화물보안대행업체가 이 책임을 수행할 능력이 있다고 확신해야 한다. 국가는 화물보안대행업체의 보안 프로그램에 따라 확인된 위탁자를 지정하기 위해 화물보안대행업체가 수립한 절차를 검토하고 승인해야 한다.

5. 시설 검사

5.1 해당기관은 신청자에게 화물보안대행업체 자격을 부여하기 전에 신청서에 제공된 정보와 신청자의 화물보안대행업체 보안 프로그램에 포함된 정책, 절차 및 조치들을 검증하기 위해 신청자의 시설이나 건물에 대한 점검을 수행해야 한다.

5.2 점검 또는 검증절차를 수행하는 담당 조사관은 다음 분야가 국가 요건 및 신청자의 화물보안대행업체 보안프로그램을 준수하는지 확인해야 한다.

a) 물리적 보안조치 및 접근통제
b) 직원 채용 및 신원조사 절차
c) 직원 보안교육 절차, 프로그램 및 기록
d) 다른 조직이 동일한 시설을 공유 또는 사용하는지 여부
e) 보안 항공화물 및 우편물 보관
f) 보안통제 및 보안검색
g) 화물보안대행업체 또는 항공운송사업자에게 보안 화물을 운송

5.3 점검 또는 검증절차가 완료된 후, 해당기관 또는 그 기관을 대신하여 집행하는

주체가 신청자의 시설, 건물, 보안장비 및 절차, 그리고 고용 및 교육기록이 국가요건을 충족하고 화물보안대행업체 보안 프로그램에 부합한다고 판단하면 신청 승인을 권고해야 한다.

5.4 조사관이 경미한 조정이 필요한 부분을 발견하는 경우에 신청자는 요건을 충족하지 못한 부분을 명시하는 서면 통지를 받아야 한다. 이러한 불이행 부분이 중요하지 않거나 화물운영 및 민간항공의 보안을 위협하지 않는다면 신청자의 시정조치와 동시에 승인절차를 계속 진행할 수 있다.

6. 신청승인

해당기관이 신청서에 담긴 정보와 신청자가 제출한 보안프로그램에 문제가 없다면, 신청자에게 서면으로 통지해야 하며, 해당기관이 신청자 시설이나 건물에 대한 점검을 수행할 날짜와 시간을 포함할 수 있다.

7. 신청거부

7.1 신청자가 운영 및 인력에 대해 충분한 정보를 제공하지 못했거나 잘못된 정보를 제공한 경우, 또는 보안이나 다른 문제로 인해 이전에 거부된 이력이 있는 경우, 해당기관은 신청서의 접수 또는 승인을 거부해야 한다.

7.2 해당기관은 거부되거나 승인되지 않은 신청서를 처리하기 위한 절차를 수립해야 한다. 신청서가 거부될 때는 법률자문을 고려해야 한다.

7.3 만약 신청서가 해당기관에 의해 거부되거나 승인되지 않을 경우, 신청자에게는 해당기관의 결정과 함께 가능한 한 빨리 서면으로 통보되어야 하며, 적절한 경우 그 사유도 함께 알려야 한다. 신청자는 해당 기관의 결정에 대해 이의를 제기할 수 있다.

8. 화물보안대행업체 목록 및 고유 식별번호

8.1 국가는 모든 승인된 화물보안대행업체에 대한 적절한 데이터베이스 또는 목록을 구축해야 한다. 이 목록에는 최소한 화물보안대행업체 이름, 해당 기관이 발급한 등록번호, 사업장 주소, 연락처, 그리고 화물보안대행업체 자격의 유효기간이 포함되어야 한다. 이 목록은 항상 최신상태로 유지되어야 하며, 승인된 화물보안대행업체와 항공운

송사업자가 안전한 전자매체 등을 통해 접근할 수 있도록 해야 한다.

8.2 승인된 각 화물보안대행업체에게는 고유식별코드가 발급되어야 한다.

8.3 해당기관은 화물보안대행업체에게 화물관련 특정서류(예: 항공화물 보안신고서)에 고유식별번호를 기록하거나 인쇄하도록 요구하는 규정이나 규칙을 수립해야 한다. 또한, 화물보안대행업체가 이러한 서류에 고유식별번호를 기록하거나 인쇄하지 않는 경우 벌금 또는 과태료로 처벌하는 위반행위로 규정해야 한다.

8.4 화물보안대행업체 식별코드는 현장별로 부여되어야 한다. 이 식별코드는 영숫자로 구성되어야 하며, 다음 정보를 명시된 순서대로 포함해야 한다.

a) 승인된 현장의 위치를 나타내는 국가코드. 국가코드는 ISO 표준 3166-1 alpha-2를 사용해야 함.
b) 해당업체 상태, 이 경우에는 화물보안대행업체
c) 해당기관이 화물보안대행업체에게 할당한 고유한 다섯자리 숫자 식별자
d) 해당기관이 화물보안대행업체의 운영을 승인한 특정현장을 나타내는 두 자리 숫자. 화물보안대행업체가 승인받은 현장이 한 곳뿐인 경우 '01'로 표시

8.5 화물보안대행업체 식별코드의 예시로 DE/RA/00100-03이 있다. 여기서 각 부분의 의미는 다음과 같다.

DE: 승인된 현장의 국가코드이며, 이 경우 독일을 의미

RA: 화물보안대행업체를 나타냄

00100: 독일의 해당기관이 해당 화물보안대행업체에게 할당한 고유한 다섯 자리 숫자 식별자임

03: 화물보안대행업체 00100이 운영하도록 승인된 정확한 현장을 나타냄(즉, 이 경우 이 화물보안대행업체는 이미 두 개의 다른 승인된 현장을 가지고 있음).

9. 변경 통지

각 화물보안대행업체는 자격에 중대한 변화가 발생하거나 신청서에 제공된 정보가 변경될 경우, 명시된 기간 내에 해당기관에 통지해야 한다. 이러한 통지의무를 준수하지 않을 경우, 벌금 또는 벌칙(자격정지 및 목록삭제 포함)으로 처벌받는 위반행위로

규정되어야 한다.

10. 검사 및 테스트

10.1 해당기관은 화물보안대행업체가 국가요건과 승인된 화물보안대행업체 보안 프로그램을 지속적으로 준수하도록 보장하기 위해 모니터링 프로그램을 구축해야 한다. 이 프로그램은 화물보안대행업체의 시설 및 운영(교육 포함)에 대한 정기적인 보안점검 및 테스트를 포함해야 하며, 국가민간 항공보안 수준관리프로그램의 일부를 구성할 수 있다.

10.2 해당기관은 수행된 모든 점검 및 테스트, 그 결과, 그리고 취한 결정이나 조치에 대한 상세한 기록을 각 화물보안대행업체 별로 보관해야 한다. 이러한 기록은 해당 화물보안대행업체가 유효한 자격을 보유하는 기간과 그 자격이 종료된 후 최소 1년 동안 해당기관에 의해 보존되어야 한다.

11. 자격 박탈, 정지 및 취소

국가는 아래에 설명된 대로, 화물보안대행업체 자격박탈, 정지, 그리고 취소에 대한 기준을 수립해야 한다. 화물보안대행업체 자격을 신청하는 모든 신청자는 신청서를 제출하기 전이나 신청시점에 이러한 기준을 숙지해야 한다.

a) 자격 박탈 - 신청 단계에서 화물보안대행업체 요건을 충족하지 못했거나, 행정 경고나 벌금이 부과된 후에도 국가가 요구하는 보안조치나 절차를 유지 또는 시행하지 못했을 때 발생할 수 있다.

b) 정지 - 국가가 요구하는 보안통제를 단기적으로 시행할 수 없거나, 업체가 특정기간 또는 영구적으로 스스로 자격정지를 요청했을 때 발생할 수 있다.

c) 취소 - 국가 요건이나 승인된 화물보안대행업체 보안 프로그램을 지속적으로 위반했거나, 해당 업체가 더 이상 항공화물 취급, 처리 또는 보관업무를 하지 않을 때 발생할 수 있다.

부록 31의 첨부 B
화물보안대행업체에 대한 보안요건

1. 일반

다음 영역들은 화물보안대행업체의 책임이며, 화물보안대행업체 지정 또는 자격을 유지하는 동안 항상 준수되어야 한다. 국가 또는 국가를 대신하여 점검이나 검증 절차를 수행하도록 허가된 주체(예: 조사관 또는 점검관)는 다음 영역들이 국가요건과 신청자의 화물보안대행업체 보안 프로그램을 준수하는지 확인해야 한다.

2. 채용 및 선발

2.1 화물보안대행업체는 정규직, 임시직, 계약직 등 모든 범주의 직원에 대한 채용 및 선발절차에 관한 적절한 세부정보와 기록을 제공해야 한다.

2.2 직원채용 및 선발절차에는 국가요건에 부합하는 신원조회와 법적으로 허용되는 경우 고용 전 범죄 경력조회가 포함되어야 한다.

2.3 직원은 공개적으로 이용할 수 없는 정보가 포함된 항공보안 교육을 받기 전에 신원조사를 하여야 한다. 이 조사가 완료될 때까지 직원은 화물보안 업무를 해서는 안 된다.

2.4 화물보안대행업체는 항공화물 또는 우편물로 지정된 화물에 접근하는 모든 직원들이 적절한 신원조사를 받았음을 입증하기 위해, 요청 시 직원 및 계약직 직원의 고용 기록을 제공해야 한다.

3. 교육 프로그램

3.1 화물보안대행업체는 항공화물 또는 우편물로 지정된 위탁화물에 대한 비동반 접근 권한이 있는 모든 직원을 대상으로 국가요건에 부합하는 적절한 교육프로그램을 수립 및 시행해야 하며, 초기교육과 정기교육에 대한 적절한 기록을 유지해야 한다.

3.2 화물보안대행업체는 대리인이나 공인 대리인에게 항공화물 또는 우편물로 지정된 위탁화물을 처리, 취급 또는 운송하기 전에 적절한 보안교육을 받았음을 입증하는 직원 교육기록을 제출하도록 요구해야 한다.

3.3 교육 프로그램은 다음을 보장하기 위해 이론교육과 실습교육이 균형있게 구성하여야 한다.

a) 보안통제를 실행하는 인력이 자신의 임무를 수행할 역량을 갖추도록 해야 함.
b) 운영인력이 화물보안 책임을 이해하고, 자신의 임무에 맞게 불법 방해행위의 예방에 기여할 수 있도록 해야 함.
c) 현장 지상조업 인력과 보안 공급망 구역에서 근무하는 직원이 불법방해행위를 예방하고 탐지하기 위해 가장 적절한 방식으로 행동할 수 있도록 해야 함.

3.4 화물보안대행업체는 보안교육 기록을 유지하고, 국가요건에 따라 교육받은 직원의 계약기간 동안에 기록을 보존해야 한다.

4. 물리적 및 절차적 보안조치 및 접근통제

4.1 화물보안대행업체는 다음 사항을 보장해야 한다.

a) 시설이 무단 접근으로부터 보호되도록 해야 하며, 여기에는 울타리나 문과 같은 물리적 장벽의 사용이 포함될 수 있다. 특히 항공화물 또는 우편물이 처리되는 구역이나 시설에 중점을 두고 적절한 접근통제절차를 마련해야 한다.
b) 항공운송을 위해 위탁화물이 조립되거나 포장되는 구역 또는 시설은 적절한 교육을 받은 직원이 감독하여 이 단계에서 무단으로 물품이나 물질이 반입되는 것을 방지해야 한다.
c) 항공화물 또는 우편물로 지정된 위탁화물은 승인되지 않은 사람이 접근할 수 없는 구역에 보관하고, 다른 화물보안대행업체나 항공운송사업자에게 인계될 때까지 보호되어야 한다.
d) 위탁화물이 발송되는 구역에 대한 접근이 적절히 통제되도록 하고, 승인된 사람과 차량만이 해당 구역에 접근하도록 보장하는 절차를 시행해야 한다.

4.2 화물보안대행업체는 항공화물 또는 우편물로 지정된 위탁화물의 무결성을 보장하고, 위탁화물에 대한 무단접근이나 금지품목 반입을 탐지하기 위한 충분한 통제조치

를 시행해야 한다. 이러한 조치에는 보안순찰, CCTV감시 시스템, 전자 접근통제 조치, 그리고 운송을 위해 화물을 준비하는 직원들의 보안검색이 포함될 수 있으며, 이에 국한되지 않는다.

4.3 화물보안대행업체는 각 현장에 최소 한 명을 지정하여 해당 현장에서의 보안통제 적용 및 감독을 책임지도록 해야 한다. 이 사람은 국가 법률에 따라 범죄경력 조사를 통과해야 한다.

4.4 항공화물 또는 우편물이 보관되는 구역이 공항 보안제한구역 내에 위치한 경우, 화물보안대행업체는 해당구역을 무단접근으로부터 보호하는 것과 관련된 공항보안프로그램 및 기타지침을 준수해야 하며, 이러한 내용이 화물보안대행업체 보안 프로그램에 명확히 기술되어야 한다.

4.5 화물보안대행업체와 동일한 시설 또는 그 일부를 공유하는 모든 다른 업체는 화물보안대행업체 보안프로그램을 준수해야 한다. 여기에는 화물보안대행업체 보안프로그램에 명시된 업무를 수행하도록 화물보안대행업체와 계약을 맺고, 화물보안대행업체가 책임을 지는 모든 업체가 포함된다.

4.6 화물보안대행업체가 책임져야 하는 업무를 계약을 맺은 업체가 원격지에서 수행하는 경우(예: 박물관에서 유물포장), 화물보안대행업체 시설에 적용되는 것과 동일한 보안조치를 적용해야 한다. 이러한 원격지는 화물보안대행업체가 관리해야 하며, 화물보안대행업체 자체 현장으로 간주하고, 화물보안대행업체 보안프로그램에 등재되어야 한다.

4.7 화물보안대행업체는 보안구역에 출입하는 모든 직원이 화물보안대행업체 또는 해당 기관이 발급한 보호구역 출입증을 겉옷에 눈에 띄게 착용하도록 해야 한다.

4.8 화물보안대행업체는 모든 직원 보호구역 출입증의 발급 및 통제를 위한 절차를 수립하고 문서화하며 시행해야 한다.

4.9 항공화물 적재 및 하역이 이루어지는 보안제한구역에 차량이 진입하고자 할 경

우, 화물보안대행업체는 해당 차량이 유효한 차량 허가증 또는 이와 유사한 승인서를 소지하고 있는지, 그리고 구역진입에 대한 정당한 이유가 있는지를 확인해야 한다.

4.10 화물보안대행업체는 모든 직원이 승인되지 않았거나 신원이 확인되지 않은 사람에 대해 보고하고 이의를 제기하는 절차를 수립, 문서화하고 유지해야 한다.

5. 안전한 항공화물 및 우편물의 보관

5.1 상업용 항공기에 운송될 항공화물 또는 우편물로 지정된 위탁화물을 보안할 때, 화물보안대행업체는 다음 조치를 시행해야 한다:

a) 항공화물 및 우편물은 어떤 훼손 흔적이라도 쉽게 알 수 있는 방법으로 포장 및 밀봉해야 한다.

b) 항공화물 및 우편물은 화물보안대행업체 보안프로그램의 접근통제 조치에 따라, 승인되지 않은 사람이 접근할 수 없는 구역에 보관하고 다른 화물보안대행업체나 항공운송사업자에게 인계될 때까지 보호해야 한다.

c) 항공화물 및 우편물은 보안처리된 화물과 보안처리되지 않은 화물이 섞이지 않도록(예: 별도의 보관구역, 라벨링 등) 보관해야 한다.

d) 위탁화물의 무결성을 유지하고 금지품목이 반입되는 것을 막기 위해, 항공화물 및 우편물은 다른 화물보안대행업체나 항공운송사업자에게 인계될 때까지 보안상태를 유지해야 한다.

5.2 항공화물의 보관, 취급, 그리고 접근통제 조치에 대한 지침은 모든 직원에게 접근수준과 관계없이 제공되어야 한다. 그러나 승인된 직원만이 항공화물에 접근하고, 취급하며 보관할 수 있도록 허용되어야 한다.

5.3 화물보안대행업체는 위탁화물의 무결성이 적절한 통제부재 또는 무단 간섭 가능성으로 인해 훼손되었을 수 있다고 판단될 때, 항공화물 및 우편물에 대해 보안검색을 포함한 보안통제를 적용해야 한다. 상황(예: 의도적인 보안위반, 범죄의도 또는 변조)에 따라, 그리고 화물보안대행업체 보안프로그램 및 공항보안프로그램에 따라, 보안통제 적용을 감독하는 화물보안대행업체 직원은 해당기관에 통지해야 한다.

6. 보안 통제 및 심사

6.1 화물보안대행업체는 다음 사항이 확인되지 않는 한 모든 항공화물 및 우편물을 보안검색 해야 한다:

a) 요구되는 보안통제가 화물보안대행업체에 의해 적용되었고, 해당 보안통제가 적용된 시점부터 항공운송을 위한 인수시점까지 위탁화물이 무단 간섭으로 부터 보호되었다.

b) 요구되는 보안통제가 확인된 위탁자에 의해 적용되었고, 해당 보안 통제가 적용된 시점부터 항공운송을 위한 인수시점까지 위탁화물이 무단 간섭으로 부터 보호되었다.

c) 해당 위탁화물이 보안검색 면제 대상이며, 항공화물 또는 우편물로 식별된 시점부터 항공운송을 위한 인수시점까지 무단 간섭으로 부터 보호되었다.

6.2 화물보안대행업체는 고위험 화물을 보안검색하기 위한 절차를 시행해야 한다. 이러한 절차는 국가요건을 준수해야 하며, 화물보안대행업체 보안프로그램에 기술되어야 한다.

6.3 항공화물 또는 우편물을 보안검색 할 때, 화물보안대행업체는 각 위탁화물의 특성을 고려하여 IED(급조 폭발물)를 탐지할 가능성이 있는 수단이나 방법을 사용해야 한다. 보안검색은 보안검색 담당자가 위탁화물에 IED가 없음을 확인하고 위탁화물의 무결성이 확인되었을 때 완료된 것으로 간주된다.

6.4 보안검색방법 및 절차는 화물보안대행업체 보안프로그램에 기술되어야 하며, 각 위탁화물의 특성에 따라 IED(급조 폭발물)를 탐지하기 위한 적절한 방법을 명시해야 한다.

7. 보안 처리된 항공화물 및 우편물을 화물보안대행업체 또는 항공운송사업자에게 운송하기

7.1 화물보안대행업체는 다른 화물보안대행업체 또는 항공운송사업자에게 항공화물 또는 우편물로 지정된 위탁화물의 운송방법에 대한 세부정보와 다른 화물보안대행업체나 항공운송사업자에게 전달되어 인수될 때까지 위탁화물을 무단 접근으로부터 보호하기 위해 해당 운송에 적용된 보안조치에 대한 세부 정보를 제공해야 한다.

7.2 화물보안대행업체는 자체 소유차량이든 계약업체 차량이든, 항공화물 또는 우편물 운송에 사용되는 모든 차량이 봉인 훼손방지 스티커 또는 기타 적절한 방법을 사용하여 항상 무단 간섭으로 부터 보안되도록 해야 한다.

7.3 위탁화물이 운송되는 화물 적재구획은 잠그고 밀봉해야 한다. 커튼형 트럭은 훼손 시 쉽게 알아볼 수 있도록 보안조치를 취해야 하며, 평판형 트럭의 적재구역은 항상 감시해야 한다. 만약 보안조치가 되어 있지 않다면, 해당 차량은 화물보안대행업체 보안프로그램 또는 해당기관의 요건에 따라 별도의 차량이 항상 호송해야 한다.

7.4 항공화물 또는 우편물 위탁화물을 운송하는 차량을 보안하기 위해 번호가 매겨진 봉인 훼손방지 스티커가 사용되는 경우, 화물보안대행업체는 해당 스티커에 대한 접근이 통제되고 번호가 기록됨을 입증해야 한다. 스티커 대신 다른 방법이 사용된다면, 화물보안대행업체는 항공화물 또는 우편물이 어떻게 안전하게 보관되며 훼손여부를 확인할 수 있는지 입증해야 한다.

7.5 화물보안대행업체가 항공화물 또는 우편물의 지상 운송을 위해 계약업체를 이용하는 경우, 화물보안대행업체는 해당 위탁화물을 봉인하거나 계약업체로부터 서명된 서류를 받아야 한다.

7.6 운송업체가 자체적으로 화물보안대행업체로 승인받았거나 해당기관으로부터 인증 받은 운송업체(국가에 운송업체 인증프로그램이 있는 경우)가 아닌 한, 화물보안대행업체를 대신하여 항공화물 또는 우편물을 운송하는 운송업체는 운송업체 서약서에 동의해야 한다. 서명된 서약서는 운송서비스를 제공받는 화물보안대행업체가 보관해야 한다. 요청 시 서명된 서약서 사본은 위탁화물을 받는 화물보안대행업체나 항공운송사업자 또는 관련 해당기관에 제공되어야 한다.

7.7 화물보안대행업체는 운전자가 적절한 보안교육을 받았음을 입증해야 한다. 다른 화물보안대행업체가 운송을 주선하는 경우, 운전자 교육기록 또는 운송업체 서약서 사본을 제출하도록 요구해야 한다.

7.8 화물보안대행업체는 운송업체에게 항공화물 보안신고서를 포함하여 위탁화물과

관련된 모든 문서를 제공해야 한다. 화물보안대행업체는 화물을 다른 화물보안대행업체나 항공운송사업자에게 인계하거나 그들로부터 인수하기 전에, 신고서에 필요한 모든 정보, 특히 화물이 여객기 또는 화물 전용기 운항에 승인되었음을 나타내는 보안상태가 포함되어 있는지 확인해야 한다. 만약 보안상태가 표시되지 않은 경우, 이전에 어떤 보안 통제도 적용되지 않은 것으로 간주해야 한다.

7.9 다른 화물보안대행업체 또는 항공운송사업자가 위탁화물을 인수하면, 해당 항공화물 보안신고서를 정식으로 작성하여 보안 공급망 내의 다른 주체가 위탁화물의 보안에 대한 책임을 인계받았음을 명시해야 한다.

8. 재검증

8.1 화물보안대행업체는 5년을 초과하지 않는 정기적인 주기로 재검증을 받아야 한다. 여기에는 화물보안대행업체가 위에 설명된 보안요건을 계속 준수하고 있는지 평가하기 위한 현장검증이 포함되어야 하며, 이는 화물보안대행업체 보안프로그램 및 국가프로그램을 포함한 기타 적용 가능한 프로그램에 따라 이루어져야 한다. 시설이나 위치마다 만료 날짜가 다를 수 있다.

8.2 국가 또는 국가를 대신하여 집행하도록 허가된 주체가 국가민간 항공보안 수준관리프로그램에 따라 화물보안대행업체의 시설을 점검하는 것은 현장검증으로 간주될 수 있다.

8.3 점검 결과 해당 화물보안대행업체가 더 이상 요건을 준수하지 않는다고 결론이 나면, 해당기관에 통지해야 하며 화물보안대행업체 자격은 철회되어야 한다. 이러한 철회 즉시, 그리고 모든 경우에 24시간 이내에 해당 기관은 해당업체의 자격 변경이 국가 항공화물 데이터베이스 또는 목록에 표시되도록 해야 한다.

부록 31의 첨부 C
화물보안대행업체 보안프로그램 양식

1. 국제 의무 및 기구

a) 국제 및 지역 민간항공기구의 구조 및 역할

b) 다양한 협약, 부속서 17, 그리고 지역 기구가 개발한 규정의 목적

2. 국가 의무 및 책임

a) 항공보안을 책임지는 해당 기관을 포함한 관련기관

b) 법규, 규정 및 국가항공보안계획

c) 위협 및 위험 평가 검토

3. 화물보안대행업체 보안정책 및 조직

a) 보안 정책

b) 항공보안 및 보안 공급망에 대한 역할 및 책임

c) 보안책임자 및 24시간 운영 연락망

d) 정보, 통신절차 및 문서관리

e) 운영에 대한 설명

f) 해당되는 경우, 확인된 위탁자를 지정하고 승인절차에 기여하는 절차

4. 공항 및 시설 보안조치

a) 화물보안대행업체가 사용하는 부지 및 시설을 보호하는 물리적 및 절차적 보안 조치(탐지 및 감시시스템 포함)

b) 보안 항공화물 및 우편물에 대한 접근 통제절차

c) 유지보수, 테스트 및 문제해결프로그램

d) 법 집행 기관과의 협력

e) 보안 서비스 제공자

f) 보안 봉인, 잠금장치 및 열쇠의 안전한 보관

5. 화물 및 우편물 보안조치

a) 화물보안대행업체 제도 및 기준(화물 접수, 취급 및 운송 포함)

b) 확인된 위탁자 제도 및 기준(화물 접수, 취급 및 운송 포함)

c) 항공 화물 및 우편물의 접수, 취급(검색 포함), 보관 및 운송 중에 되는 조치의 목적. 화물 및 우편물에 대한 조치:

1. 접수절차
2. 보안 처리되지 않은 화물에 대한 조치
3. 보안검색 또는 물리적 검사 면제 목록
4. 특수화물(예: 살아있는 동물, 비동반 수하물, 환적 및 통과 화물, 유해 및 우편물)에 대한 조치
5. 고위험 화물에 대한 조치
6. 의심스러운 화물 및 우편물의 처리

d) 화물 및 우편물을 무단 간섭으로 부터 보호:

1). 화물 및 우편물 접수 및 보관에 사용되는 건물의 물리적 특성

2) 접근통제 조치

3) 보관 및 보호 조치

e) 문서 통제, 정보보안 및 기록 관리:

9. 보관 및 보호 조치
10. 항공화물 보안신고서 및 위탁화물과 관련된 기타 보안 정보
11. 문서통제 및 기록관리 정책 및 절차에 대한 조치
12. 문서, 기록 및 데이터에 대한 접근을 통제하고 정보의 오용 및 변조를 방지하는 조치

6. 항공화물 보안검색

a) 모든 유형의 항공화물 및 우편물(고위험 화물 포함)에 대한 보안검색 기준

b) 보안검색 위치

c) 보안검색장비 목록, 특성, 교정 및 운영(위탁화물의 성격에 따른 가장 적절한 방법 포함)

d) 보안검색 서비스 제공자 또는 운영자

e) 보안검색 면제 처리절차

f) 항공화물 및 우편물에 대한 대체 보안통제
g) 경보 해결절차 및 처리
h) 보안검색장비 유지보수 및 테스트 프로그램

7. 운송

a) 항공화물 및 우편물 위탁화물이 화물보안대행업체 또는 확인된 위탁자의 건물에서 도착할 때 보안이 유지되도록 하는 조치
b) 적재 전 화물 적재구획 보안검색 절차
c) 운송 중 차량에 적용되는 보안조치
d) 운송 중 차량 및 위탁화물 추적절차
e) 운송 검증 절차
f) 운송이 승인되지 않은 제3자에게 맡겨지지 않도록 하는 조치
g) 항공 화물 및 우편물을 수거하고 운송하는 운전자의 신원확인

8. 직원 모집

a) 화물취급(보안검색 포함) 또는 보안 항공화물 및 관련정보에 대한 비동반 접근 권한이 있는 직원 채용절차
b) 신원조회 및 직원 기록관리 절차
c) 직원 해고절차

9. 직원 교육

a) 각 현장의 승인된 직원 목록
b) 보안교육 프로그램 개요 및 교육기록 관리
c) 다음 직원을 위한 초기 및 정기교육 프로그램:
  1) 보안검색, 수색 또는 점검 업무를 수행하는 보안 인력
  2) 지상조업 및 기타 직원 (보안인지교육)
  3) 화물보안대행업체 보안관리자, 감독관 및 담당관

10. 우발계획

다음 비상상황에 대처하기 위한 계획 및 절차
a) 폭발물 위협

b) 의심스럽거나 금지된 품목 발견

c) 보안검색 및 정보기술장비 고장

d) 위협수준 증가로 인한 보안조치 강화 필요

e) 고위험 항공편

11. 사고 보고 및 후속절차

a) 사고 보고절차

b) 사고 조사절차

c) 후속절차 및 시정조치 계획

12. 내부 성과 모니터링 및 수준관리

a) 보안조치 이행을 모니터링하고 수준관리 활동을 수행하기 위한 절차(이 프로그램 및 국가민간항공 수준관리프로그램에 따라)

b) 수준관리 활동을 위한 자원

13. 비상 보고절차

14. 부속서

해당기관 또는 화물보안대행업체가 이 프로그램을 정의하거나 관리하는 데 도움이 될 수 있는 부속서. 예시:

a) 화물보안대행업체 보안프로그램 배포 목록

b) 조직도

c) 건물 평면도

d) 건물 출입자 목록

e) 주요 열쇠 소지자 목록

f) 교육기록

g) 유용한 연락처 목록

부록 32
상용화주제도 체계

국가들은 상용화주 제도를 시행할 때, 국가항공보안계획에 포함되어야 하는 이 부록의 다음 첨부 자료에 담긴 지침을 고려해야 한다.

a) 부록 32의 첨부 A - 상용화주 승인절차 모델
b) 부록 32의 첨부 B - 상용화주에 대한 보안요건
c) 부록 32의 첨부 C - 상용화주 보안프로그램 양식

부록 32의 첨부 A
상용화주 승인절차 모델

1. 일반

1.1 이 안내 자료는 국가들이 상용화주 프로그램을 시행하는데 도움을 주기 위한 것이다. 여기에는 신청자가 상용화주로서 운영하기 위해 충족해야 하는 승인절차와 요건이 설명되어 있다.

1.2 승인절차는 현장점검(현장 검증)을 포함하여, 해당기관 또는 해당 기관의 요건에 따라 국가가 위임한 대리기관에 의해 수행되어야 한다.

2. 기준

2.1 상용화주로 운영하기 위한 기준은 국가별로 명확하게 확립되어야 하며, 다음을 수행할 수 있는 업체의 역량을 포함하되 이에 국한되지 않는다.

a) 보안 항공화물 및 우편물 위탁화물의 생산, 조립, 포장, 보안통제 적용, 보관을 위한 보안시설을 제공하고, 해당되는 경우 보안 지상운송을 제공할 것.

b) 국가요건에 따라, 항공화물 및 우편물 운영을 위해 충분한 인원의 관리 및 운영인력(내부 또는 계약직)을 적절하게 모집, 선발 및 교육할 것.

c) 해당기관이 정한 상용화주에 대한 보안요건을 지속적으로 준수함을 입증할 것.

2.2 상용화주 승인 절차는 현장별로 이루어져야 한다.

3. 신청

3.1 상용화주 지정을 신청하는 모든 업체는 해당기업이 위치한 국가의 해당기관이 승인한 신청서를 작성해야 하며, 이 신청서에는 최소한 다음 내용이 포함되어야 한다.

a) 업체명 및 등록번호

b) 해당되는 경우, 세금 등록번호

c) 사업자 등록 주소

d) 전화, 팩스번호 및 이메일 주소를 포함한 연락처 정보

e) 업체 소유권에 대한 세부정보

f) 업체의 핵심사업 또는 활동을 포함한 업체에 대한 설명

g) 보안책임자의 이름, 직위 및 연락처 정보

h) 제공된 정보가 정확하다는 선언 및 허위정보 제공시 취소 처리된다는 동의

i) 책임있는 고위 관리자의 서명

j) 신청날짜

3.2 상용화주 지정을 위한 신청서에는 해당기업이 항공화물 및 우편물을 보안하기 위해 시행할 정책, 절차 및 조치들을 상세히 기술한 상용화주 보안프로그램이 첨부되어야 하며, 여기에는 채용, 선발 및 교육 요건이 포함되어야 한다.

3.3 국가는 신청 접수 또는 거부를 포함하여 모든 신청관련 절차에 대한 정확한 기록을 유지해야 한다. 신청이 승인된 경우, 해당업체가 유효한 상용화주 자격을 보유하는 기간과 그 자격이 종료된 후 최소 1년 동안 기록을 파일로 보존해야 한다.

3.4 거부된 신청서는 명시된 기간, 일반적으로 최소 1년 동안 파일로 보관해야 한다.

4. 신청서 검토

4.1 상용화주로 승인받기 위해 필요한 신청서와 첨부서류는 해당기관 또는 해당기관을 대리하는 기관이 그 유효성과 정확성을 철저히 검토해야 한다. 이는 신청서에 기재된 신청인에게 직접, 전화 또는 이메일로 연락하거나, 신청서에 첨부된 모든 증명서 또는 서류가 유효하고 진본인지 관련 발급기관을 통해 확인 검토한다.

4.2 보안프로그램은 국가요건을 준수하는지 검토해야 하며, 프로그램에 명시된 절차들이 직원들이 따르기에 충분한 정보와 지침을 제공할 만큼 깊이 있게 다뤄지는지 확인해야 한다.

5. 시설 검사

5.1 신청자에게 상용화주 자격을 부여하기 전에, 신청서에 제공된 정보와 신청자의 상용화주 보안프로그램에 포함된 정책, 절차 및 조치들을 검증하기 위해 신청자의 시설이나 건물에 대한 점검 또는 검증이 수행되어야 한다.

5.2 점검 또는 검증절차를 수행하는 담당 조사관은 다음 분야가 국가 요건 및 신청자의 상용화주 보안프로그램을 준수하는지 확인해야 한다.

a) 물리적 보안조치 및 접근통제

b) 직원 채용 및 신원조회 절차

c) 직원 보안교육 절차, 프로그램 및 기록

d) 다른 조직이 동일한 시설을 공유 또는 사용하는지 여부

e) 보안 항공화물 및 우편물에 대한 보안조치 및 통제

f) 보안 항공화물 및 우편물의 생산, 조립, 포장, 보관 및 발송

g) 보안화물 및 우편물을 화물보안대행업체 또는 항공운송사업자에게 운송

5.3 점검 또는 검증절차가 완료된 후, 조사관이 신청자의 시설, 건물, 보안장비 및 절차, 그리고 고용 및 교육기록이 해당기관의 요건을 충족하고 상용화주 보안프로그램에 부합한다고 판단하면, 최종결정을 내릴 해당기관에 신청승인을 권고해야 한다.

5.4 조사관이 경미한 조정이 필요한 부분을 발견하는 경우, 신청자는 요건을 충족하지 못한 부분을 명시하는 서면통지를 받아야 한다. 이러한 불이행 영역이 중요하지 않거나 화물 및 우편물 운영과 민간 항공의 보안을 위협하지 않는다면, 신청자의 시정조치와 동시에 승인절차를 계속 진행할 수 있다.

6. 승인된 신청

해당기관이 신청서에 담긴 정보와 신청자가 제출한 보안프로그램에 통과한다면, 국가 또는 국가를 대신하여 집행하도록 허가된 기관은 신청자에게 서면으로 통지해야 한다.

7. 신청 거부

7.1 신청자가 운영 및 인력에 대해 충분한 정보를 제공하지 못했거나 부정확한 정보를 제공한 경우, 또는 보안이나 기타 문제로 이전에 거부된 이력이 있는 경우, 해당 기관은 신청서의 접수 또는 승인을 거부해야 한다.

7.2 해당기관은 신청자의 이의제기 절차를 포함하여, 거부되거나 승인되지 않은 신청서를 처리하기 위한 절차를 수립해야 한다.

7.3 만약 신청이 거부되면, 신청자는 조사관의 결정과 적절한 경우 그 이유를 가능한 한 빨리 서면으로 통지받아야 한다. 해당기관의 요건에 따라 신청자는 해당 결정에 대해 이의를 제기할 수 있다.

8. 상용화주 목록 및 고유 식별번호

8.1 국가는 모든 승인된 상용화주에 대한 적절한 데이터베이스 또는 목록을 구축해야 한다. 이 목록에는 최소한 상용화주 이름, 해당기관이 발급한 등록번호, 사업장 주소 및 전화 연락처, 그리고 상용화주 자격 유효기간이 포함되어야 한다. 목록은 항상 최신 상태로 유지되어야 하며, 화물보안대행업체, 상용화주 및 항공운송사업자가 안전한 전자매체 등을 통해 접근할 수 있어야 한다.

8.2 승인된 각 상용화주에게는 고유한 식별번호가 발급되어야 하며, 한 상용화주에게 발급된 번호는 다른 상용화주에게 발급되어서는 안 된다. 상용화주가 유효기간이 끝나기 전에 자격 갱신을 신청하여 승인되면, 유효기간은 연장될 수 있고 기존 식별 번호는 유지될 수 있다. 유효기간이 끝난 후 자격을 재신청하여 승인되면, 새로운 식별 번호가 발급되어야 한다.

8.3 해당기관은 상용화주에게 항공화물 보안신고서와 같이 해당 정보 기입이 필요한 특정화물 관련서류에 고유식별번호를 기록하거나 인쇄하도록 요구하는 규칙이나 규정을 수립해야 한다. 또한, 상용화주가 이러한 서류에 고유식별번호를 기록하거나 인쇄하지 않는 경우 벌금 또는 과태료로 처벌하는 위반 행위로 규정해야 한다.

8.4 상용화주 식별코드는 현장별로 부여되어야 한다. 이 식별코드는 영숫자로 구성되어야 하며, 다음 정보를 명시된 순서대로 포함해야 한다.

a) 승인된 현장의 위치를 나타내는 국가코드. 국가코드는 ISO 표준 3166-1 alpha-2를 사용해야 한다.
b) 해당업체의 상태, 이 경우에는 상용화주(KC).
c) 해당기관이 상용화주에게 할당한 고유한 다섯자리 숫자 식별자.
d) 해당기관이 상용화주의 운영을 승인한 특정 현장을 나타내는 두 자리 숫자. 상용화주가 승인받은 현장이 한 곳뿐인 경우 '01'로 표시해야 한다.

8.5 상용화주 식별 코드의 예시는 KE/KC/00170-02이다. 여기서,

KE는 승인된 현장의 국가 코드로, 이 경우 케냐를 의미한다.

KC는 상용화주임을 나타낸다.

00170은 케냐 해당기관이 해당 상용화주에게 할당한 고유한 다섯자리 숫자 식별자이다.

02는 상용화주 00170이 운영을 승인받은 특정 현장을 나타낸다(이 경우 해당 상용화주는 이미 다른 승인된 현장 한 곳을 가지고 있음을 의미).

9. 변경 통지

각 상용화주는 신청서에 제공된 상태 또는 정보에 중대한 변경사항이 있을 경우, 명시된 기간 내에 해당기관에 통보해야 한다. 이러한 통보 의무를 준수하지 않을 경우, 지정취소 및 목록삭제를 포함한 벌금 또는 과태료가 부과될 수 있는 위반 행위로 규정해야 한다.

10. 점검 및 테스트

10.1 해당기관은 상용화주가 국가요건 및 승인된 상용화주 보안프로그램을 지속적으로 준수하는지 확인하기 위한 모니터링 프로그램을 수립해야 한다. 이 프로그램은 상용화주의 시설 및 운영, 그리고 교육 활동에 대한 정기적인 보안점검 및 테스트 수행을 포함해야 하며, 국가민간항공보안 수준관리프로그램의 일부를 구성할 수 있다.

10.2 해당기관 또는 해당기관을 대리하는 기관이 수행한 모든 점검 및 테스트에 대한 상세기록(결과, 결정 또는 취해진 조치 포함)은 각 상용화주별로 보관되어야 한다. 이러한 기록은 상용화주가 유효한 자격을 보유하는 기간과 그 자격이 종료된 후 최소 1년 동안 해당기관이 보관해야 한다.

11. 상용화주 자격정지, 취소 및 철회

국가는 아래에 설명된 상용화주 자격정지, 취소 및 철회 기준을 수립해야 한다. 상용화주 지정 신청자는 신청서를 제출하기 전이나 제출 시점에 이 기준을 모두 인지해야 한다.

a) 자격박탈 (disqualification): 신청단계에서 상용화주 요건을 충족하지 못하거나, 행정경고 또는 벌금부과 후에도 국가가 요구하는 보안조치나 절차를 유지 또는

이행하지 못하는 경우 발생할 수 있다.

b) 자격정지 (suspension): 국가가 요구하는 보안통제를 단기간 이행하지 못하거나, 업체가 특정기간 또는 영구적으로 자발적으로 자격정지를 요청하는 경우 발생할 수 있다.

c) 자격철회 (revocation): 국가요건 또는 해당업체의 승인된 상용화주 보안프로그램을 지속적으로 위반하거나, 해당 기업이 더 이상 항공화물 취급, 처리 또는 보관에 관여하지 않게 되는 경우 발생할 수 있다.

부록 32의 첨부 B
상용화주에 대한 보안요건

1. 일반

상용화주 지정을 신청하는 업체의 현장점검 또는 검증절차를 수행하는 국가 또는 국가를 대리하도록 허가된 기관은 해당 업체가 국가요건 및 상용화주 보안프로그램을 준수하는지 다음 영역들을 확인해야 한다. 이 영역들은 상용화주의 책임이며, 상용화주로 운영하는 동안 항상 준수되어야 한다.

2. 채용 및 선발

2.1 국가 또는 국가를 대리하는 기관에 의해 상용화주로 승인 대상이 되는 위탁자는 정규직 및 임시직을 포함한 모든 직원에 대한 채용 및 선발절차의 적절한 세부정보와 기록을 제공해야 한다.

2.2 채용 및 선발절차에는 신원조사와 법적으로 허용되는 경우, 고용 전 범죄기록 확인이 포함되어야 한다.

2.3 신원조사는 직원이 공개되지 않은 정보가 포함된 항공보안교육을 받기 전에 완료되어야 한다. 이러한 조사가 완료될 때까지 직원은 화물보안업무에 투입되어서는 안된다.

2.4 위탁자는 항공화물 또는 우편물로 지정된 위탁화물에 접근하는 모든 직원이 적절히 심사되었음을 입증하기 위해, 요청 시 직원 고용기록을 제공해야 한다.

3. 교육 프로그램

3.1 위탁자는 항공화물 또는 우편물로 지정된 위탁화물에 접근하는 모든 직원을 대상으로 국가요건에 부합하는 적절한 교육프로그램을 수립 시행하고, 해당 초기 및 정기교육에 대한 적절한 기록을 유지해야 한다.

3.2 화물보안대행업체는 위탁자에게 항공화물 또는 우편물로 지정된 위탁화물을 처리, 취급 또는 운송하기 전에 적절한 보안교육을 받았음을 입증하는 직원교육 기록을 요구해야 한다.

3.3 교육프로그램은 다음을 보장하기 위해 이론 및 실무교육의 균형 잡힌 커리큘럼을 갖춰야 한다.

a) 보안통제를 이행하는 직원이 자신의 업무를 수행할 수 있는 능력을 갖춘다.
b) 운영직원이 화물보안 책임을 이해하고, 자신의 업무에 맞게 불법 방해행위 예방에 기여할 수 있다.
c) 일선 지상조업인력 및 보안공급망 구역에서 일하는 직원이 불법 방해행위를 예방하고 탐지하기 위해 가장 적절한 방식으로 행동할 수 있다.

3.4 상용화주는 보안교육 기록을 유지하고, 국가요건에 따라 교육을 받은 직원의 계약기간 동안 이 기록을 보관해야 한다.

4. 보안통제

4.1 위탁자는 다음 사항을 보장해야 한다.

a) 시설이 울타리나 문과 같은 물리적 장벽을 사용하여 무단접근으로부터 보호되며, 항공화물 또는 우편물이 처리되는 구역에 중점을 둔 적절한 접근통제절차가 마련되어 있다.
b) 항공운송을 위해물품이나 제품이 조립되거나 포장되는 구역 또는 시설은 부적절한 물품이나 물질이 이 단계에서 유입되는 것을 방지하기 위해 적절하게 훈련된 직원에 의해 감독된다.
c) 항공화물 또는 우편물로 지정된 위탁화물은 권한 없는 사람이 접근할 수 없는 구역에 보관되며, 화물보안대행업체 또는 항공운송사업자에게 전달될 때까지 보호된다.
d) 위탁화물이 발송되는 구역에 대한 접근이 적절하게 통제되며, 권한 있는 사람과 차량만 이러한 구역에 접근할 수 있도록 절차가 시행된다.

4.2 상용화주는 각 현장에 최소 한 명을 지정하여 해당 현장에서의 보안통제 적용 및 시행을 책임지도록 해야 한다. 이 사람은 국가법규에 따라 범죄경력 조사를 통과해

야 한다.

5. 발송

위탁자는 완성 및 포장된 항공화물 또는 우편물이 발송 전에 확인되도록 해야 하며, 이 단계에서 해당 화물이 무단 간섭 또는 훼손으로 부터 보호되도록 조치를 시행해야 한다.

6. 운송

6.1 위탁자는 화물보안대행업체 또는 항공운송사업자에게 항공화물 또는 우편물로 지정된 위탁화물의 운송방법과 위탁화물이 화물보안대행업체 또는 항공운송사업자에게 전달되어 인수될 때까지 무단 접근으로부터 위탁화물을 보호하기 위해 해당 운송에 적용된 보안조치에 대한 세부정보를 제공해야 한다.

6.2 운송업체가 자체 소유 차량이든 계약업체 차량이든, 항공화물 또는 우편물 운송에 사용되는 모든 차량은 번호가 매겨진 봉인 훼손방지 스티커 또는 기타 적절한 방법을 사용하여 항상 무단 간섭으로부터 보안되도록 해야 한다.

6.3 항공화물 또는 우편물 위탁화물을 운송하는 차량을 보안하기 위해 번호가 매겨진 봉인 훼손방지 스티커가 사용되는 경우, 위탁자는 해당 스티커에 대한 접근이 통제되고 번호가 기록됨을 입증해야 한다. 스티커 대신 다른 방법이 사용된다면, 위탁자는 항공화물 또는 우편물이 어떻게 안전하게 보관되며 훼손여부를 확인할 수 있는지 입증해야 한다.

6.4 위탁자가 항공화물 또는 우편물의 지상운송을 위해 계약업체를 이용하는 경우, 위탁자는 해당 위탁화물을 봉인하거나 운송업체로부터 서명된 서류를 받아야 한다.

6.5 위탁자는 자체 운전사 또는 공인 대리인 역할을 하는 운전사가 적절한 보안교육을 받았음을 입증해야 한다. 화물보안대행업체가 운송을 주선하는 경우, 위탁자는 운전자 교육기록 또는 운송업체 서약서 사본을 제출하도록 요구받아야 한다.

6.6 위탁자는 상용화주 시설이 아닌 다른 시설에서 발생한 항공화물 위탁화물을 상용화주 시설에서 발생한 위탁화물과 분리하여 운송해야 한다.

7. 재검증

7.1 상용화주는 5년을 초과하지 않는 주기적인 간격으로 재검증을 받아야 한다. 여기에는 상용화주가 위에 설명된 보안요건을 여전히 준수하고 있는지 평가하기 위한 현장검증이 포함되어야 한다.

7.2 해당기관 또는 해당기관을 대리하는 기관이 국가민간항공보안 수준관리프로그램에 따라 상용화주의 시설을 점검하는 것은 현장검증으로 간주되어야 한다.

7.3 해당기관 또는 해당기관을 대리하는 기관이 상용화주가 더 이상 요건을 준수하지 않는다고 판단하면, 상용화주 자격을 철회되어야 한다. 이러한 철회 즉시, 그리고 모든 경우에 24시간 이내에 해당기관은 해당 위탁자의 자격변경이 국가항공화물 데이터베이스 또는 목록에 표시되도록 해야 한다.

부록 32의 첨부 C
상용화주 보안프로그램 양식

1. 국제의무 및 조직

a) 국제 및 지역 민간항공기구의 구조 및 역할

b) 다양한 협약, 부속서 17, 지역기구가 개발한 규정의 목적

2. 국가적 의무 및 책임

a) 항공 보안을 담당하는 적절한 기관을 포함한 관련 적절한 기관

b) 법률, 규정 및 국가항공보안계획

c) 위협 및 위험평가 검토

3. 조직, 보안정책 및 책임

a) 상용화주 조직

b) 보안정책 성명서

c) 항공보안 및 보안 공급망에 대한 상용화주의 역할과 책임

d) 항공화물 및 우편물 보안책임자와 24시간 운영 연락망

e) 정보, 통신 절차 및 문서 관리

f) 공급업체 및 보안서비스 제공자(있는 경우)

g) 상용화주 운영에 대한 설명

4. 시설보안 조치

a) 상용화주의 부지 및 시설을 보호하는 물리적 및 기술적 보안조치(탐지 및 감시시스템 포함)

b) 항공화물 및 우편물을 보호하기 위한 접근통제 절차

c) 유지보수, 테스트 및 결함 해결 프로그램

d) 법 집행 기관과의 협력

e) 보안 서비스 제공자 관리(있는 경우)

f) 보안 봉인의 안전한 보관

5. 항공화물 및 우편물 보안조치

a) 생산, 조립, 포장, 보관 및 운송

1) 항공 운송될 물품을 불법방해로부터 보호하기 위해 생산, 조립, 포장, 보관 및 발송작업 중에 적용되는 조치

2) 봉인 훼손방지 스티커 사용을 포함하여 포장 후 물품을 보안하기 위해 적용되는 조치

3) 보안처리 되지 않은 위탁물(다른 출처에서 온 경우)에 대한 절차

b) 항공화물 및 우편물에 대한 접근통제 절차

1) 보안 처리되지 않은 화물을 보안 화물(상용화주 자체에서 유래한 경우)과 분리하여 보관하는 조치

c) 문서화

1) 위탁화물 보안 신고서 및 위탁물과 관련된 기타 보안 정보

2) 문서 통제 및 기록 보관 정책 및 절차에 대한 조치

3) 정보의 오용 및 변조를 방지하기 위해 문서, 기록 및 데이터에 대한 접근을 통제하는 조치

6. 운송

a) 항공 화물 및 우편물 위탁화물이 상용화주시설을 떠날 때 보안이 유지되도록 하는 조치

b) 적재 전 화물 적재구역 수색절차

c) 운송 중 차량에 적용되는 보안 조치

d) 운송 중 차량 및 위탁화물을 추적하기 위한 절차

e) 운송 검증절차

f) 운송이 승인되지 않은 제3자에게 위탁하지 않도록 하는 조치

g) 항공화물 및 우편물을 수거하고 운송하는 운전자의 신원확인

7. 직원채용

a) 화물 취급(보안검색 포함) 또는 보안 항공화물 및 관련문서에 대한 비동반 접근권한이 있는 직원의 채용절차

b) 신원조사 및 직원 기록관리 절차

c) 직원 해고절차

8. 직원 교육

a) 승인된 직원명단

b) 보안교육 프로그램 개요 및 교육 기록관리

c) 다음 직원에 대한 초기 및 정기교육 프로그램

  1) 항공화물 및 우편물에 대한 보안조치를 수행하는 보안인력

  2) 식별 가능한 항공화물 또는 우편물에 접근권한이 있는 직원(보안인지교육)

  3) 상용화주 보안관리자 및 담당자

9. 사건보고 및 후속 조치절차

a) 사건 보고절차

b) 사건 조사절차

c) 후속 조치 및 개선조치계획

10. 내부성과 모니터링 및 수준관리

a) 상용화주 프로그램 및 국가민간항공보안 수준관리프로그램에 따라 보안조치 이행을 모니터링하고 수준관리 활동을 수행하기 위한 절차

b) 수준관리 활동을 위한 자원

11. 부속서

상용화주 보안프로그램을 정의하거나 관리하는 데 도움이 될 수 있는 부속서. 예시:

a) 보안프로그램 배포목록

b) 조직도

c) 시설 배치도

d) 시설 출입자 명단

e) 열쇠 소지자 명단

f) 교육기록

g) 유용한 연락처

부록 33

위탁물품 보안 선언

<table>
<tr><td colspan="3">Regulated Entity Category (RA, KC, or AO) and Identifier
(of the regulated entity issuing the security status)
1</td><td colspan="2">Unique Consignment Identifier
(if AWB format is nnn-nnnnnnnn)
2</td></tr>
<tr><td colspan="5">Contents of Consignment
3
☐ Consolidation</td></tr>
<tr><td colspan="2">Origin
4</td><td>Destination
5</td><td colspan="2">Transfer/Transit Points (if known)
6</td></tr>
<tr><td rowspan="2">Security Status
7</td><td colspan="4">Reasons for issuing Security Status</td></tr>
<tr><td colspan="2">Received from
(codes)
8</td><td>Screening Method
(codes)
9</td><td>Grounds for Exemption
(codes)
10</td></tr>
<tr><td colspan="5">Other Screening Method(s)
(if applicable)
11</td></tr>
<tr><td colspan="3">Security Status issued by
12
Name of Person or Employee ID ....</td><td colspan="2">Security Status issued on
Date (ddmmyy) .... Time (tttt) ....
13</td></tr>
<tr><td colspan="5">Regulated Entity Category (RA, KC or AO) and Identifier (of any regulated entity who has accepted the security status given to a consignment by another regulated entity)
14</td></tr>
<tr><td colspan="5">Additional security information
15</td></tr>
</table>

완료 지침

1. 보안주체 범주(RA, KC 또는 AO) 및 식별자: 보안상태를 최초로 부여한 화물보안 대행업체, 상용화주 또는 항공운송사업자를 해당 범주(RA, KC 또는 AO)와 고유 식별자로 식별하여 입력해야 한다.

2. 고유 위탁화물 식별자: 위탁화물 자체의 식별정보를 입력해야 한다. 이는 항공 운송장(형식: nnn-nnnnnnnn), 하우스 운송장 또는 우편물 위탁화물 식별자일 수 있다.

3. 위탁물 내용: 직접 항공 운송장 또는 하우스 운송장 화물의 경우, 위탁화물 세부 정보(예: 물품설명)를 입력해야 한다. 혼재화물, 즉 하우스 운송장과 연결된 마스터 항공 운송장의 경우, 물품설명 대신 혼재 화물상자에 체크해야 한다.

4. 출발지: 위탁화물의 출발지 식별정보를 입력해야 한다. 이는 제2항에 명시된 해당 운송서류(항공 운송장 또는 하우스 운송장)와 관련된 출발지이다.(예: IATA 세자리 공항 또는 도시코드)

5. 목적지: 위탁화물의 최종 목적지 식별정보를 입력해야 한다. 이는 제2항에 명시된 해당 운송서류(항공 운송장 또는 하우스 운송장)와 관련된 목적지이다.(예: IATA 세자리 공항 또는 도시코드)

6. 환적/경유지: 화물이 다른 항공기로 옮겨지거나 동일 항공기에 머무를 수 있는 경유지의 식별정보는 발급자가 아는 경우 입력해야 한다.(예: IATA 세자리 공항 또는 도시 코드) 모르는 경우 이 항목은 비워둘 수 있다.

7. 보안상태: 위탁화물에 부여된 보안상태의 코드 식별정보를 입력하여, 해당 위탁화물이 다음 중 어느 것에 대해 보안이 유지되었는지 표시해야 한다.
   a) 여객기, 화물전용기 및 우편전용기 (SPX 코드)
   b) 고위험 요건에 따른 여객기, 화물전용기 및 우편전용기 (SHR 코드)

보안상태 발급사유: 제8항, 제9항 또는 제10항을 작성한다.

8. 인수자: 위탁화물을 위탁한 주체의 범주코드(즉, 화물보안대행업체(RA), 상용화주(KC) 또는 항공운송사업자(AO))를 입력해야 한다. 다른 사유(예: "보안검색방법" 또는 "면제사유")가 기재되지 않고 혼재화물 상자에도 체크되지 않은 경우, 이 항목은 공란으로 둘 수 없다.

9. 보안검색방법: 위탁화물을 보안처리 할 때 화물보안대행업체, 상용화주 또는 항공운송사업자가 사용한 보안검색방법의 코드식별자를 입력하여 보안상태가 부여된 이유로 기재할 수 있다(예: 보안검색방법 코드). 다른 사유(예: "인수주체" 또는 "면제사유")가 기재되지 않고 혼재화물 상자에도 체크되지 않은 경우, 이 항목은 공란으로 둘 수 없다. 경우에 따라 단일 보안검색방법만으로는 모든 종류의 위탁물을 검사하기에 충분하지 않을 수 있으므로, 두 가지 이상의 보안검색방법이 기재될 수 있다.

10. 면제사유: 국가항공보안계획에 정의된 바와 같이, 위탁화물이 보안검색에서 면제된 이유를 나타내는 코드 식별자(아래 참조)를 입력하여 보안상태가 부여된 이유로 기재할 수 있다(예: 검색면제 코드). 다른 사유(예: "인수주체" 또는 "보안검색방법")가 기재되지 않고 혼재화물 상자에도 체크되지 않은 경우, 이 항목은 공란으로 둘 수 없다.

11. 기타 보안검색방법: 제9항에 입력된 코드가 다른 수단이 적용되었음을 나타내는 경우, 사용된 다른 수단을 명시하는 내용을 입력해야 한다.

12. 보안상태 발급자: 혼재화물 상자에 체크되지 않은 경우, 보안상태를 부여한 화물보안대행업체, 상용화주 또는 항공운송사업자 직원의 이름 또는 직원번호를 기재해야 한다.

13. 보안상태 발급일시: 혼재화물 상자에 체크되지 않은 경우, 화물보안대행업체, 상용화주 또는 항공운송사업자 직원이 보안상태를 발급한 정확한 날짜와 시간을 기재해야 한다.

14. 보안 주체 범주(RA, KC 또는 AO) 및 식별자: 화물의 보관을 인수하고 제1항에 명시된 화물보안대행업체, 상용화주 또는 항공운송사업자가 최초로 부여한 보안상태를 인수한 모든 화물보안대행업체, 상용화주 또는 항공운송사업자의 식별자를 입력해야 한다. 이 항목은 화물이 보안상태를 유지했음을 확인하며, 원래의 보안상태를 인수한 다른 화물보안대행업체, 상용화주 또는 항공운송사업자에 대한 다른 항목 뒤에 기재되어야 한다.

15. 추가 보안정보: ICAO 회원국이 요구할 수 있는 추가 보안정보, 예를 들어 허위신고 시 책임에 적용되는 국가규정 또는 적용 가능한 비상 개정사항을 기재해야 한다. 공급망이 종이인 경우, 제1항에 명시된 하드카피 항공화물 보안신고서를 최초로 발급한 책임자의 서명을 기입해야 한다.

코드 식별정보:

A. 보안검색방법

- VCK(visual check) - 육안확인
- PHS(physical inspection/hand search) - 물리적 검사/수작업 수색
- XRY(conventional X-ray) - X-ray 검색장비
- EDS(algorithm-based X-ray) - EDS 검색장비
- CMD(cargo metal detection) - 화물 금속탐지기
- ETD(explosives trace detection) - 폭발물흔적탐지기
- EDD(explosives detection dogs) - 폭발물탐지견
- AOM1 - 화물 및 우편물 위탁화물 보안에 사용될 수 있는 기타 보안검색기술 및 방법

B. 면제사유:

- DIPL (diplomatic bags/pouches) - 외교행낭/파우치
- BIOM - 생의학 샘플, 백신 및 기타 부패하기 쉬운 의료물품
- LFSM - 생명유지 물품(예: 혈액, 혈액제제, 골수 및 인체장기)
- NUCL - ICAO 항공 위험물안전 운송기술지침(Doc 9284)에 따라 포장된 방사성물질

- SMUS - 개별적으로 두께가 6mm 미만이고 총중량이 250g 미만인 위탁화물 또는 포장물, 그리고 위탁화물 또는 포장물로만 구성된 혼재화물 코드 AOM 뒤에는 사용된 방법에 대한 정확한 설명이 따라야 한다.

부록2

상용화주 항공화물보안기준

(국토교통부 고시)
상용화주 항공화물보안기준

제1조(목적) 이 기준은 「항공보안법」 제17조의2제2항에 따라 상용화주가 준수하여야 할 항공화물의 보안통제절차 등에 관한 항공보안기준과 「항공보안법 시행규칙」 제9조의2제1항에 따라 상용화주 지정에 필요한 기준에 관한 사항을 정함을 목적으로 한다.

제2조(정의) 이 기준에서 사용하는 용어의 뜻은 다음과 같다.

1. "항공화물"이란 항공기에 탑재되어 운송되는 물품 중 기내식, 승객의 휴대물품 및 위탁수하물을 제외한 모든 화물을 말한다.
2. "상용화주"란 「항공보안법」 (이하 "법"이라 한다) 제17조의2제1항 및 「항공보안법 시행규칙」 (이하 "시행규칙"이라 한다) 제9조의2에 따라 지방항공청장의 지정을 받아 항공화물에 대하여 보안검색을 하는 자를 말한다.
3. "보안통제"란 항공화물을 항공기에 탑재하기 전에 보안검색 등 보안성을 유지하

기 위하여 행하는 모든 행위를 말한다.

4. "통제화물"이란 상용화주에 의해 보안통제가 완료된 화물을 말한다.
5. "화물명세서"란 항공기로 운송되는 항공화물의 목록을 기록한 서류를 말한다.
6. "항공화물보안신고서"란 상용화주가 항공화물을 운송하기 전에 화물에 대한 보안통제를 실시한 사실을 증명하는 서류를 말한다.
7. "보안시설"이란 시행규칙 제9조의2제1항제3호에 따른 시설을 말한다.
8. "보안통제구역"이란 보안검색이 완료된 구역을 말한다.

제3조(적용범위) 이 기준은 법 제17조의2제1항 및 시행규칙 제9조의3에 따라 지방항공청장이 지정한 상용화주와 상용화주 화물을 운송하는 항공운송사업자 · 차량 및 운전자에 적용한다.

제4조(항공화물의 보안통제 책임) 항공기에 탑재하기 위해 운송되는 항공화물에 대한 보안통제의 책임은 항공화물을 항공운송사업자가 접수하기 전까지는 상용화주에게 있으며, 접수 후에는 항공운송사업자에게 있다.

제5조(항공화물 보안프로그램) ① 시행규칙 제9조의3제1항에 따라 상용화주가 지정신청서에 첨부하는 항공화물 보안프로그램에는 다음 각 호의 사항이 포함되어야 한다.

1. 항공보안 업무 및 보안통제 책임자 지정
2. 보안통제 대상 시설의 관리 및 통제방법
3. 보안검색장비 관리
4. 항공보안검색요원 및 항공보안통제 직원 자격기준
5. 항공보안통제 직원의 교육훈련
6. 시설 출입통제 절차
7. 항공화물 관리 및 운송에 대한 보안대책 및 차량 운영절차 등

② 항공화물보안프로그램은 관계자 외에는 열람 또는 공개되지 않도록 주의하여야 한다.

③ 상용화주가 작성하여야 할 항공화물 보안프로그램의 기본양식은 별지 제2호서식과 같다.

④ 상용화주는 제1항에 따른 항공화물 보안프로그램을 1년마다 검토하여 그 결과를

반영하여야 하고, 관할 지방항공청에 보고한다.

제6조(상용화주의 항공화물 보호) 상용화주는 항공화물을 보호하기 위하여 다음 각 호의 조치를 하여야 한다.

1. 항공화물에 대한 보안검색 및 보안시설에 대한 경비를 직접 실시하거나, 상용화주의 추천을 받아 지방항공청장이 지정한 업체에 위탁하며, 이 경우 지정기준은 시행규칙 제8조제2호를, 지정절차는 시행규칙 제8조의4를 준용
2. 외부인의 침입을 방지하거나 감시할 수 있는 CCTV 등 보안장비 설치 및 출입구에 대한 잠금장치 설치 등 보안통제 시스템 유지

제7조(보안통제구역 출입통제) ① 상용화주는 보안통제구역을 지정하여 관리하여야 하고 보안통제구역에서 업무를 수행하는 사람 및 차량 등에 대하여 회사에서 정한 출입증 등을 발급하여야 한다.

② 상용화주는 제1항에 따라 지정된 보안통제구역에 인가되지 않은 사람(이하 "비인가자"라 한다) 또는 차량(이하 "비인가 차량"이라 한다)이 진입할 경우 다음 각 호의 보안검색을 하여야 한다.

1. 사람 출입구에서는 문형금속탐지장비 또는 휴대용금속탐지장비를 사용하여 사람 및 휴대물품에 대한 보안검색
2. 차량 출입구에서는 차량의 내·외부 및 하부에 대한 보안검색

③ 비인가자 또는 비인가 차량의 출입이 필요한 경우에는 출입자에 대한 신원을 확인하고 다음 각 호의 사항을 기록한 후 인가자의 인솔 하에 출입을 할 수 있도록 하여야 하며, 출입기록은 최소 1년 이상 서류 또는 전산시스템으로 관리 유지하여야 한다.

1. 출입자 또는 운전자의 성명
2. 생년월일
3. 출입사유
4. 출입시간
5. 출입장소
6. 인솔자
7. 확인자 서명

④ 제3항에도 불구하고 별도의 출입통제 시스템을 갖추고 항공화물보안프로그램에 출입절차를 명시하여 승인을 받은 경우에는 인솔자 없이 출입을 할 수 있다.

제8조(항공화물의 보안통제) ① 상용화주는 항공화물에 대한 보안검색 및 포장을 하는 경우에는 제15조제1항에 따른 상용화주 업체의 보안업무 감독자 또는 감독자로부터 위임을 받아 항공화물을 통제하는 직원의 감독 하에 실시하여야 한다.

② 상용화주는 다음 각 호의 기준에 따라 항공화물에 대한 보안통제를 하여야 한다.

1. 항공화물의 포장 및 운반 등 보안통제 화물을 취급하거나 통제하는 사람은 제15조 및 제16조를 충족할 것
2. 항공화물의 작업, 운송 및 보관 시 비인가자 또는 비인가자 물품 등이 반입되지 않도록 출입통제 및 보안성을 유지할 것
3. 상용화주가 항공화물을 직접 포장하는 때에는 육안검사나 수검색 또는 X-선 장비 등을 통해 내용물을 확인할 것

③ 보안통제가 완료된 항공화물의 완료 표지는 다음 각 호와 같이 한다.

1. 포장단위별로 보안통제 완료표지를 부착하거나 개별화물을 대량 단위로 포장하는 경우에는 일괄하여 완료표지를 부착한다.
2. 보안통제 완료표지에 대한 종류, 형식 및 규격은 항공운송사업자와 상용화주간 상호 협의하여 정할 수 있으며 화물의 포장방법에 따라 각각 다르게 정할 수 있다.

제9조(항공화물의 운송) ① 통제화물을 운송하는 운전자는 다음 각호의 사항을 충족하여야 한다.

1. 「화물자동차 운수사업법」 제8조에 따라 운전업무종사 자격증을 취득한 사람
2. 법 제28조에 따른 보안교육을 이수한 자

② 통제화물을 운송할 수 있는 차량은 항공운송사업자 또는 상용화주 소유차량으로 하되, 다음 각 호의 차량은 항공운송사업자 또는 상용화주와 운송계약을 체결한 경우에 한한다.

1. 「관세법」 제222조에 따라 등록된 보세운송업자가 소유한 보세운송 차량
2. 「화물자동차 운수사업법」 제3조에 따라 국토교통부장관의 허가를 받은 화물자동차운송사업자 소속 차량

③ 항공화물을 운송하는 차량은 운송 중에 보안성을 유지할 수 있는 밀폐된 탑재시

설을 갖추어야 한다.

④ 상용화주는 통제화물을 운송하기 전에 항공화물보안신고서를 작성하여야 한다.

⑤ 상용화주는 통제화물을 차량에 탑재할 때까지 보안성을 유지하여야 하며, 다음 각 호의 보안통제 조치를 하여야 한다.

1. 밀폐된 탑재시설에 실은 경우 잠금장치 및 봉인
2. 통제화물의 부피가 커 밀폐된 탑재시설에 실을 수 없는 경우에는 덮개를 씌우고 봉인조치
3. 통제화물을 차량에 탑재한 경우 보안업무 감독자는 제14조제2항에 따라 항공화물보안신고서에 서명

⑥ 통제화물을 운송하는 사람은 신분을 증명할 수 있는 사진이 부착된 소속회사 신분증 또는 공항운영자가 발급한 유효한 보호구역출입증을 휴대하여야 한다.

⑦ 상용화주는 화물운송 시 통제된 화물과 통제되지 않은 화물의 차량을 분리하여 운송하여야 한다.

제10조(항공화물의 접수 및 보관) ① 상용화주로부터 통제화물을 접수한 항공운송사업자는 다음 각 호의 서류 및 보안통제 상태 등을 확인하여야 한다.

1. 항공화물보안신고서
2. 제9조제2항 및 제6항에 따른 차량 및 신분증 확인
3. 운송과정의 잠금장치 및 봉인 상태
4. 보안통제화물의 보안통제 표지 부착 상태
5. 항공화물의 외부검사를 통한 운송 중 화물 손괴 및 침입 흔적 여부

② 제1항에 따라 통제화물을 접수한 항공운송사업자는 제1항 각호의 사항이 제대로 이행되지 않았거나 의심이 있다고 판단되는 항공화물은 보안통제가 되지 않은 화물로 처리한다.

③ 통제화물은 보안통제 되지 않은 화물과 분리하여 보안시설에 보관하여야 한다.

제11조(항공화물의 보안검색 등) ① 상용화주는 「항공보안법 시행령」(이하 "시행령"이라 한다) 제12조에 따라 항공화물에 대한 보안검색을 하여야 한고 보안검색 완료표식을 하여야 한다.

② 항공운송사업자는 법 제17조의2제3항 단서의 규정에 해당하는 경우에는 시행령

제12조에 따라 보안검색을 하여야 한다.

제12조(통제화물의 무작위 표본검색) ① 항공운송사업자는 보안통제된 항공화물에 대하여 무작위 표본검색을 실시하여야 한다.

② 무작위 표본검색은 영 제12조에 따라 실시하여야 한다.

③ 무작위 표본검색은 국가항공보안 우발계획에서 정한 항공보안등급에 따라 다음 각 호와 같이 실시하여야 한다.

1. 평시(Green) 및 관심(Blue)단계 : 1일 기준 접수된 항공화물보안신고서 중 항공운송사업자가 정하는 기준에 따라 무작위 표본검색을 실시한다. 다만, 상용화주가 모든 화물을 X-ray 검색장비를 사용하여 검색하고, 차량 내·외부에 CCTV를 설치한 경우에 한해, 상황실에서 실시간 CCTV를 감시하거나 운전자 외 감독자가 동승하면 무작위 표본검색을 면제할 수 있다. 이 경우, 지방항공청장은 반기별 1회 점검을 실시하여야 한다.
2. 주의(Yellow)단계 : 1일 기준 접수된 항공화물보안신고서의 최소 5% 이상 무작위 표본검색을 실시한다.
3. 경계(Orange)단계 : 1일 기준 접수된 항공화물보안신고서의 최소 10% 이상 무작위 표본검색을 실시한다.
4. 심각(Red)단계 : 상용화주가 위탁한 모든 항공화물에 대하여 보안검색을 실시한다.

④ 국토교통부장관은 필요시 제3항에도 불구하고 관계기관과 협의하여 무작위 표본검색 비율을 조정할 수 있다.

⑤ 항공운송사업자는 무작위 표본검색 실적을 기록·유지하고 1년 이상 보관하여야 한다.

제13조(화물명세서) ① 상용화주는 통제화물을 항공운송사업자에게 인도하는 경우 화물명세서를 제출하여야 하며 화물명세서에는 통제화물과 보안통제가 되지 아니한 화물을 구분하여 명시하여야 한다.

② 화물명세서는 항공운송사업자와 상용화주간 협의한 서식을 사용하되, 국제항공운송협회(IATA)에서 정한 서식 또는 전산방식으로 대체할 수 있다.

제14조(항공화물보안신고서) ① 상용화주는 통제화물을 항공운송사업자에게 인도하는

경우 보안통제를 완료하였음을 증명하는 별지 제1호서식의 항공화물보안신고서를 제출하여야 한다.

② 항공화물보안신고서에 포함될 사항은 다음 각 호와 같다.

1. 상용화주명, 연락처 및 주소
2. 상용화주 지정번호
3. 화물운송자 성명 및 생년월일
4. 보안통제 방법
5. 운송장 번호
6. 제15조제1항제1호 또는 제2호에 따른 감독자 또는 항공화물 통제 직원의 서명

③ 항공화물보안신고서에는 화물의 보안성 유지 및 운송 중 보안통제에 대한 책임을 지겠다는 내용을 포함하여야 한다.

④ 〈삭 제〉

제15조(보안통제 업무수행 직원의 자격 등) ① 항공화물의 보안통제를 담당하는 사람은 다음 각 호와 같다.

1. 상용화주 업체의 보안업무 감독자
2. 제1호의 자로부터 위임을 받아 항공화물을 통제하는 직원
3. 항공화물 보안검색장비를 사용하여 화물의 검색을 실시하는 사람
4. 항공화물관리지역으로 접근 또는 출입하는 사람을 통제하는 사람
5. 항공화물을 직접 포장하고 운반하는 사람

② 제1항에 따른 자는 경찰청의 신원조사를 받아야 하며 신원조사 결과 범죄, 마약 또는 알코올 중독 경력이 없어야 한다. 다만, 경범죄 및 업무상 과실 또는 중대한 과실이 아닌 교통사고 등은 제외한다.

③ 상용화주로 지정받으려는 자는 지정신청서 제출 시 제1항에 따른 사람의 신원조사 의뢰서를 국토교통부장관에게 제출하여야 하며 국토교통부장관은 경찰청에 신원조사를 의뢰하여 신원조사 결과를 상용화주에게 통보하여야 한다.

④ 상용화주는 경찰청의 신원조사 결과를 제1항에 따른 사람이 보안통제 업무를 하는 동안 계속 보관하여야 하며 제18조에 따른 점검자가 요청하는 경우 이를 제시하여야 한다.

⑤ 제2항에도 불구하고 공항운영자에게 보호구역출입증을 발급받은 사람은 신원조사

대상에서 제외한다.

⑥ 보안통제를 하는 사람의 신체 및 건강요건에 대하여는 「국가항공보안계획」 부록 3의 기준을 준용한다.

제16조(보안교육) 제9조제1항 및 제15조제1항의 업무를 수행하는 사람은 법 제28조 따른 「국가민간항공보안 교육훈련지침」에 따라 국토교통부장관이 지정한 교육기관에서 교육을 이수하여야 한다.

제17조(보고) ① 항공운송사업자는 상용화주가 제6조부터 제10조까지의 규정을 위반하거나 항공화물에 대한 보안통제를 하지 아니하고 보안통제를 완료하였다고 허위로 통보한 사실을 인지한 경우에는 지방항공청장에게 보고하여야 한다.

② 상용화주는 시행규칙 제9조의3제1항제1호가목부터 나목까지의 사항이 변경되거나 취소된 때에는 이를 지방항공청장에게 보고하여야 한다.

③ 상용화주는 검색장비가 정상적으로 작동되지 아니한 상태로 검색을 하였거나 검색이 미흡한 사실을 알게된 경우에는 지방항공청장에게 즉시 보고하여야 한다.

제18조(점검 및 감독) ① 지방항공청장은 상용화주가 항공화물 보안프로그램에 따라 보안통제를 정상적으로 이행하고 있는지 여부를 확인하기 위하여 상용화주에 대한 점검을 연 1회 이상 실시할 수 있으며, 필요한 경우 불시점검을 정기적으로 실시하여야 하며 항공운송사업자와 합동으로 점검을 실시할 수 있다.

② 지방항공청장은 제17조에 따라 보고를 받은 경우에는 보안통제 능력 여부 확인 등 적절한 조치를 취하여야 한다.

③ 국토교통부장관 또는 지방항공청장은 민간항공에 대한 위협에 신속한 대응이 필요한 경우에는 상용화주 또는 항공운송사업자에게 필요한 조치를 취하게 할 수 있다.

제19조(서류 보관) 항공운송사업자는 상용화주가 제출한 화물명세서 및 항공화물보안신고서를 서류 또는 전산시스템으로 1년 이상 보관하여야 한다.

제20조(위해물품 처리) ① 항공화물을 포장하거나 검사 시 폭발물 등 테러위협이 되는 항공화물을 발견한 경우에는 안전조치를 취한 후 지체 없이 인근 경찰서, 항공운송사업자 및 관할 지방항공청장에게 통보하여야 한다.

② 제1항에 따라 위협 통보를 받은 항공운송사업자 및 관할 지방항공청장은 국토교통부장관 및 국가정보원 공항보안실장 등에게 통보하여야 한다.

제21조(재검토기한) 국토교통부장관은 「훈령 · 예규 등의 발령 및 관리에 관한 규정」에 따라 이 고시에 대하여 2023년 7월 1일 기준으로 매3년이 되는 시점(매 3년째의 6월 30일까지를 말한다)마다 그 타당성을 검토하여 개선 등의 조치를 하여야 한다.

제22조(규제의 재검토) 국토교통부장관은 「행정규제기본법」에 따라 이 고시에 대하여 2022년 1월 1일 기준으로 매 3년이 되는 시점(매 3년째의 12월 31일까지를 말한다)마다 그 타당성을 검토하여 개선 등의 조치를 하여야 한다.

부칙

제1조(시행일) 이 고시는 발령한 날부터 시행한다.

■ 상용화주 항공화물 보안기준 [별지 제1호서식]

항공화물보안신고서

(Consignment Security Declaration)

※ [ ]에는 해당되는 곳에 √표를 합니다.

1. 접수 항공사 : 여객기 [ ] 화물기 [ ] (Airline) (Passenger) (Cargo)	2. 출발지/도착지 : (DEP'/ARR')
3. 화물명세서 번호 : (MAWB No.)	4. 상용화주 명 : (known shipper or Regulated Agent)
5. 지정번호 : (Certi' No)	
6. 주소 : (Address)	7.전화번호 : (Phone No.)
8. 화물명세서 제출 방법 : 서류 [ ] 전산 [ ] 기타 [ ] (Submit method of Cargo Manifest) : (Docunent) (Electronic) (Etc.)	
9. 화물 운송자 성명 및 생년월일 : (Name of Driver & Date of Birth)	
10. 차량 운송 감독자 성명 및 생년월일 : (Name of Supervisor & Date of Birth)	
11. 화물 운송차량 번호 : (Cargo vehicle No.)	12. 봉인 번호 : (Seal No.)
13. 차량 내·외부 CCTV 설치 여부 : 내부 [ ] 외부 [ ]	
14. 검색방법 : 수검색 [ ] X-선 [ ] 탐지견 [ ] 압력실 [ ] (Screening Method) (Manual) (X-ray) (Dog) (Chamber) 폭발물탐지기 [ ] 폭발물흔적탐지기 [ ] (EDS) (ETD)	
※ 기타 검색 시 세부적인 검색방법 기술(Other screening method)	
본 화물보안신고서에 신고한 항공화물은 『항공보안법』 제17조의2에 따라 보안검색을 완료하여 운송하였음을 확인하며, 허위로 작성하여 제출한 경우에는 보안통제에 대한 책임을 지겠습니다. (This is to verify that air cargo declared on this document has been transported with completion of security screening in accordance with Article 17-2 of ASA. I submission of false statement, responsibility of security control will be laid on the above-mentioned company)	
20 . . . (YY / MM / DD)	
보안업무 감독자 : (서명) (Security Supervisor) (signature)	
※ 자체 보안검색이 완료된 이 화물에 대해서 비인가 폭발물, 발연성 물질 혹은 위험 물질을 포함하고 있지 않음을 보증하며, 항공사의 검색에 동의합니다. (This is to certify that this air cargo, which has gone through internal security control doesn't include restricted explosive or dangerous goods and to agree on the airline's inspection)	

[별지 제2호서식]

(업체명) 항공화물 보안프로그램

이 항공화물 보안프로그램은 상용화주로 지정받고자 하는 화주 또는 대리점의 편리 도모를 위해 상용 항공화물보안기준에서 규정한 사항이 포함될 수 있도록 기본모델로 작성한 것이므로, 업체 여건에 따라 구체적인 사항이나 절차 등을 보완하여 규정하여야 함

20 . . .

○○○○ 주식회사

■ 상용화주 항공화물 보안기준 [별지 제3호서식]

보안검색 위탁업체 추천서

※ 색상이 어두운 란은 신고인이 적지 않습니다.

접수번호	접수일	처리일

상용화주명		보안검색 업체명	
주소		주소	
대표이사		대표이사	
사업자 번호		사업자 번호	
계약기간			
담당자		담당자	
연락처	(TEL) (FAX) (C/P)	연락처	(TEL) (FAX) (C/P)

ㅇㅇㅇ상용화주는 「항공보안법」 제15조제3항 및 제7항, 같은 법 시행규칙 제8조의4제1항에 따라 상용화주 화물보안검색 위탁업체로 ㅇㅇㅇ을 추천합니다.

년 월 일

상용화주 신청인 (서명 또는 인)

지방항공청장 귀하

참고문헌

- ICAO, ANNEX 17 (Aviation Security) (12차개정, 2022)
- ICAO, ANNEX 18 (The Safe Transport of Dangerous Goods by Air) (12차개정, 2015)
- ICAO, Aviation Security Manual (Doc 8973, 13차개정, 2022)
- ICAO, Technical Instructions for the Safe Transport of Dangerous Goods by Air (Doc 9284, 2025)
- IATA, IOSA Standards Manual(17차개정, 2025)
- ALPA, All-Cargo Air Operation, White paper (2011)
- ACI, Air Cargo Guide (2019)
- TSA, Air Cargo Security Roadmap (2021)
- 항공보안법, 같은법 시행령, 같은법 시행규칙
- 경비업법, 같은법 시행령, 같은법 시행규칙
- 국가정보원, 국가보안시설 및 보호장비관리지침
- 국토교통부, 국가항공보안계획 (2025)
- 국토교통부 고시, 상용화주 항공화물보안기준
- 국토교통부 고시, 항공보안장비 종류, 운영 및 유지관리 등에 관한 기준
- 국토교통부 예규, 공항에서의 폭발물 등에 관한 처리기준
- 국토교통부 예규, 국가항공보안 교육훈련지침
- 국토교통부, 한국의 수출입물류 프로세스 (2016)
- 소대섭 외2, 항공보안개론 (진영사 2019)
- 소대섭 외1, 항공사보안론 (진영사, 2019)
- 소대섭 외1, 보안검색장비론 (진영사, 2020)
- 김웅이 외2, 운항지원시스템의 이해 (과학기술 2015)
- 항공운송사업자, 항공사 자체보안계획
- 항공운송사업자, 항공화물보안 표준운영절차(SOP)
- 공항운영자, 공항 보호구역 출입증규정